辽宁前清建筑遗产区域数字化分析与保护

王肖宇　王晶　著

清華大學出版社
北　京

内容简介

前清建筑遗产区域是辽宁省境内前清历史信息含量很高、前清建筑遗产密集的地区。作者提出数字化研究和分析方法，从建筑遗产火灾的数字化分析与保护，建筑遗产风蚀的数字化分析与保护，建筑遗产热冷环境的数字化分析与保护，建筑遗产区域生态环境的数字化分析，建筑遗产区域建设用地扩张的数字化分析这五个方面，实现从整体上保护辽宁前清时期的建筑遗产区域，可以为今后我国大尺度、大跨度类型的遗产区域或遗产廊道提供一种新的、整体的、数字化保护的研究思路和研究方法。

图书在版编目（CIP）数据

辽宁前清建筑遗产区域数字化分析与保护 / 王肖宇，王晶著. — 北京：清华大学出版社，2024.1

ISBN 978-7-302-65014-0

Ⅰ. ①辽…　Ⅱ. ①王…　②王…　Ⅲ. ①建筑—文化遗产—保护—辽宁—清代　Ⅳ. ①TU-87

中国国家版本馆CIP数据核字（2024）第001695号

责任编辑：刘一琳
封面设计：陈国熙
责任校对：王淑云
责任印制：曹婉颖

出版发行：清华大学出版社
网　　址：https://www.tup.com.cn, https://www.wqxuetang.com
地　　址：北京清华大学学研大厦A座　　**邮　　编：**100084
社 总 机：010-83470000　　**邮　　购：**010-62786544
投稿与读者服务：010-62776969, c-service@tup.tsinghua.edu.cn
质量反馈：010-62772015, zhiliang@tup.tsinghua.edu.cn
印 装 者：北京博海升彩色印刷有限公司
经　　销：全国新华书店
开　　本：165mm × 235mm　　**印　　张：**18.5　　**字　　数：**272千字
版　　次：2024年1月第1版　　**印　　次：**2024年1月第1次印刷
定　　价：128.00元

产品编号：102699-01

前　言

前清建筑遗产区域是辽宁省境内前清历史信息含量很高、前清建筑遗产密集的地区（从公元 1616 年女真首领努尔哈赤创建大金开始，中经公元 1636 年皇太极改大金为大清，至公元 1644 年摄政王多尔衮率清军开进山海关、定鼎北京，这前后 28 年为清朝建立的前期）。这些建筑遗产涵盖了城池、宫殿、陵寝、战场遗址、寺庙、民居等类型，形成了大尺度的前清建筑遗产区域。这个区域记载着清朝建立前期满族文化在辽沈地区发展和传播的印迹，是早期清朝文化的缩影，承载着丰富的前清历史信息和文化内涵，非常具有独特的前清文化特征。但前清建筑遗产区域整体保护的理论和方法还没有形成独立的研究模式。鉴于以上情况，作者提出建筑遗产区域的数字化分析方法，便于从整体上保护辽宁前清时期的建筑遗产。较之分散的建筑遗产点状保护，笔者提出的方法效果更好，影响更大，易于摸索普遍规律，形成科学方法，不断深化保护的内涵，可以为今后我国大尺度、大跨度类型遗产提供一种新的研究思路。

全书共 6 章。第 1 章为绪论，介绍辽宁前清建筑遗产区域的特点、文化遗产数字化保护的研究现状，希望突破传统研究方法的局限，实现遗产区域的整体保护。第 2 章是建筑遗产火灾的数字化分析与保护，介绍清福陵的火灾隐患和消防安全的现场勘察，研究清福陵木材阻燃处理的数字化分析、隆恩殿室内火灾与阻燃的数字化分析、室外火灾蔓延的数字化分析。第 3 章是建筑遗产风蚀的数字化分析与保护，介绍建筑遗产的病害分析理论、清永陵建筑遗产病害的现场勘察，研究计算流体动力学的应用与发展，进行清永陵与清福陵风沙侵蚀的数字化分析。第 4 章是建筑遗产热冷环境的数字化分析与保护，介绍清福陵和清昭陵建筑遗产病害的现场勘察，研究清福陵夏季太阳辐射和热环境数字化分析、绿地对清福陵夏季热环境和微气候的影响、不同树木绿化对清福陵夏季热环境的影响，对冬季寒潮降雪对清昭陵隆恩门和隆恩殿侵蚀进行数字化分析、赫图阿拉城冬季外环境分析与绿化营造策略。第 5 章是建筑遗产区域生态环境的数字化分析，介绍建筑遗产区域生态环境和特征，研究建筑遗产区域的生态环境的数字化分析和生态保护。第 6 章是建筑遗产区域建设用地扩张的数字化分析，介绍建筑遗产地数据信息集成和建设用地扩张特征，研究建筑遗产地和遗产区域建设用地扩张的数字化分析。

本书是在国家自然科学基金面上项目“基于数字化分析与模拟的辽宁前清建筑遗产区域整体保护方法研究（51978417）”资助下的研究成果，是课题组成员共同的汗水结晶。其中，第 1~4 章由沈阳工业大学建筑与土木工程学院王肖宇老师撰写；第 5 章和第 6 章由沈阳工业大学建筑与土木工程学院王晶老师撰写。参加调研测绘和图纸绘制工作的人员还有沈阳工业大学建筑学 2013—2021 级的同学们。以下同学为辽宁前清建筑遗产消防安全和病害劣化现场勘察任务作出贡献：梅丽宁、徐晗、吴承龙、张瑶、张馨瑜、宋晓一、王大伟、杨丹丹、秦思文、隋欣、杨瑷鸿、李慧、侯欣宇、吴晨晖、刘彦辰、房俞含、秦祺、宋佳音、王佳宁、牟虹霏、苗砚博、李朵、吴一凡、苏雅汗、戴闰龙、燕依琳、董雨禾、赵悦同、杜文敏、杨茗钦。在此一并向他们表示感谢！

由于作者水平有限及时间仓促，书中难免有疏漏之处，请读者及专家海涵指正。

作者

2023 年 3 月

目 录

第 1 章 绪 论

清朝文化起源和初期发展时期的很多历史文化遗产主要分布在辽宁省境内。辽宁省境内是前清历史信息含量很高、前清建筑文化遗产密集的地区。这些建筑文化遗产涵盖了城池、宫殿、陵寝、战场遗址、寺庙、民居等类型，形成了大尺度的前清建筑文化遗产区域。这个区域记载着清朝建立前期满族文化在辽沈地区发展和传播的印迹，是早期清朝文化的缩影，承载着丰富的前清历史信息和文化内涵，非常具有独特的前清文化特征。

1.1 辽宁前清建筑遗产区域的特点

1.1.1 辽宁前清建筑遗产的典型性

辽宁前清建筑遗产区域包括辽宁省境内 25 处前清建筑遗产，是一个时间链和空间链。它是辽宁省境内以“前清文化”为主题，记载满族从崛起、发展到进入山海关，满族文化的发祥、成长和融合的历史过程的前清建筑遗产区域。大量史实证明了辽宁是满族早期文化的发祥地，是前清建筑遗产的核心区域。

辽宁前清建筑遗产反映了早期满族在辽沈地区 4 个不同的历史轨迹。第一，满族从崛起到进驻北京之前建造都城的历史发展过程，包括前清时期修建的都城 6 座（赫图阿拉城、界藩城、萨尔浒城、东京城、盛京城、九龙山城），宫殿 1 座（沈阳故宫），城市建设 4 处（永安石桥、清柳条边遗址——抚顺段、沈阳段、锦州段）；第二，入关前后金与明朝发生的战争历史过程，包括明清战场遗址 4 处（松杏明清战场遗址、辽东边墙、兴城古城、中前所城）；第三，前清时期满族修建祖陵的发展过程，包括满族祖陵 4 处（清永陵、东京陵、清福陵、清昭陵）；第四，前清时期满族与其他民族融合的历史过程，包括满族修建的寺庙 6 座（实胜寺、慈恩寺、清真南寺、沈阳北塔法轮寺、沈阳南塔、沈阳东塔）。这 4 个历史轨迹的建筑遗存或遗址作为前清历史与文化的标志物，向世人生动地展示了前清时期满族的发祥和发展之路。

1.1.2 前清建筑遗存现状

通过对辽宁省境内的 25 处前清建筑遗产进行的多次实地调研和考察，作者充分认识到部分现有遗存破坏严重、亟待抢救。辽宁前清建筑遗产现状目前保存完整和保存相对较好的有 10 处，包括列入世界文化遗产的“一宫三陵”和国家级文物保护单位的建筑遗产。现状保存不完整或仅存遗址的有 15 处，如：努尔哈赤修建的东京城仅现存部分城墙和八角殿遗址；明清战争发生地中前所城仅现存西门罗城；九龙山城、松杏明清战场等也仅存遗址。最为可惜的是，有很多前清建筑遗产已经不复存在，如皇太极在沈阳修建的西塔延寿寺已无存，著名的萨尔浒战役古战场已淹没在大伙房水库之下。

这些前清建筑遗产作为满族文化的基质和母体，或者作为清朝前期的历史脉络和文化联系，具有重要的历史、文化、科学和美学信息及价值。而某些前清文化系列遗产的损坏甚至消失，使得对前清文化遗产区域整体体系保护的连续性和完整性受到破坏，只能退为对散落遗产点的保护。面临这种现象，有些学者发出“走出单体保护之围”和改变“孤岛式保护”的呼声。

 建筑遗产数字化保护的研究现状

1.2.1　CFD 数字化分析的研究

1. 古建筑火灾保护方面的研究

近 20 年来，随着数字技术的迅速发展，数字化浪潮席卷了整个世界。鉴于各国古建筑火灾的惨痛教训和古建筑的防火需要，对古建筑消防技术原理开展深入的研究是古建筑防火保护的重大课题。国内外各相关机构在古建筑防火保护方面也做了许多研究工作。如 1984 年法国在卢浮宫扩建的防火设计中，就对古建筑内易燃物表面进行防火阻燃处理，降低材料的易燃性，提高材料的耐火极限以减少火灾隐患。美国、英国、日本等国家也在古建筑防火保护方面做了很多实验，在提高古建筑防火性能上取得了很大突破。

随着火灾理论研究的不断深入和数值计算方法的不断完善，用数字化分析与模拟手段来进行火灾科学研究成为了潮流，数字化分析与模拟技术是火灾调查科学的重要组成部分。1983 年，库玛（Kumar）首先采用计算流体动力学（computational fluid dynamics，CFD）方法建立了火灾模型。CFD 火灾模型已经成为火灾安全工程中一个重要研究部分，它不仅可以对火灾过程进行详细的描述，而且还可以实时地显示烟气流动和热传递过程，为人们研究火灾的发生及发展规律提供帮助。国内外学者对大空间建筑、大型建筑、隧道地铁工程的火灾数字化分析与模拟做了很多研究，但对古建筑的火灾数字化分析与模拟研究成果较少。2007 年，重庆大学做了“古建筑火灾烟气流动规律及其防火安全评估技术研究”，建立了古建筑的计算机仿真模型，提出古建筑计算机仿真模型在发生火灾时的温度分布规律，根据火灾模拟方法得出的结论，做出了初步性能化设计。随着电子计算机性能的飞速提高，基于 CFD 的火灾模拟方法必将成为火灾研究的主流。

2. 土遗址风蚀保护方面的研究

20世纪60年代，国外便开始对土遗址的保护问题进行相关的研究与分析。国际古迹遗址理事会（international council on monuments and sites，ICOMOS）是国际上最具权威性的土遗址保护研究机构。而国际文物保护与修复研究中心（international centre for the study of the preservation and restoration of cultural property，ICCROM）和盖蒂保护研究所（Getty conservation institute）也针对土遗址的保护问题做了大量的研究。在国外，研究主要是针对风化、土体开裂、剥落等现象，通过进行物理化学实验，研究出有机的或者无机的材料对其进行加固。具体工程案例包括：日本国立文化研究所在20世纪60年代使用有机硅低聚物对横滨市的遗址进行了保护与加固；加科莫·希阿里（Giacomo Chiari）等在1969年利用化学试剂对伊拉克某遗址的风干砖进行保护；秘鲁在1975年通过把正硅酸乙酯和乙醇相混合，用其对土遗址的表面进行保护处理；美国在1976年采用硅酸乙酯和聚氨酯对于印第安人遗址附近的土遗址进行了相应的加固。我国开展土遗址保护较晚，20世纪80年代末才开始进行土遗址的科学保护研究试验。90年代主要有敦煌研究院、北京大学、兰州大学等机构进行土遗址研究工作。我国土遗址科研抢救工作的一座里程碑是2005年兰州“古代壁画保护国家文物局重点科研基地”的成立，该基地研究范围非常广泛，包括环境治理、遗址整体加固、抗风化保护、计算机遗址保护应用、标准制定等方面。

国内外针对CFD模拟建筑群对其周围风环境的影响进行了大量研究，但CFD模拟土遗址在风蚀保护方面的研究成果相对较少。2010年，西安建筑科技大学采用CFD数字化分析与模拟分析软件对7个星佛寺遗址体进行风沙气固二相流分析，结果表明遗址体迎风的立面、棱角及墙体根部风蚀磨损量较大，据此提出了一种采用扶壁柱降低墙体根部的风蚀量的加固保护方法，并探索适合七个星佛寺遗址的保护材料。2011年，西安建筑科技大学使用CFD模拟软件对汉阳陵地下博物馆土遗址封闭保护区内的温、湿度场的分布进行模拟研究，验证了CFD方法预测封闭式土遗址空间热湿环境的可行性。本书借助CFD数字化分析与模拟软件强大的分析功能，可以为土遗址的加固保护方案提供科学的依据。

3. 建筑遗产热环境保护方面的研究

随着城市热岛效应的产生，建筑遗产周边的热环境对遗产保护也是一种考验。CFD 数字模型也可以用来研究包括热导效应在内的城市气候问题。城市热环境数字化分析与模拟方法根据研究的空间尺度可分为大中尺度的城市、区域模型和小尺度的街区、建筑室内外热环境研究。本书探讨小尺度热环境对建筑遗产的影响。

国内外对小尺度热环境的数字化分析与模拟已经进行了相关研究。德·拉·福劳（De La Flor）等对于建筑周边区域的流动采用区域模型，并且考虑了植物和水体对环境的影响。亚历山德里（Alexandri）等用简单的二维模型将植被墙面对环境的影响进行了模拟计算。罗比图（Robitu）等为了研究植物和水体对室外热环境的影响，采用数字化分析与模拟的方法进行了模拟研究，建立了植物和水体的流动和能量传递模型，结果表明植物和水体的存在可以降低固体表面温度并改善周围环境的舒适性。我国现在也有不少应用实例：清华大学利用改进的集总簇热时间常数（cluster thermal time constant，CTTC）模型并结合 CFD 模拟技术，根据建筑结构和布局、绿化率的不同对住宅小区进行适当的划分，并利用计算流体动力学软件模拟得到小区风场，分析并预测了住宅小区内的室外热环境；北京市建筑设计研究院采用 CFD 技术考察了其制作的 2008 年北京奥运规划投标方案的气流流场及温度场分布情况；华南理工大学对江南新苑住宅小区单体建筑自然通风进行了数字化分析与模拟分析。借鉴国内外 CFD 数字化分析与模拟热环境的方法，是建筑遗产周边热环境优化研究方面的一个较大改进，能够为编制保护方案提供很有价值的参考。

1.2.2　GIS 技术在文化遗产领域的应用

地理信息系统（geographic information system，GIS）兴起于 20 世纪 60 年代，由于其出色的空间信息管理、分析和表达功能，近年来逐渐被应用到文化遗产管理与研究领域。1992年，在联合国教科文组织帮助柬埔寨政府保护吴哥窟古迹的行动中，第一次在文化遗产保护项目当中应用了GIS。该项目通过进行所有数据收集、分析工作，并依据GIS输出的评价结果划定吴哥窟遗址的保护范围。在此之后，在泰国历史名城素可泰、加拿大洛基山班夫国家公园、越南顺化、老挝万荣以及欧洲、澳大利亚等地的文化及自然遗产等保护项目中都应用到了GIS技术。20世纪90年代中后期，国外已相继建成了一些有关历史文化遗产保护的地理信息系统。

我国地理信息系统的起步大约比国际上晚了15年，到1980年才开始研究和试验。此后，国内也开始在文化遗产的保护和管理中开展利用地理信息技术的研究。2006年开始，我国在京杭大运河的保护项目中也引入了地理信息系统进行文化资源的存储和分析，为保护和管理提供技术支撑。GIS技术也是目前长城遗产空间数据存储和分析的支撑技术。无论是在资源调查成果深化、保护规划制定、管理措施制定还是各领域学术研究方面，此技术都具广阔的应用前景。

在辽宁前清建筑遗产区域的保护中，由于区域跨度较大，有80%的信息与空间位置相关，因此，作为空间数据管理工具的GIS技术可在前清建筑遗产的保护中发挥重要的作用。具体来说，通过地理信息系统和遥感（remote sensing，RS）可以整合历史建筑、古遗址、历史区域的空间位置数据和属性数据，将古建筑、古遗址等的空间位置信息展现在电子地图或遥感影像上，并以此为基础实现图片、视频、工程图、文档等多媒体信息的链接，然后可以进行专业分析。基于长期遥感影像监测数据，应用空间信息技术，可以表征建筑遗产所在区域生态环境变化的连续、渐变过程及遗产地城市用地变化情况，进行遗产地气候变化监测。本项目结合建筑学、遗产学、生态学、地理学、地图学等多学科理论和方法，系统分析了在人为扰动较频繁的城市更新过程中沈阳前清建筑遗产所在区域的生态环境要素时空变化特征与规律。

综上所述，辽宁前清建筑遗产区域整体保护方法的研究可以作为我国大尺度遗产类型保护领域的补充。这种跨城市跨地区、大尺度条件下，大量建筑遗产的整体性空间角度研究，传统勘测技术和纯理论研究方法已不能满足其现实需要，GIS 数字化分析和 CFD 数字化分析与模拟是辽宁前清建筑遗产区域研究与整体保护的有效科学技术手段。

1.3 整体建筑遗产区域的数字化分析与保护

目前针对辽宁省境内的前清建筑遗产的保护还仅仅是局部性和区段性的，还未能有效地进行整体的统筹安排与科学管理。辽宁前清建筑遗产区域的提出，要求对前清满族文化发展的理解在空间和时间上应具有真实性、完整性，对其实施相应的保护也应具有整体性。本书拟通过整体性研究、数字化研究弥补以往研究的不足，突破传统研究方法局限，运用现代科技手段对辽宁前清建筑遗产进行系统整合，实现遗产区域科学的整体保护。

辽宁前清建筑遗产区域的保护需要从宏观和微观两个层面来分析。宏观层面上，是从遗产区域的整体保护方法进行分析；微观层面上，是从每一个建筑遗产的保护方法进行分析。本书通过 GIS 和遥感数字化分析实现对辽宁前清建筑遗产区域宏观整体的保护，通过计算流体动力学数字化分析实现对每一个前清建筑遗产点的保护。GIS 不仅能建立辽宁前清建筑遗产区域现状调查资料的输入、存储、管理、查询和利用现状的数据库，编制保护规划所需要的现状分析图、应用多因子分析方法对建筑遗产的价值进行综合评价，而且能够监控、管理和控制外界急剧或累积的变化对古建筑、古遗址及周边环境产生的影响，制定近期和长期的历史文化遗产保护规划方案，并进行监督、检查和修改。辽宁前清建筑遗产现存情况较好的大多是以木材为主要材料，以木构架为主要结构形式，火灾荷载远远高于现行的国家标准所规定的火灾负荷量，火灾危险性极大，耐火等级低。CFD 数字化分析与模拟可以建立描述火灾发展过程的古建筑计算机仿真模型，计算文物建筑内火灾发展蔓延趋势、热烟气运动发展规律以及火灾情况下各建筑构件变化规律等，根据计算机火灾模拟方法分析得到的结论，做出古建筑预防火灾保护性改进设计。现存情况不完整的辽宁前清建筑遗产大多是仅存土遗址，CFD 可以数字化分析与模拟风沙对遗址的侵蚀作用，探索其破坏机理，并为土遗址加固保护材料的选用提供科学建议，防止遗址进一步损毁。随着城市热岛效应的产生，辽宁前清建筑遗产周边环境的整治也是本书需要研究的内容。运用 CFD 数字化分析，模拟建筑遗产周边的热环境，分析热环境特征，提出具体的历史环境整治措施，创造最适宜保护建筑遗产的自然和人文环境。

基于数字化分析的辽宁前清建筑遗产区域整体保护方法是非常科学的，可以整体保护前清建筑遗产的历史背景和文化脉络及其协调关系，完整保护前清建筑遗产的价值及其载体，并可以从大尺度空间网络角度对遗产地整合保护并进行研究分析，不仅为文化遗产保护领域提供了新的视角，有利于中国遗产保护体系的完善和拓展，同时对振兴东北地区城乡经济和生态环境保护，都具有突出和典型的意义。

第 2 章

建筑遗产火灾的数字化分析与保护

在我国历史上有很多的古代建筑毁于火灾，据有关资料显示，中华人民共和国成立后的55年里，我国有数百座古代建筑遭受过不同程度的火灾破坏，古人留下的许多珍贵文物古迹化为灰烬而不复存在，其损失无法用金钱估量。由于古建筑自身因素和人为使用的多样性，造成起火的原因复杂。据对20世纪50年代以来古建筑火灾原因的分析表明，人为因素占76.31%，非人为因素占17.11%。因管理原因导致的火灾占31.7%，因使用问题导致的火灾占45.1%，能够及时发现扑救的仅占7.1%。调查发现，80%以上的古建筑火灾均由小火引起，理论上应是能够被发现并扑灭的，而之所以酿成重大灾难事故，除了人们消防意识的淡薄和管理松懈外，消防设施落后、设备设置不到位，是造成火灾扩大的重要原因。因此，如何应用现代消防技术，结合我国古建筑现状特色和地方民情，在经济适用前提下构建古建筑火灾预防和扑救的双层保护体系，成为我国古建筑保护的一项当务之急。

本书以清福陵为例，进行辽宁前清建筑遗产的火灾数字化分析与保护研究。

2.1 清福陵火灾隐患的现场勘察

2.1.1 清福陵的建筑特点和火灾隐患

1. 1962 年清福陵的大火

当年，皇太极为父亲努尔哈赤修建了福陵，沈阳人习惯称之为东陵，康熙年间福陵内又修建了陵内最高建筑物大明楼，恭镌太祖高皇帝谥号碑于其中。从辽宁省档案馆、沈阳市城建馆等多方了解到，令人惋惜的是，历经了数百年的福陵在 1962 年遭遇了一场火灾，而被这把大火焚到只剩下断瓦残垣的正是大明楼及楼内石碑。直到 20 年后的 1982 年，福陵明楼这座典型的清朝初期木结构建筑才得以重修（图 2-1）。

福陵明楼，又称“大明楼”，于康熙四年（1665 年）三月修建，楼为二层，高约 15 m，下部是 6 m 高的方形台基。楼内正中竖立一座巨大的汉白玉石碑——圣号碑，碑文为康熙皇帝手书。据了解，明楼建成 300 年间曾大修过六次，从乾隆开始，在嘉庆、道光年间都曾多次维修过，最后一次是在光绪十七年（1891 年）。中华人民共和国成立后，沈阳市政府对福陵景点进行建设，1959 年 11 月 9 日，中共沈阳市委指示扩建福陵公园。1963 年，福陵被列为辽宁省重点文物保护单位。不过，就在成为省级文保单位的前一年，福陵发生了一场大火，损失最严重的就是大明楼。明楼本身被全部烧毁，楼内“太祖高皇帝之陵”石碑也被烧碎，只剩下明楼座台台基（图 2-2）。

火灾之后明楼只剩下残垣断壁，直到 1982 年底重建修复完成，经历了整整 20 年。1982 年 2 月，沈阳市公园管理处成立古建维修队，并请老工匠、工种齐全的新金县瓦窝建筑工程队协助，开始修复施工。虽然原则是“修旧如旧”，但是其中也有一些改动，比如将明楼的檐柱深入墙体的隐蔽部分由木

图 2-1　大明楼

图 2-2　大明楼 1962 年火灾后

（资料来源：腾讯网）

柱改为钢筋混凝土柱，既不影响古建原貌，又提高了坚固性。资料记载，在福陵古建维修过程中，施工队伍保持在 200 人左右，工作人员平均每天工作 10 个小时。明楼维修中木材用量 400 m^3，黄金用量 4 kg，还有琉璃瓦、石料及大青砖等。直到此时，那个曾被神秘大火付之一炬的明楼终于重现于来自世界各地的游人面前。

2. 清福陵的地理环境

清福陵，又称沈阳东陵，位于沈阳市东郊的东陵公园内，是清太祖努尔哈赤的陵墓，因地处沈阳市东郊，故又称东陵，为盛京三陵之一（图 2-3）。天聪三年（1629 年）选定在盛京的东北郊外营建陵墓，总面积约 19.48 万 m^2。清福陵初建时，只被称作“先汗陵”或“太祖陵”，另有努尔哈赤的后妃叶赫那拉氏、乌拉那拉氏等人葬于此处。天聪三年（1629 年）皇太极生母叶赫那

图 2-3　清福陵的地理环境

（资料来源：百度百科）

拉氏的陵墓从东京尼亚满山被迁至福陵。崇德元年（1636 年）定名为“福陵”。陵墓到顺治八年（1651 年）基本建成，后来在康熙和乾隆年间又续有增建。清福陵形制为外城内郭，由前院、方城和宝城三部分构成，自南而北渐次升高。这既不同于明朝的陵墓，也不同于清朝入关后建造的陵寝。福陵自民国十八年（1929 年）起被代辽宁省政府辟作公园。除方城明楼曾毁于雷火后又修复外，其余皆保存完好。1988 年，清福陵被中华人民共和国国务院公布为第三批全国重点文物保护单位之一。2004 年，包括清福陵在内的盛京三陵作为明清皇家陵寝的拓展项目被列入世界文化遗产。

清福陵建造在沈阳城市的郊区，最初建造时随城就势，充分利用山地的地形地物，但远离城镇，消防水源缺乏，灭火用水得不到保障，消防车需要很长时间才能到达，从而容易丧失有效控制火势的机会，一旦发生火灾，只能自救。此外，清福陵还存在院墙高、建筑形体高、过门高、过道窄的现象，对火灾的扑救工作很不利。

3. 古建筑的结构形式

清福陵的古建筑在建筑形式上，殿堂高大开阔，有利于木材的燃烧。最重要的建筑隆恩殿面阔三间约 16.5 m，进深两间约 15.2 m，四周有大理石栏杆做围护。室内净高 10 多米，大木结构为梁柱结构，外围有 20 根圆形立柱，支撑屋顶形成廊道。东、西配殿面阔五间约 18 m，进深两间约 7.9 m。梁柱结构，檐下出斗拱，其内部五架梁上立瓜柱，瓜柱上架三架梁，再立脊瓜柱。大明楼是重檐九脊方形碑亭式建筑，是清福陵建筑群中最高的建筑，下部四周为砖墙结构，长宽均约 15.4 m，上部为木制梁架结构，有斗拱装饰。若这些古建筑发生火灾，氧气供应充足，燃烧速度就会相当惊人。大明楼建在高高的台基上，四面临空；而四个角楼矗立在高大的城墙之上，周围亦无建筑物遮挡，四面更是迎风，起火时势必风助火势，火仗风威。在结构形式上，古建筑用大木柱支承巨大的屋顶，而屋顶又由大量的木材加工而成，叠架的木梁架连接木柱与屋顶，这种组合形式犹如架空的干柴，周围的墙壁、门、窗和屋顶上覆盖的陶瓦等围护材料恰恰又犹如炉膛，使古建筑有良好的燃烧条件。木质结构，组群布局，御火不利。古代建筑的主要结构多为木材，又以组群规模布置，下部大多以高大台基相托，上立木柱以支承巨大的屋顶，由大量木质拱、梁、檩、椽、望板等构成的大屋顶，包括天花板、藻井部分架于立柱上部，顶上以灰背、陶瓦、鉴金瓦等覆盖。由于廊道相接，建筑物彼此相连，没有防火间距，建筑群内没有消防通道，防火分区不够明确，失火后火势蔓延迅速。另外，古建筑的开窗面积小，围护结构又相当密实，在发生火灾时，室内的烟不易消散，温度易积聚，当温度升到 500~600°C 时，便会迅速导致“轰燃”。由于“轰燃”是在环境温度持续升高，并大大超过可燃物的燃点时发生的，因而无须直接接触火焰，建筑就可燃烧起来。轰燃后火灾发展到了高潮阶段，扑救相当困难。

4. 古建筑的材料

古建筑包含单体建筑和建筑群，其结构多为砖木或纯木结构，大多是三级、四级耐火等级的建筑，耐火性能差。古建筑采用的大量木材使其火灾负荷量增大。通常用火灾负荷量来表示可燃物质数量的多少。所谓火灾负荷量，是指在一定范围内可燃物质的数量及其发热能量，通常以木材的数量及其发热量的所得值来表示，建筑内部的其他可燃物质，如棉、丝织物、纸张书刊等也要折算成具有等价发热量的木材，用以表示火灾负荷量。在文物古建筑中，大体上每平方米含有木材 1 m^3（包括其他可燃物折合木材的用量），而现代建筑中每平方米使用的木材不超过 20 kg。以每立方米木材重 630 kg 计算，古建筑的火灾荷载要比现代建筑高出 30 多倍。

构成古建筑的木材极易燃烧。木材内的有机物含量高达 99% 以上，这些成分都是可燃物。这些可燃物燃烧后产生的挥发物继续燃烧又产生其他可燃物，致使燃烧恶性循环。木材的燃点为 200~300°C，比木炭、焦炭还容易起火。同时文物古建筑又多用油脂含量高的柏木、松木、樟木等优质木材建造，且其表层涂有大量的涂料，极易燃烧，火灾的危险性相当高。新进仓库的木材含水量一般稳定在 60% 左右，经过自然干燥形成“气干材”，含水量一般稳定在 12%~18%，古建筑中的木材，经过多年的干燥，形成了“全干材”，含水量大大低于“气干材”，因此极易燃烧，在干燥的季节甚至遇到火星就会起火。古代有着悠久的漆器文化，古建筑内外多用涂料装饰或保护建筑材料，彩绘梁柱。但涂料等装饰材料易燃，这些装饰材料会导致整座建筑物着火。同时，古建筑内的屏风、悬挂的绸缎、字画、匾额以及供奉的鞭炮、香烛和纸张等都是可燃、易燃物，这也大大增加了古建筑的火灾荷载。火灾一旦发生，室内的可燃、易燃物更成了火势蔓延的导火带，使大火迅速向空中扩展。古代木结构建筑所使用的木材在经过了数百年风干之后，燃点逐渐降低，同时，木材的表面开裂，木质疏松，这些因素使得古建筑一旦遇到火源，便会迅速起火。由此可见文物古建筑火灾危险性之大。木材燃烧和蔓延的速度还和木材表面积与体积的比例呈递增关系。古建筑中的梁、天花、藻井、斗拱、门窗等往往都是形状复杂，构件交错叠落，大大增加了材料的受热面积，特别容易燃烧而且蔓延速度极快。

5. 古建筑的平面布局

古建筑一般在总平面布局上成组、成群，对称布置，形成格局。殿堂之间往往用木质连廊相接，层层叠叠，组成“四合院”和“廊院”两种布局方式，即以间为单元构成单座建筑，以单座建筑为单元组成庭院，以庭院为单元组成形式多样的建筑群，其规模壮观，气势雄伟。但由于庭院中厅堂廊房相互连通，也就是廊道相连，建筑相连，建筑群内缺少防火分隔和安全空间，如果一处起火，火势不能得到有效控制，则毗连的建筑将会很快出现大面积燃烧，既不利于安全疏散，又容易形成“火烧连营”的局面。从消防角度来看，这两种布局方式都存在较大的火灾隐患。

6. 古建筑的防雷

作为一种不可抗力，雷击在古建筑安全问题上比较突出的表现形式就是引发火灾。古建筑所处地理环境与一般建筑物不同，容易遭受雷击。中国传统建筑选址往往依山就势，建筑常常位于山脊或山坡之上，而这些地方往往是易遭雷击之处，若建筑防雷稍有疏忽，就可能遭受雷击。虽然在 1982 年 11

月 19 日《中华人民共和国文物保护法》颁布后，全国部分省、市开始对古建筑物根据其重要性陆续补设防雷装置，但据统计，截至 2010 年，大约还有三分之二的古建筑物未设防雷装置，部分通过修建、改建、扩建的古建筑物以及较高的宝塔类型建筑物虽安装了防雷装置，但通过实际检测发现，这些古建筑物的防雷装置还存在不少缺陷，未达到防雷技术标准。

7. 管理保护因素

在我国古代建筑被毁于火灾的例子中，由于管理疏忽造成火灾的因素包括用火不慎、电气设备使用不当、电线陈旧老化等。

随着我国旅游业的蓬勃发展，在古建筑旅游开发极大地带动和促进城市经济增长的同时，也带来了消防安全隐患。如古建筑旅游管理单位为了降低成本和便于管理，只设一个检票口，并用铁栏杆围住，形成很窄的人流过道，消防车无法进入，人员疏散困难。再如为扩大旅游景点规模，提高服务质量，一些单位违规在古建筑单位周边地区建饭店、旅馆、商铺等服务性建筑，这些建筑用火用电量大，耐火等级低，安全防范措施差，易发生火灾，对古建筑消防安全形成巨大威胁。另外，古建筑寺院内乱拉照明线路、朝拜中烛火通明、游人吸烟乱扔烟头等问题也给消防安全埋下了极大的隐患。

8. 古建筑火灾扑救困难

古建筑由于受当时诸多限制的影响，建筑物之间不符合防火间距要求，有些建筑物紧密相连，院套院，门连门，台阶遍布，高低错落，无防火分隔区，更没有消防通道，造成了火灾荷载大、极易燃烧、没有防火分隔的现状。古建筑的天花、斗拱等构件形式复杂，灭火时由于这些构件的阻挡，水流射流很难击中顶部火点，为扑救古建筑火灾增加了难度。同时，古建筑的屋顶上盖琉璃瓦或陶瓦，瓦面光滑，瓦下铺一层灰泥，瓦垄里不存水，防水防潮效果很好，但发生火灾时，由于瓦面光滑，打上去的水极易流下，灭火效果大打折扣。

2.1.2 火灾危险源辨识

火灾危险源辨识主要包括客观因素、人为因素和自然气候因素三项。

1. 客观因素

1）固定可燃物

固定可燃物主要包括以下几类。

（1）建筑外墙一般为不燃性砖石，但外墙的门、窗为可燃性木材；

（2）建筑内部隔墙部分为不燃性砖石，部分为可燃性木材；

（3）建筑屋面为不燃性瓦片，屋架为可燃性木材；

（4）建筑内外的柱身大多为可燃性木材，柱础为不燃性砖石。

作者在清福陵内共勘察了16座建筑（大明楼西侧角楼部分因落架大修而未涉及），勘察结果如表2-1和图2-4所示。

表2-1 清福陵古建筑固定可燃物的可燃性

序号	建筑名称	固定可燃物的可燃性					
		屋架	外墙	内隔墙	柱	梁	门窗
1	正红门	可燃	不燃				可燃
2	西红门	可燃	不燃				可燃
3	东红门	可燃	不燃				可燃
4	碑亭	可燃	不燃	部分可燃	部分可燃	可燃	可燃
5	膳房	可燃	不燃	部分可燃	部分可燃	可燃	可燃
6	茶房	可燃	不燃	部分可燃	部分可燃	可燃	可燃
7	果房	可燃	不燃	部分可燃	部分可燃	可燃	可燃
8	涤器房	可燃	不燃	部分可燃	部分可燃	可燃	可燃
9	隆恩门	可燃	不燃	部分可燃	部分可燃	可燃	可燃
10	隆恩门东侧角楼	可燃	不燃	部分可燃	部分可燃	可燃	可燃
11	隆恩门西侧角楼	可燃	不燃	部分可燃	部分可燃	可燃	可燃
12	大明楼东侧角楼	可燃	不燃	部分可燃	部分可燃	可燃	可燃
13	隆恩殿	可燃	不燃	部分可燃	部分可燃	可燃	可燃
14	东配殿	可燃	不燃	部分可燃	部分可燃	可燃	可燃
15	西配殿	可燃	不燃	部分可燃	部分可燃	可燃	可燃
16	大明楼	可燃	不燃	部分可燃	部分可燃	可燃	可燃

图 2-4　清福陵的固定可燃物

(a) 隆恩殿的屋架；(b) 隆恩门的柱梁；(c) 东配殿的门窗；(d) 西配殿的屋架；(e) 大明楼的门窗；(f) 碑亭的屋架；(g) 角楼的梁枋；(h) 涤器房的梁枋；(i) 茶房的梁枋；(j) 果房的柱梁；(k) 膳房的门窗；(l) 西红门的斗拱

2）移动可燃物

本书主要考察文物建筑内的家具、大功率电器和可燃材料堆垛等移动可燃物。主要包括以下几类。

（1）展示用房内的移动可燃物为展示展品、木质家具、小功率电器等。

（2）隆恩殿为主要祭祀场所，殿内的移动可燃物为祭祀用品、布幔飘带、跪垫、木质家具、小功率电器等。

（3）碑亭处的移动可燃物为赑屃驼碑四周的木架。

（4）其他建筑有的无室内空间，有的室内无人使用，无室内移动可燃物。

经勘察，清福陵内有几类移动可燃物，如表 2-2 和图 2-5 所示。

表 2-2　清福陵古建筑内的移动可燃物

序号	建筑名称	移动可燃物
1	正红门	无室内空间
2	西红门	无室内空间
3	东红门	无室内空间
4	碑亭	赑屃驼碑四周的木架
5	膳房	木柜、木架、桌椅、小功率电器等
6	茶房	展示展品、木质家具、小功率电器等
7	果房	展示展品、木质家具、小功率电器等
8	涤器房	展示展品、木质家具、小功率电器等
9	隆恩门	一层为门楼，二层以上室内无人使用，均无室内移动可燃物
10	隆恩门东侧角楼	室内无人使用，无室内移动可燃物
11	隆恩门西侧角楼	室内无人使用，无室内移动可燃物
12	大明楼东侧角楼	室内无人使用，无室内移动可燃物
13	隆恩殿	祭祀用品、布幔飘带、跪垫、木柜、木架、桌椅、小功率电器等
14	东配殿	展示展品、木质家具、小功率电器等
15	西配殿	展示展品、木质家具、小功率电器等
16	大明楼	一层为门楼，二层以上室内无人使用，均无室内移动可燃物

(a)

(b)

图 2-5　清福陵内的移动可燃物

（a）涤器房内的展示用品；（b）隆恩殿内的香炉、祭祀用品

2. 人为因素

在火灾起因中，用火不慎和用电不慎均占有很高的比例，以上因素均属于人为因素，是本次调研的重点之一（表 2-3）。

1）用火不慎

（1）用火不慎主要发生在隆恩殿中，主要表现在祭祀用火可能引燃邻近可燃物。

（2）清福陵所有文物建筑内均禁止吸烟，但仍有游客偷吸烟现象发生。

2）用电不慎

用电不慎一直居于各类火灾原因的首位，根据分析，发生电气火灾的原因主要有以下几种：

（1）接头接触不良导致电阻增大，发热起火。

（2）设备过载，线路温度升高，导致电缆起火或引燃周围可燃物。

（3）照明灯具内部漏电或发热引起燃烧或引燃周围可燃物。

（4）电动自行车、手机等长时间充电，电池过热、爆炸等引发火灾。

表 2-3　清福陵院落用火用电不慎情况

序号	建筑名称	用火用电不慎情况
1	碑亭	配电线路及外保护套有部分老化问题
2	膳房	配电线路及外保护套有部分老化问题；照明灯具、电源插座未采取隔热措施
3	茶房	
4	果房	
5	涤器房	
6	隆恩殿	祭祀用火可能引燃邻近可燃物。配电线路及外保护套有部分老化问题；照明灯具、电源插座未采取隔热措施
7	东配殿	配电线路及外保护套有部分老化问题；照明灯具、电源插座未采取隔热措施
8	西配殿	

3. 自然气候因素

清福陵所有古建筑均安装有避雷装置，可以避免雷击引起的火灾。

2.1.3　火灾防护性能

1. 耐火等级

根据建筑构件（梁、柱、屋架、外墙和内隔墙、门窗）材质，判断耐火等级。根据《建筑设计防火规范》（GB 50016—2014），建筑耐火等级分为一、二、三、四级。

经勘察，清福陵古建筑均为砖木结构，主要构件的材质特点如下：

（1）院落外墙、庭院之间隔墙的材质多数均为不燃性砖石。

（2）单体建筑的外墙材质为不燃性砖石；内部隔墙部分的材质为不燃性砖石，部分为木质隔断；建筑屋面为不燃性瓦；建筑的柱、窗、门、梁及屋架大多为木质。

根据各建筑主要构件的燃烧性能判定建筑的耐火等级如表 2-4 所示，所有建筑均为四级，耐火性能差。

表 2-4　清福陵古建筑材料燃烧性能和建筑耐火等级统计表

序号	建筑名称	耐火等级
1	正红门	四级
2	西红门	四级
3	东红门	四级
4	碑亭	四级
5	膳房	四级
6	茶房	四级
7	果房	四级
8	涤器房	四级
9	隆恩门	四级
10	隆恩门东侧角楼	四级
11	隆恩门西侧角楼	四级
12	大明楼东侧角楼	四级
13	隆恩殿	四级
14	东配殿	四级
15	西配殿	四级
16	大明楼	四级

2. 防火间距

防火间距主要考察文物建筑间、文物建筑与周边区域间防火间距的有效性。防火间距是两栋建（构）筑物之间，保证火灾扑救、人员安全疏散和降低火灾时热辐射等的必要间距。为了防止建筑物间的火势蔓延，各幢建筑物之间留出一定的安全距离是非常必要的，这样能减少辐射热的影响，避免相邻建筑物被烤燃，并可给人员疏散和灭火扑救提供必要的场地。

清福陵古建筑之间均有一定防火间距，院落内的防火间距满足要求。

2.1.4　消防安全设施

消防安全设施评价的对象主要包括消防控制室、火灾自动报警系统、消火栓系统、可移动灭火器具、建筑的消防安全标识、避雷设施等（图 2-6）。

(a) (b) (c)

图 2-6 清福陵的火灾报警系统和消防安全设施

（a）碑亭的消防水桶；（b）东配殿的火灾报警系统；（c）东配殿的消防器材

1. 消防控制室

清福陵院内无消防控制室，但在院外东陵公园管理区域有消防控制室。

2. 火灾自动报警系统

清福陵院内设有火灾自动报警系统。

3. 消火栓系统

清福陵方城内设置了 2 处消火栓系统，在东配殿两侧。方城外陵寝院内设置了 3 处消火栓系统，1 处在碑亭前东南侧，2 处在方城东城墙东侧。

4. 可移动灭火器具

清福陵院内的可移动灭火器具包括消防器材箱、灭火器、消防水桶。布置统计如表 2-5 所示。

表 2-5　清福陵院内的可移动灭火器具

序号	建筑名称	灭火器（箱）	消防器材箱（大型）	消防水桶
1	正红门	√		
2	碑亭	√		√
3	果房	√		
4	涤器房	√	√	
5	隆恩门	√		
6	隆恩殿	√		
7	东配殿	√	√	√
8	西配殿	√		
9	东北角楼	√		
10	东南角楼	√		
11	西南角楼	√		
12	大明楼	√		

5. 建筑的消防安全标识

消防安全标识主要为禁烟标志等。单体建筑勘查结果如表 2-6 所示。

表 2-6　清福陵的消防安全标识

序号	建筑名称	消防安全标识
1	大碑楼	禁烟标志
2	东配楼	禁烟标志
3	西配楼	禁烟标志
4	东配殿	禁烟标志
5	西配殿	禁烟标志
6	隆恩门	禁烟标志
7	东北角楼	禁烟标志
8	东南角楼	禁烟标志
9	西北角楼	禁烟标志

6. 避雷设施

经勘查，清福陵院内16座古建筑的屋顶均安装了避雷设施，如表2-7和图2-7所示。

表2-7　清福陵古建筑的避雷设施

序号	建筑名称	避雷设施
1	正红门	√
2	西红门	√
3	东红门	√
4	碑亭	√
5	膳房	√
6	茶房	√
7	果房	√
8	涤器房	√
9	隆恩门	√
10	隆恩门东侧角楼	√
11	隆恩门西侧角楼	√
12	大明楼东侧角楼	√
13	隆恩殿	√
14	东配殿	√
15	西配殿	√
16	大明楼	√

(a)

(b)

图2-7　清福陵院内古建筑的避雷设施

（a）正红门屋顶的避雷设施；（b）隆恩殿屋顶的避雷设施

 古建筑火灾数字化分析理论

探究火灾规律的主要研究方法有实验和数值模拟。全尺寸实验或实地开展实验需要花费大量的人力、物力、财力，探究古建筑的火灾，若开展实地实验，其造价成本高，规模比较巨大，出现危险的可能性较大。因此，实验只能在某些近似条件下进行。采用火灾数值模拟的研究方法具有较强的优越性、可行性。随着计算机的计算功能逐渐强大，再加上科学家们的研究成果，可以最大程度地避免误差，使计算结果更趋于真实值。计算机数值模拟具有安全、高效、成本低廉的优点，在火灾模拟中越来越受到专家学者的青睐，计算机正成为火灾模拟的重要手段。

为了更好地保护古建筑，尽量减少火灾给古建筑造成的损失，项目组通过模拟实验与数值分析相结合的研究方法，运用火灾动力学仿真模拟软件（fire dynamic simulator，FDS），对沈阳清福陵方城内隆恩殿内部的建筑材料黄松木进行火灾阻燃实验前后模拟分析，针对热释放速率的变化规律，火灾火势及烟气蔓延过程以及温度、CO_2 浓度和能见度分布随时间变化情况，分析其存在的消防安全隐患，达到控制火灾蔓延，尽量减少文物损失的目的，提出有针对性的火灾预防措施。

FDS 软件是由美国国家标准与技术研究院（national institute of standards and technology，NIST）的火灾研究室（building and fire research laboratory）开发的一种火灾动力学仿真软件工具，运用流体动力学中的基本方程，可以准确描述火灾的发生与烟气的流动。该软件采用先进的大涡模拟技术，经过大量实例验证，广泛应用在消防工程、安全工程中。场模拟也称物理模拟，是基于物理过程和化学反应方面基本方程的高级复杂模拟。FDS 程序是解决火灾动力学模拟通用程序，其特点为利用快速算法以及适当的网格，快速准确地研究动态三维火灾问题。FDS 程序可以使用其他 3D 建模软件和网格生成工具处理更复杂的几何场景。除了分析火灾和烟气的发展和扩散外，它还包括用于分析火灾探测器和喷水灭火系统的功能模块，可以研究相应的消防

设施对火灾发展的影响。同时，FDS 具有开放的程序，良好的后处理能力，计算结果已通过多次实验的验证，并已被广泛应用于消防工程以及安全工程领域。在此模型中，被模拟的房间或建筑被划分为若干小型三维矩形控制体积（three dimensional rectangular control volumes）或计算元胞（computational cell），其中计算的参数包括密度、速度、温度、压力和气体种类及浓度。基于守恒物理平衡方程，FDS 可用来模拟物体燃烧以及在燃烧过程中生成的烟气。利用软件中所提供的室内物品材料燃烧参数以及热物理性质，FDS 可以模拟火灾的产生和蔓延。FDS 计算需要输入建筑模型的相关参数、计算网格尺寸、火源产生的位置、火源的热释放参数、建筑物四周（墙等）的热性能参数、室内门窗的尺寸和位置、火灾设置的时间，其中建筑物的热性能参数有点燃温度（ignition temperature，K）、厚度（thickness，m）、热传导系数（thermal conductivity coefficient，W/（m・K））、单位面积的热释放速率（heat release rate，kW/m^2），这些物理参数需要实验测量以及理论推导。到目前为止，FDS 是所有火灾模拟软件中比较完整的、火灾模拟过程比较简单快速的软件。此外，FDS 的理论基础夯实，代表了世界火灾烟气运动数值模拟的先进水平，被国内外专家学者公认为研究火灾烟气运动最可靠的软件。

FDS 基本控制方程主要依据是动力学模型基本方程组，包括质量守恒方程、动量守恒方程、能量守恒方程、理想气体状态方程、组分守恒方程等，可以准确描述火灾的发生与烟气的流动。FDS 中控制方程离散化的方法主要有有限体积法（finite volume method，FVM）和有限差分法（finite difference method，FDM）。有限体积法的基本思想是通过将待解决的微分方程对每一个控制体积进行积分，得出离散方程。有限差分法是把控制中的导数用泰勒级数展开，并用网格节点上函数值的差商来代替。

2.3 古建筑木材阻燃实验分析

2.3.1 清福陵木材阻燃处理

清福陵古建筑是具有数百年历史的砖木结构建筑，其结构体系因遭受侵蚀而逐渐风化，木材的含水率极低，极易燃烧，火灾一旦发生，会很快蔓延。在古建筑火灾案例中，四成以上是由于不慎用火点燃易燃物引起的。而古建筑中棉、麻、丝、毛织物众多，到处可见铺在供桌上的桌布，悬挂的帐幔、飘带、幡幢等物品，这些布料一旦被点燃，往往迅速成为火灾传播的媒介。

清福陵古建筑的材料以黄松木为主。为了提高木材的着火温度，减慢木材的燃烧速度，需要对黄松木进行耐火阻燃处理。阻燃剂可以通过改变木纤维热解方式有效延缓木纤维的燃烧过程，从而改善木材的燃烧性能，提高其耐火性。我们选用古建筑常用的黄松木制成实验木块 6 个，尺寸为 100 mm × 100 mm × 10 mm，把其中 3 个木块使用氮磷水基型阻燃剂浸泡 2 个小时后晾干，另外 3 个木块不采取阻燃处理。经水基型阻燃处理剂处理后的基材外观没有明显改变，表面没有可见的固体残留物或明显斑迹，如图 2-8（c）、图 2-8（f）所示。

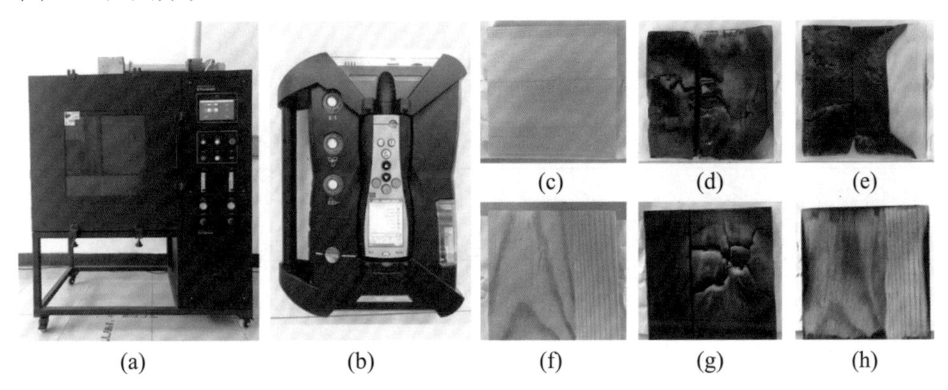

(a)　(b)　(c)　(d)　(e)　(f)　(g)　(h)

图 2-8　木材阻燃前后烟气实验

（a）NES 713 烟毒性测试箱；（b）烟气分析仪；（c）阻燃前黄松木试件；（d）阻燃前黄松木试件燃烧后正面；（e）阻燃前黄松木试件燃烧后背面；（f）阻燃后黄松木试件；（g）阻燃后黄松木试件燃烧后正面；（h）阻燃后黄松木试件燃烧后背面

2.3.2 烟气燃烧实验分析

1. 实验方法

实验设备选用 NES 713 烟毒性测试箱和烟气分析仪。按照 NES713《确定材料的毒性指数测试（海军工程标准）》和 GB/T 8627—2007《建筑材料燃烧或分解的烟密度试验方法》，对黄松木进行阻燃前后的燃烧实验，实验过程 5 分钟。该实验探讨在特定条件下，材料的一个小试样完全燃烧时产生的毒性气体和密度分析。在 NES 713 烟毒性测试箱实验过程中，将燃烧炉预热到 800℃，6 个木块被分别燃烧，再利用气流排放速率收集各种燃烧释放的气体，然后通过化学分析计算每种燃烧释放物质的含量，并以数字表示其毒性，如图 2-8（a）所示。烟气分析仪根据 6 个烟气传感器测试 CO、CO_2、NO、NO_2、NO_x、SO_2 的烟气密度，如图 2-8（b）所示。

2. 实验结果分析

没有经过阻燃处理的黄松木块在 5 分钟燃烧过程中，明火燃烧，基本燃烧完全，如图 2-8（c）、图 2-8（d）、图 2-8（e）所示；阻燃后黄松木在燃烧过程中，一直没有形成明火燃烧，说明氮磷阻燃剂的阻燃效果非常明显，如图 2-8（f）、图 2-8（g）、图 2-8（h）所示。烟气密度分析实验数据如表 2-8 所示。

表 2-8 黄松木及阻燃后烟气试验燃烧数据

序号	试验件名称	CO 浓度 /（mg/m^3）	CO_2 浓度 /%	NO 浓度 /（mg/m^3）	NO_2 浓度 /（mg/m^3）	NO_x 浓度 /（mg/m^3）	SO_2 浓度 /（mg/m^3）
1	阻燃前黄松木	2478.8	1.15	2.7	0.4	4.1	197.2
2	阻燃后黄松木	1861.3	1.04	5.4	—	8.2	211.5

2.3.3 扫描电镜观察分析

1. 实验方法

在黄松木进行阻燃前后的燃烧实验后，将木块切割成 20 mm × 20 mm × 10 mm 大小，选用扫描电镜（scanning electron microscope，SEM）实验设备，设定放大倍数为 100 倍、400 倍、1000 倍，观察黄松木阻燃前后的 200 μm、50 μm、20 μm 的扫描电子显微镜显微图像（图 2-9）。

2. 观察结果分析

由图 2-9 可见，没有经过阻燃处理的黄松木块基本燃烧完全，其残余炭结构较疏松，表面基本上只剩下少数白色的木材灰烬和大量形状不完整的残炭。阻燃后的黄松木剩余白色木材结构较多，有不同程度燃烧的各种形状不

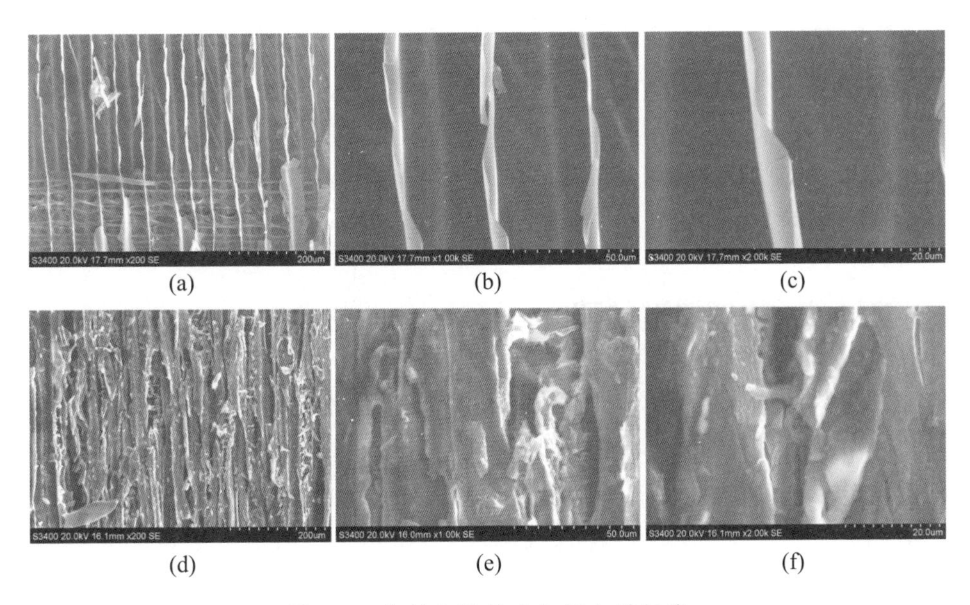

(a)　(b)　(c)

(d)　(e)　(f)

图 2-9　木材阻燃前后扫描电镜图像

（a）阻燃前黄松木 200 μm 的 SEM 显微图像；（b）阻燃前黄松木 50 μm 的 SEM 显微图像；（c）阻燃前黄松木 20 μm 的 SEM 显微图像；（d）阻燃后黄松木 200 μm 的 SEM 显微图像；（e）阻燃后黄松木 50 μm 的 SEM 显微图像；（f）阻燃后黄松木 20 μm 的 SEM 显微图像

完整的残炭。氮磷阻燃剂的含磷化合物存在许多氧化态，它们的受热分解产物具有强烈的脱水作用，使所覆盖的聚合物表面炭化，形成炭膜，起到阻燃作用。炭膜不仅能有效隔绝热量的传递，保护内部的木材结构不被分解，而且可以阻止可燃性气体的产生，最终减少内部可燃物与氧气、热量的接触，从而终止燃烧。这说明采用氮磷阻燃剂为古建筑木材进行阻燃是非常可行的，在发生火灾时氮磷阻燃剂可以有效保证木材的结构和强度，降低木材的火灾危险性。

 清福陵（隆恩殿）火灾与阻燃的数字化分析

采用木材阻燃实验与数值模拟分析相结合的研究方法，首先使用氮磷水基型阻燃剂处理木材，然后进行烟气燃烧实验，利用扫描电镜观察阻燃效果。运用火灾动力学仿真模拟软件 FDS，对沈阳清福陵方城内隆恩殿内部的建筑材料黄松木进行火灾阻燃实验前后模拟分析，针对热释放速率变化规律、火灾火势及烟气蔓延过程以及温度、CO_2 浓度和能见度分布随时间变化情况，分析其存在的消防安全隐患，达到尽量减少文物损失的目的。

2.4.1 物理模型的建立

隆恩殿是清福陵最重要的核心建筑物（图 2-10），内部主要建筑结构、家具材料均为黄松木。在供桌上有火源香炉和极易燃的帐布（图 2-11），火灾模拟实验定在隆恩殿供桌上进行。首先运用 FDS 软件构建清福陵隆恩殿的模型（图 2-12），将古建筑结构构件材料设置为黄松木。黄松木木材的密度为 640.0 kg/m³，比热容为 2.85 kJ/（kg·K），导热系数为 0.14 W/（m·K）。起火点设置在隆恩殿内供桌上方。设定火源每单位面积热释放速率（heat release rate per unit area，HRRPUA）为 1500 kW/m^2，计算时间为 600 s。模拟计算区域为整个隆恩殿空间，尺寸大小为 15 m×15 m×5 m。模型选取

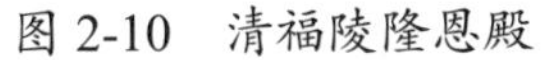
图 2-10　清福陵隆恩殿

图 2-11　隆恩殿内部

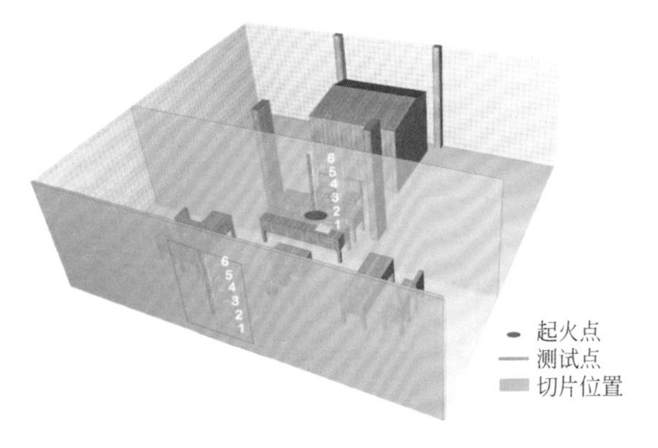

图 2-12　数值模型和切片测试点位置

0.25 m × 0.25 m × 0.25 m 的网格尺寸，网格数量为 62 700 万个。为了进行模拟结果分析，在隆恩殿殿内供桌起火点上方设置多个监测点和监测切片，用于监测不同位置的热释放速率、烟气浓度、温度及 CO_2 浓度。同时在隆恩殿殿门出口处设置用于监测热释放速率、烟气浓度、温度、CO_2 浓度及能见度的切片和监测点，用来监测火灾向外蔓延的情况（图 2-12）。

2.4.2　室内火灾的数字化分析

1. 热释放速率（HRR）与火灾蔓延过程

热释放速率（heat release rate，HRR）是影响单位燃烧放热率的一个重要参数，是衡量火灾危险程度的一个重要参数。热释放速率通常用于表示火灾随时间的发展过程。图 2-13（a）是木材阻燃前，火灾发生后 100 s、300 s、600 s 时火势燃烧的情况，图 2-13（b）是木材阻燃后，火灾发生后 100 s、300 s、600 s 时火势燃烧的情况。表 2-9 是阻燃前后热释放速率（HRR）不同时间的数据。

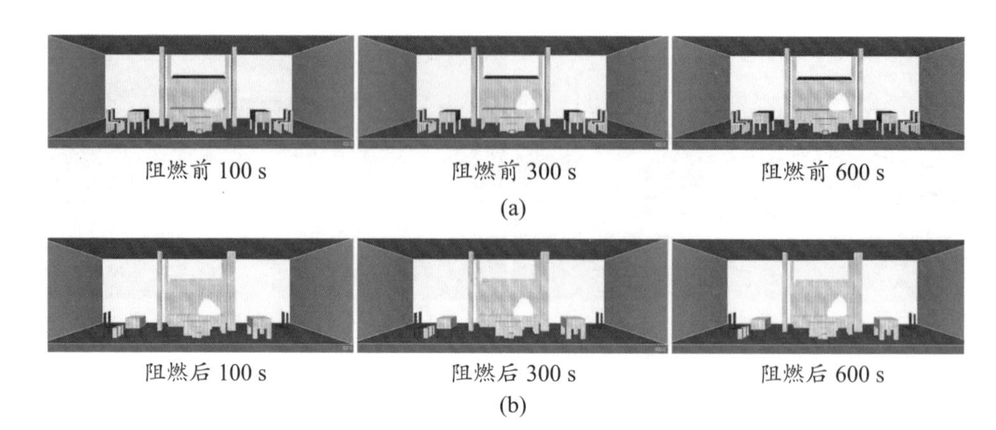

图 2-13　阻燃前后火势燃烧情况

（a）阻燃前 100 s、300 s、600 s；（b）阻燃后 100 s、300 s、600 s

表 2-9　阻燃前后不同时间的热释放速率（HRR）数据

时间 /s	阻燃前热释放速率 /（kW/m^2）	阻燃后热释放速率 /（kW/m^2）
100	448.1	222.3
200	458.9	230.4
300	436.3	248.9
400	454.8	216.4
500	457.8	230.4
600	466.4	206.9

由图 2-14 可知木材阻燃前的工况，起火后，火势迅速扩展，随着材料燃烧放出大量的热，热释放速率也迅速增长，起火后 122 s 左右，热释放速率达到最高峰值 587.9 kW/m^2。热释放速率随时间的变化趋势与火势蔓延趋势基本吻合。

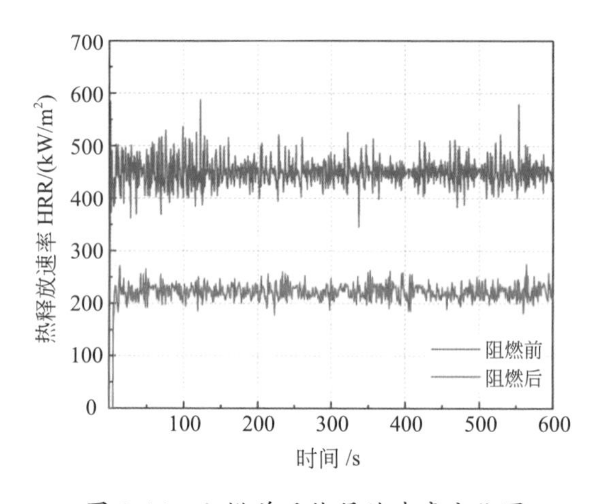

图 2-14　阻燃前后热释放速率变化图

木材加入阻燃剂后，材料燃烧放缓，放出的热量有所减少。虽然火场热释放速率依然很大，但峰值明显降低。起火后 565 s 时热释放率达到峰值 275.5 kW/m^2，相比阻燃前的工况降低了 53.1%，这说明加入阻燃剂后木材的热释放量明显地减少了，火灾得到控制。

2. 烟气浓度与烟气量分析

烟气浓度和烟气释放量是评价物料燃烧时烟气状况的重要参数。如果物体没有完全燃烧会产生大量烟气，烟气会阻碍人们的视线，延长火灾现场的疏散和逃生时间，给灭火增加难度。烟气在建筑中的扩散具有独特的流动性，它受室内空间的布局和连通性的影响，因此烟气扩散的安全性应大于 5%，人员才能安全疏散。图 2-15（a）是木材阻燃前，火灾发生后 100 s、300 s、600 s 时的烟气浓度情况；图 2-15（b）是木材阻燃后，火灾发生后 100 s、300 s、600 s 时的烟气浓度情况。表 2-10、表 2-11 是阻燃前后烟气浓度不同时间的数据。

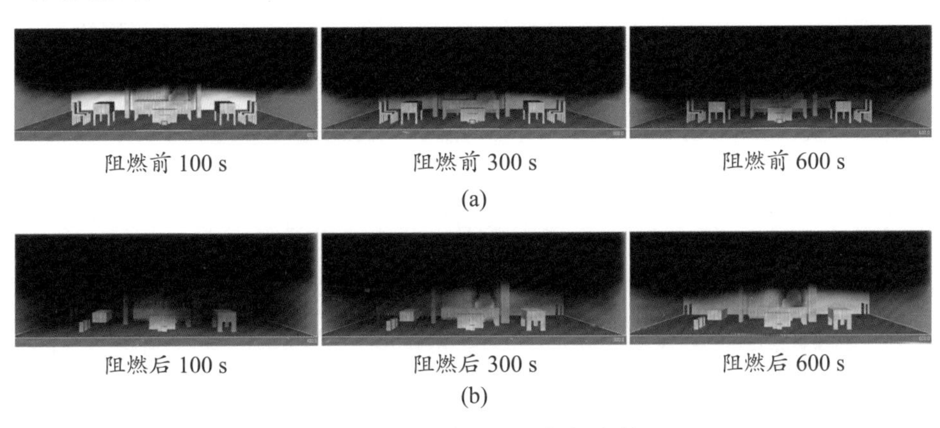

图 2-15　阻燃前后的烟气扩散情况

（a）阻燃前 100 s、300 s、600 s；（b）阻燃后 100 s、300 s、600 s

表 2-10　阻燃前后的烟气浓度数据（供桌上方测试点，距地面 1.6 m）

时间 /s	阻燃前烟气浓度 /（mol/mol）	阻燃后烟气浓度 /（mol/mol）
100	0.017	0.0059
200	0.0059	0.005

续表

时间 /s	阻燃前烟气浓度 /（mol/mol）	阻燃后烟气浓度 /（mol/mol）
300	0.0061	0.0092
400	0.003	0.0056
500	0.0037	0.0095
600	0.0119	0.0086

表 2-11　阻燃前后的烟气浓度数据（门口上方测试点，距地面 1.6 m）

时间 /s	阻燃前烟气浓度 /（mol/mol）	阻燃后烟气浓度 /（mol/mol）
100	0.000 000 060 9	0.000 038 4
200	0.000 000 951	0.000 002 81
300	0.000 001 35	0.000 001 36
400	0.000 018 0	0.000 001 80
500	0.000 028 7	0.000 002 59
600	0.000 011 2	0.000 003 91

由图 2-16（a）可知供桌上方的测试点（距地面 1.6 m）木材阻燃前的工况，起火后，烟气逐渐生成，主要在火源空间顶界面聚集，并在空气压力差作用下向相邻开口空间扩散，起火后 4 s 左右产生大量浓烟，烟气浓度达到最高峰值 0.022 mol/mol；木材加入阻燃剂后，烟释放量明显地减少了，起火后

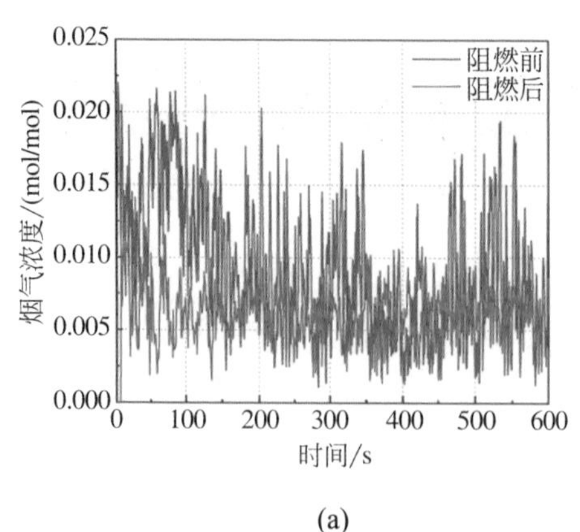

(a)

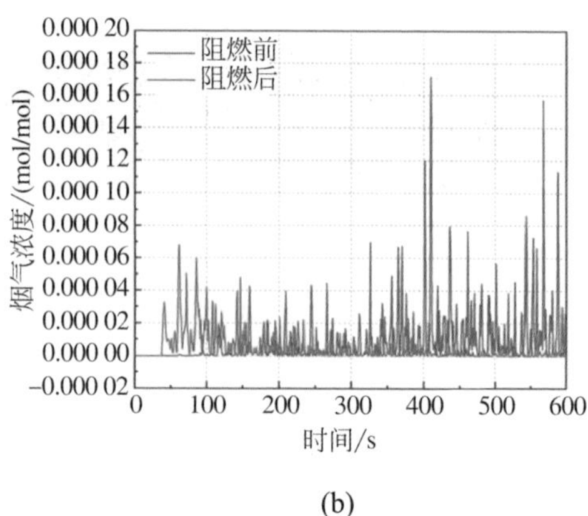

(b)

图 2-16　阻燃前后的烟气浓度对比图

（a）供桌上方测试点；（b）门口上方测试点

7 s 时烟气浓度达到峰值 0.0118 mol/mol，相比阻燃前的工况降低了 46.4%。由图 2-16（b）可知门口上方的测试点（距地面 1.6 m）木材阻燃前的工况，起火后 410 s 左右，烟气浓度达到最高峰值 0.000 171 mol/mol；木材加入阻燃剂后，起火后 59 s 时烟气浓度达到峰值 0.000 068 1 mol/mol，相比阻燃前的工况降低了 60.2%，这表明阻燃剂的加入减少了黄松木燃烧时烟气的生成和释放。

3. 温度分析

火灾发生后，火场温度迅速上升，燃烧的速度将非常快。如果在短时间内无法扑灭明火，将会出现大面积的火灾。为比较不同工况下的火场温度，分别截取阻燃前后 2 个工况下 300 s 时供桌起火点上方和隆恩殿殿门出口处的温度切片作对比，并在两个切片上各设置 6 个测试点，如图 2-17 所示。表 2-12、表 2-13 是阻燃前后不同时间的温度数据。

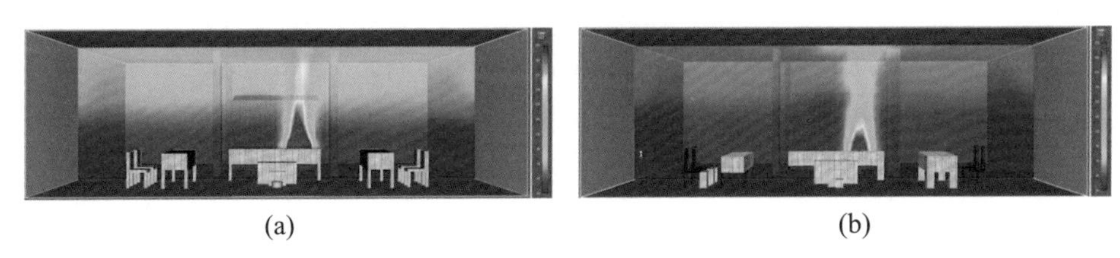

(a)　　　　　　　　(b)

图 2-17　阻燃前后的火场温度切片图（时间为 300 s）

（a）阻燃前；（b）阻燃后

表 2-12　阻燃前后的火场温度数据（供桌上方测试点，距地面 1.6 m）

时间 /s	阻燃前火场温度 /℃	阻燃后火场温度 /℃
100	633.6	375
200	436.3	373
300	500.5	374
400	364	363
500	352	436
600	509.9	338

表 2-13　阻燃前后的火场温度数据（门口上方测试点，距地面 1.6 m）

时间 /s	阻燃前火场温度 /℃	阻燃后火场温度 /℃
100	20.9	21.5
200	21	20.7
300	21	20.7
400	21.1	20.7
500	21.1	20.7
600	21.3	20.8

由图 2-18（a）可知供桌上方的测试点（距地面 1.6 m）木材阻燃前的工况，起火后，供桌起火点上方距地面 1.6 m 的火场温度在 61 s 左右达到最高峰值 804.5℃；木材加入阻燃剂后，火场温度在起火后 242 s 时达到峰值 609℃，相比阻燃前的工况降低了 24.3%。由图 2-18（b）可知门口上方的测试点（距地面 1.6 m）木材阻燃前的工况，起火后 411 s 左右，火场温度达到最高峰值 22.9℃；木材加入阻燃剂后，起火后 63 s 时火场温度达到峰值 21.8℃，相比阻燃前的工况降低了 4.8%，这表明阻燃剂的加入降低了火场温度（表 2-12、表 2-13）。

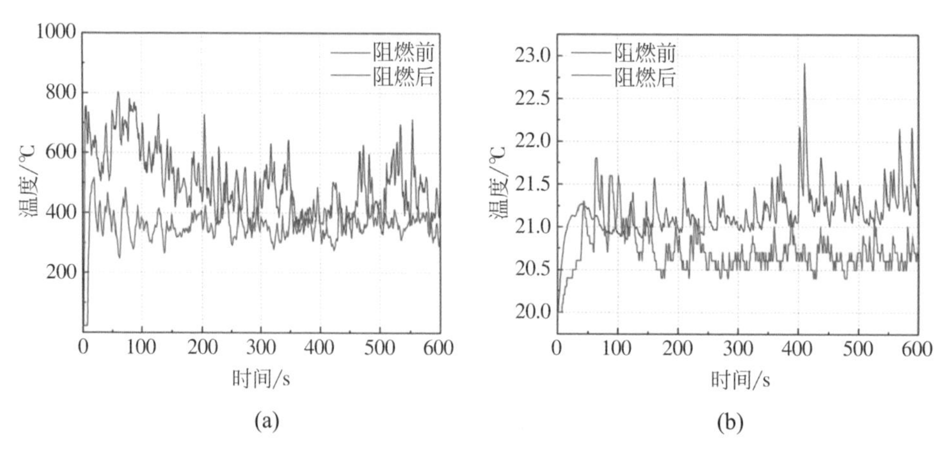

图 2-18　阻燃前后的火场温度对比图

（a）供桌上方测试点；（b）门口上方测试点

4. 二氧化碳释放速率分析

火灾时会产生大量的 CO_2 气体，虽然气体本身是无毒的，但当大量的二氧化碳聚集在密闭空间时，会导致氧气浓度下降，令人感到窒息。当二氧化碳浓度达到 6%~10% 时，人们会呼吸急促，感到非常不舒服，当浓度超过 10% 时，人们会在几分钟内失去意识，CO_2 将造成危及生命的伤害。为比较不同工况下的 CO_2 气体浓度，实验分别截取阻燃前后 2 个工况下 300 s 时供桌起火点上方和隆恩殿殿门出口处的 CO_2 浓度切片作对比，并在两个切片上各设置 6 个测试点，如图 2-19 所示。表 2-14、表 2-15 是阻燃前后不同时间的 CO_2 浓度数据。

(a)　　(b)

图 2-19　阻燃前后的 CO_2 浓度切片图（时间为 300 s）

（a）阻燃前；（b）阻燃后

表 2-14　阻燃前后的 CO_2 气体浓度数据（供桌上方测试点，距地面 1.6 m）

时间 /s	阻燃前 CO_2 浓度 /（mol/mol）	阻燃后 CO_2 浓度 /（mol/mol）
100	0.0745	0.0260
200	0.0261	0.0222
300	0.0271	0.0404
400	0.0133	0.0249
500	0.0168	0.0417
600	0.0525	0.0377

表 2-15　阻燃前后的 CO_2 气体浓度数据（门口上方测试点，距地面 1.6 m）

时间 /s	阻燃前 CO_2 浓度 /（mol/mol）	阻燃后 CO_2 浓度 /（mol/mol）
100	0.000 387	0.000 540
200	0.000 391	0.000 397
300	0.000 393	0.000 389

续表

时间 /s	阻燃前 CO_2 浓度 / (mol/mol)	阻燃后 CO_2 浓度 / (mol/mol)
400	0.000 465	0.000 392
500	0.000 512	0.000 389
600	0.000 436	0.000 394

由图 2-20（a）可知供桌上方的测试点（距地面 1.6 m）木材阻燃前的工况，起火后，供桌起火点上方距地面 1.6 m，CO_2 浓度在 4 s 左右达到最高峰值 0.0967 mol/mol；木材加入阻燃剂后，CO_2 浓度明显地减少了，起火后 8 s 时 CO_2 浓度达到峰值 0.0520 mol/mol，阻燃后相比阻燃前的工况降低了 46.2%。由图 2-20（b）可知，门口上方的测试点（距地面 1.6 m）木材阻燃前的工况，起火后 410 s 左右，CO_2 浓度达到最高峰值 0.001 136 mol/mol；木材加入阻燃剂后，起火后 59 s 时 CO_2 浓度达到峰值 0.000 678 mol/mol，阻燃后相比阻燃前的工况降低了 40.3%，这表明阻燃剂的加入减少了黄松木燃烧时 CO_2 的生成和释放。

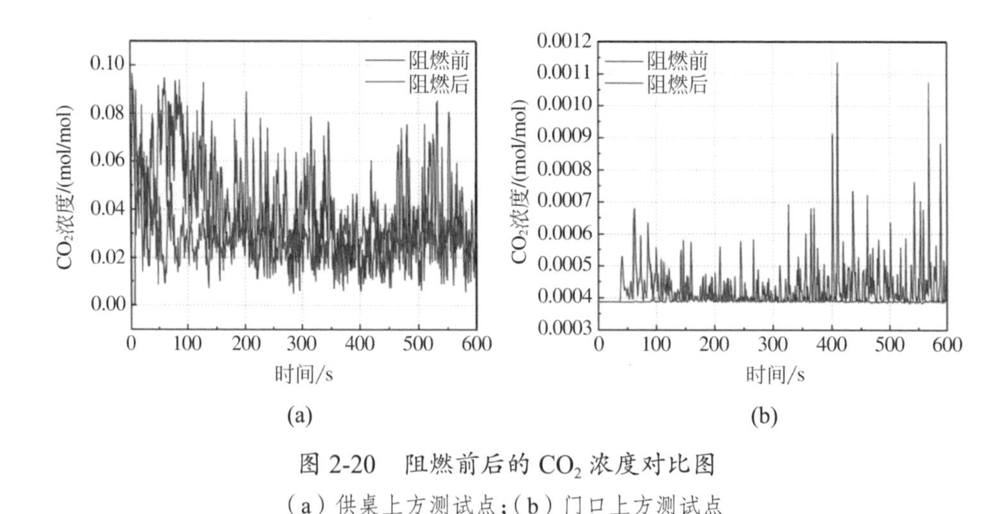

图 2-20　阻燃前后的 CO_2 浓度对比图

（a）供桌上方测试点；（b）门口上方测试点

5. 能见度分析

烟气中的固体颗粒会使烟气产生一定的遮光性，这将使火灾现场的能见度降低，严重影响疏散和消防作业。由于烟气的沉降作用，当建筑内的火势发展到一定阶段时，建筑门口的能见度会大大降低。火灾发生后，为了保证人员安全疏散，其可视距离必须大于 5 m。往往在火势相对较大，能见度小于 5 m 时，疏散的难度会大大增加。为比较不同工况下的能见度，分别截取阻燃前后 2 个工况下 300 s 时供桌起火点上方和隆恩殿殿门出口处的能见度切片作对比，并在两个切片上各设置 6 个测试点，实验结果如图 2-21 所示。表 2-16、表 2-17 是阻燃前后不同时间的能见度数据。

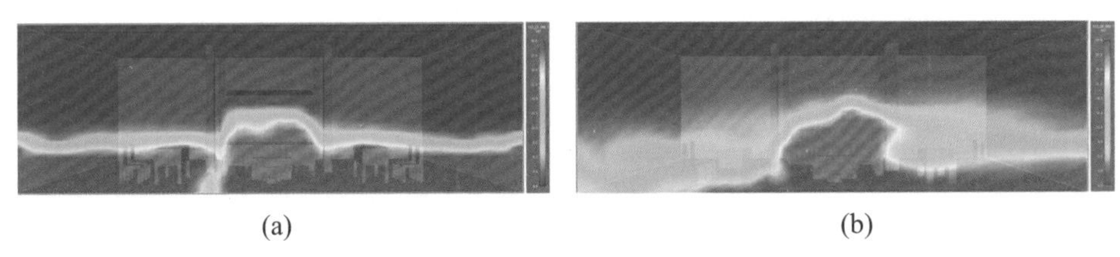

(a)　　　　(b)

图 2-21　阻燃前后的能见度切片图（时间为 300 s）

（a）阻燃前；（b）阻燃后

表 2-16　阻燃前后的能见度数据（供桌上方测试点，距地面 1.6 m）

时间 /s	阻燃前能见度 /m	阻燃后能见度 /m
100	0.1415	0.249
200	0.2909	0.277
300	0.2745	0.186
400	0.4811	0.271
500	0.4643	0.187
600	0.1768	0.198

表 2-17　阻燃前后的能见度数据（门口上方测试点，距地面 1.6 m）

时间 /s	阻燃前能见度 /m	阻燃后能见度 /m
100	30	20
200	30	30
300	30	30
400	27.2	30
500	24.6	30
600	30	30

由图 2-22（a）可知供桌上方的测试点（距地面 1.6 m）木材阻燃前的工况，起火后，能见度在 86 s 左右达到最低值 0.12 m；木材加入阻燃剂后，能见度明显地提高了，起火后 70 s 时能见度达到最低值 0.16 m，相比阻燃前的工况降低了 33.3%。由图 2-22（b）可知门口上方的测试点（距地面 1.6 m）木材阻燃前的工况，起火后 419 s 左右，能见度达到最低值 4.53 m；木材加入阻燃剂后，起火后 80 s 时能见度达到最低值 11.3 m，相比阻燃前的工况降低了 59.9%，这表明阻燃剂的加入减少了黄松木燃烧时烟气的生成和释放。

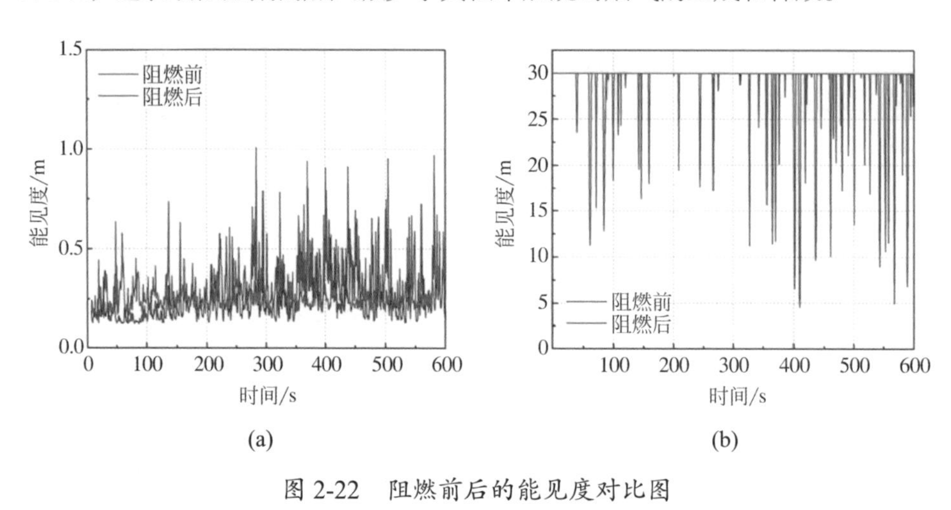

图 2-22　阻燃前后的能见度对比图

（a）供桌上方测试点；（b）门口上方测试点

2.4.3　室外水喷雾灭火系统设计

古建筑一旦发生火灾，如扑救不及时，很快就会蔓延至周围的木梁、木柱等结构，甚至造成古建筑的垮塌。本研究运用火灾动力学仿真模拟软件 FDS，对沈阳清福陵方城内隆恩殿的建筑材料黄松木进行木材阻燃、水喷雾，并将数据进行对比分析。阻燃剂的加入和水喷雾灭火系统也可以减少黄松木燃烧时烟气的生成和释放，最明显的是可以降低火场温度和热辐射强度，降低火灾危险程度，达到控制火灾蔓延，及时灭火扑救，尽量减少火灾给古建筑造成损失的目的。

根据火灾初期较易被扑灭的特点，应尽量采取措施，做好火灾报警预防工作，争取早发现，早扑救，“止之于始萌，绝之于未形”，把火灾制止在萌芽状态，不使其形成灾害。1965 年，日本世界文化遗产白川乡合掌村发生了一场大火，烧毁了一半以上的合掌造房屋。之后他们开始重视防火工作。现在，全村共有 34 个室外消防栓和 28 个室内消防栓，共有 59 个消防水枪。每年村里居民都要进行消防演练，学习灭火技术。火灾发生后，在消防队没到现场之前，由村民自行及时扑救，保护世界遗产，如图 2-23（b）、（c）、（d）所示。

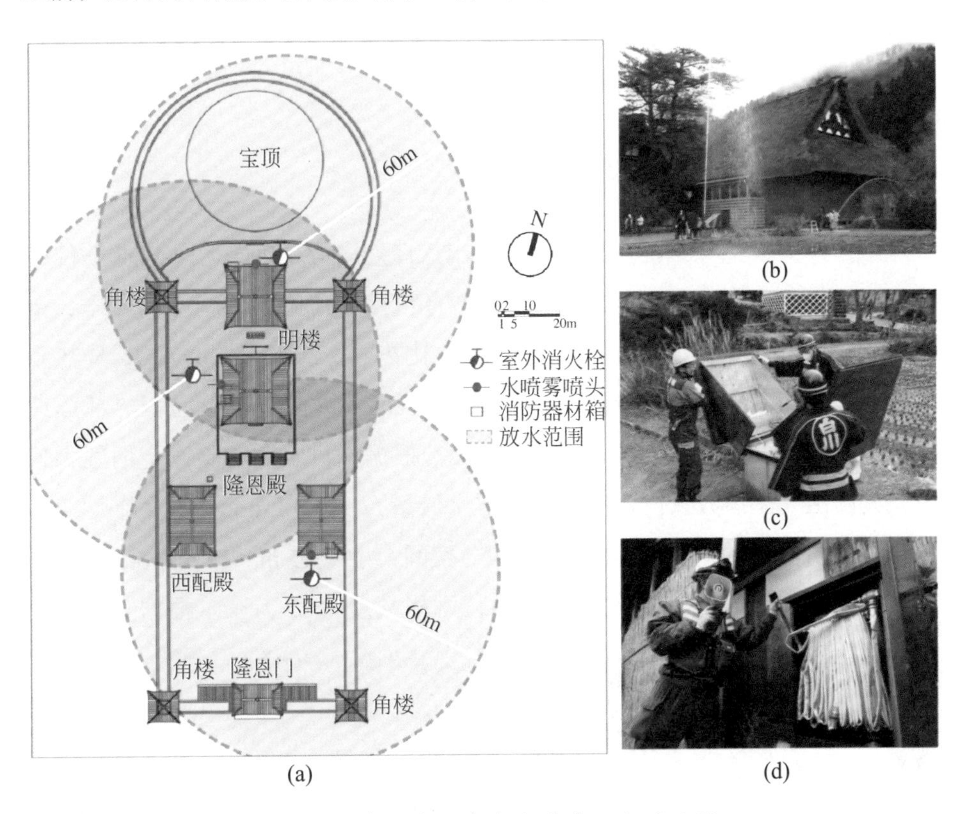

图 2-23　清福陵方城内水喷雾灭火系统图

（a）水喷雾灭火系统设计；（b）日本合掌村灭火演习；（c）日本合掌村室外消火栓；（d）日本合掌村消防水枪水带（其中（b）、（c）、（d）图片来源：央视网）

清福陵的水喷雾灭火系统设计，学习日本合掌村的先进经验，在方城内合适的位置设置室外消火栓、室内消火栓、消防水枪水带、消防器材箱。室外消火栓是设置在建筑物外面消防给水管网上的供水设施，主要供消防车从市政给水管网或室外消防给水管网取水实施灭火，也可供工作人员直接连接水带、水枪出水灭火，是扑救火灾的重要消防设施之一。在清福陵方城内东配殿的南面和隆恩殿的西面设置了 2 个室外消火栓，间距在 120 m 以内，在宝顶和明楼之间设置了 1 个室外消火栓，满足扑救灭火的要求。室外消火栓设置安装在易被发现的位置，方便出水操作。为了不影响古建筑的历史风貌，可设置地下消火栓，如图 2-23（a）所示。

2.4.4 火灾场景设置

室外火灾模拟实验定在隆恩殿殿门出入口处进行。首先运用 FDS 软件构建清福陵隆恩殿的模型（图 2-24），设置古建筑结构构件材料均为黄松木，黄松木木材的系数设置为密度 640.0 kg/m³，比热容 2.85 kJ/（kg · K），导热系数 0.14 W/（m · K）。起火点设置在殿门出入口。火源的单位面积热释放速率设定为 1500 kW/m^2，计算时间为 300 s。根据木材阻燃实验设定烟气和各种火灾产生气体参数，设置消防水喷雾水流量为 180.0 L/min，直径平均值为 300.0 μm。模拟计算区域为整个隆恩殿，空间大小为 15 m × 15 m × 5 m。模型选取 0.3 m × 0.3 m × 0.3 m 的网格尺寸，网格数量为 25 万个。根据实际火场

(a)

(b)

图 2-24　FDS 火灾数字化模型

（a）FDS 建立模型；（b）隆恩殿现状

情况，计算区域网格的 +X 面、-X 面、+Y 面、-Y 面、+Z 面均设为开放边界，与环境大气相接；设 -Z 面为闭合边界，模拟现实中的大地。

为了进行模拟结果分析，在隆恩殿殿门出入口设置多个监测点和监测切片，用于监测不同位置的热释放速率、烟气浓度、温度。同时在隆恩殿殿门南向 5 m 处设置用于监测热辐射强度的切片和监测点，用来监测火灾向外蔓延的情况。

2.4.5　室外火灾蔓延的数字化分析

为方便正确地表达实验结果，研究的实验结果设定 3 种工况：工况 1 是指原始情况，木材没有经过阻燃处理，火场没有水喷雾。工况 2 是指木材经过阻燃处理，火场没有水喷雾灭火系统。工况 3 是指木材经过阻燃处理，并且火场设有水喷雾灭火系统。

1. 热释放速率（HRR）

图 2-25（a）、图 2-25（b）、图 2-25（c）分别是工况 1、工况 2、工况 3，火灾发生后 300 s 时火势燃烧的情况，图 2-25（d）是在隆恩殿殿门上方 1.6 m，三种工况不同时间的热释放速率数据对比。

阻燃剂的加入和水喷雾灭火系统可以减少火场的热释放速率，使火灾得到控制。由图 2-25（d）可知，工况 1 起火后，火势迅速扩展，随着材料燃烧放出大量的热，热释放速率也迅速增长，在 53 s 左右，热释放速率达到最高峰值 13 747.3 kW。热释放速率随时间的变化趋势与火势蔓延趋势基本吻合；工况 2 木材加入阻燃剂后，材料燃烧放缓，放出的热量有所减少。虽然火场热释放速率依然很大，但峰值明显降低，起火后 169 s 时热释放率达到峰值 12 594.2 kW，相比工况 1 降低了 8.4%；工况 3 火场在水喷雾灭火系统作用下，起火后 128 s 时热释放率达到峰值 11 907.6 kW，相比工况 1 降低了 13.4%，相比工况 2 降低了 5.5%。

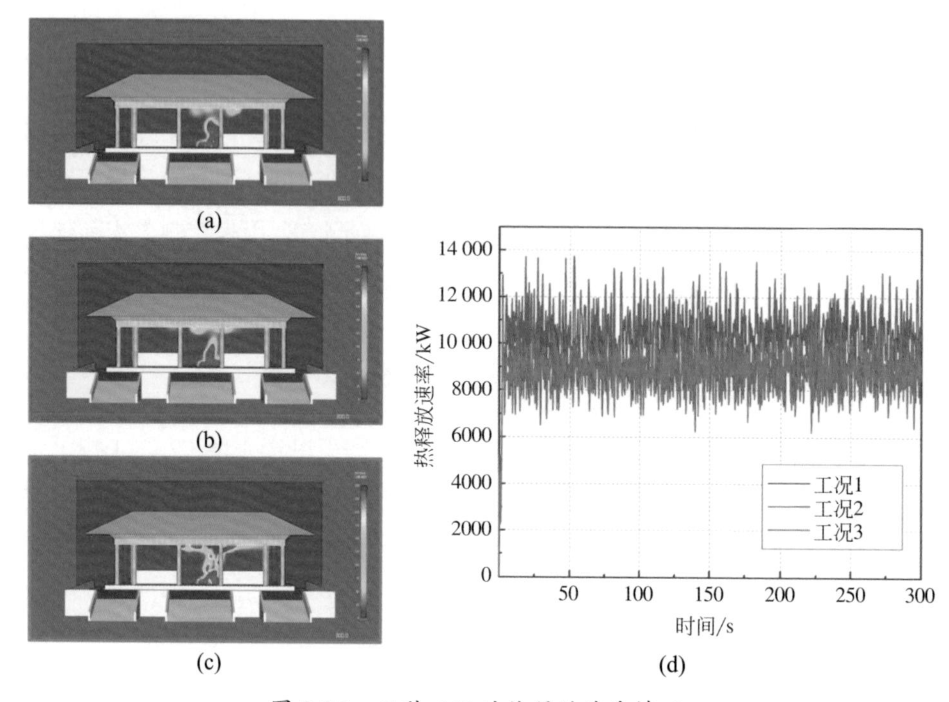

图 2-25　三种工况的热释放速率情况

（a）300 s 时工况 1 切片；（b）300 s 时工况 2 切片；（c）300 s 时工况 3 切片；（d）三种工况热释放速率数据对比

2. 烟气浓度

图 2-26（a）、图 2-26（b）、图 2-26（c）分别是工况 1、工况 2、工况 3，火灾发生后 300 s 时的烟气浓度情况，图 2-26（d）是在隆恩殿殿门上方 1.6 m，三种工况不同时间的烟气浓度数据对比。

阻燃剂的加入可以减少黄松木燃烧时烟气的生成和释放，但水喷雾灭火系统使得部分黄松木不完全燃烧，从而比工况 2 产生了更多的烟气。由图 2-26（d）可知，工况 1 起火后，烟气逐渐生成，主要在火源空间顶界面聚集，并在空气压力差作用下向相邻开口空间扩散，在 55 s 和 277 s 左右产生大量浓烟，烟气浓度达到最高峰值 0.179 mol/mol；工况 2 木材加入阻燃剂后，烟释放量明显地减少了，起火后 3 s 时烟气浓度达到峰值 0.137 mol/mol，相比工况 1 降低了 23.7%；工况 3 火场在水喷雾灭火系统作用下，起火后 194 s 时烟气浓度达到峰值 0.156 mol/mol，相比工况 1 降低了 13.1%，相比工况 2 升高了 13.9%。

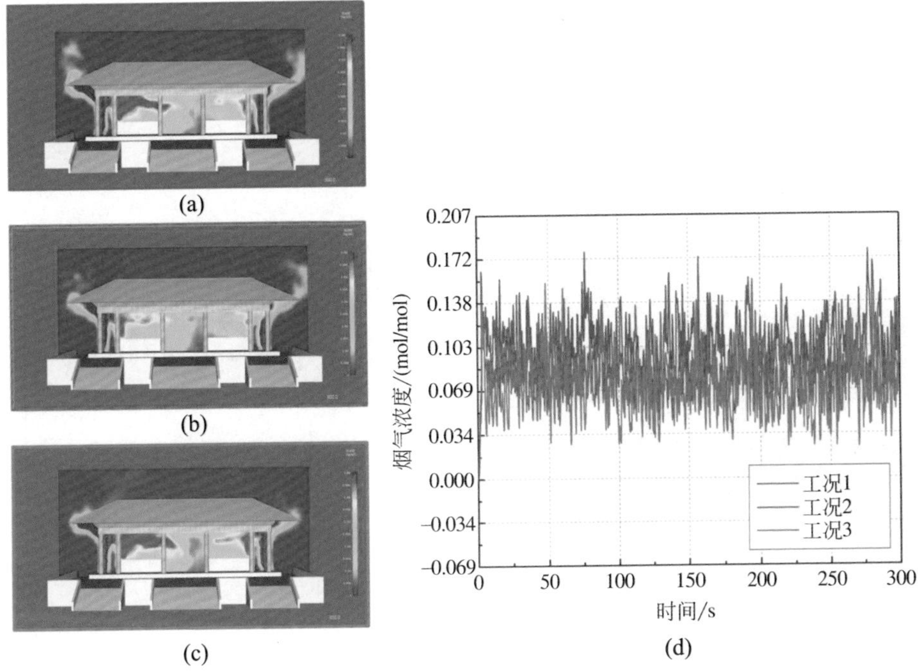

图 2-26　三种工况的烟气浓度情况

（a）300 s 时工况 1 切片；（b）300 s 时工况 2 切片；（c）300 s 时工况 3 切片；（d）三种工况烟气浓度数据对比

3. 火场温度

火灾发生后，火场温度迅速上升，燃烧的速度将非常快，如果在短时间内无法扑灭明火，将会出现大面积的火灾。火场温度过高，也会灼伤人员。图 2-27（a）、图 2-27（b）、图 2-27（c）分别是工况 1、工况 2、工况 3，火灾发生后 300 s 时的火场温度情况，图 2-27（d）是在隆恩殿殿门上方 1.6 m，三种工况不同时间的火场温度数据对比。

阻燃剂的加入和水喷雾灭火系统降低火场温度的效果非常明显。由图 2-27（d）可知，工况 1 起火后，火场温度在 90 s 左右达到最高峰值 1076.5℃；工况 2 木材加入阻燃剂后，火场温度在起火后 256 s 时达到峰值 1027.6℃，相比工况 1 降低了 4.5%。工况 3 火场在水喷雾灭火系统作用下，起火后 5 s 时火场温度达到峰值 823.2℃，但在 9 s 后进入稳定状态，在 272 s 左右，是稳定状态的最高温度 438.7℃，相比工况 1 降低了 57.3%，相比工况 2 降低了 59.2%。

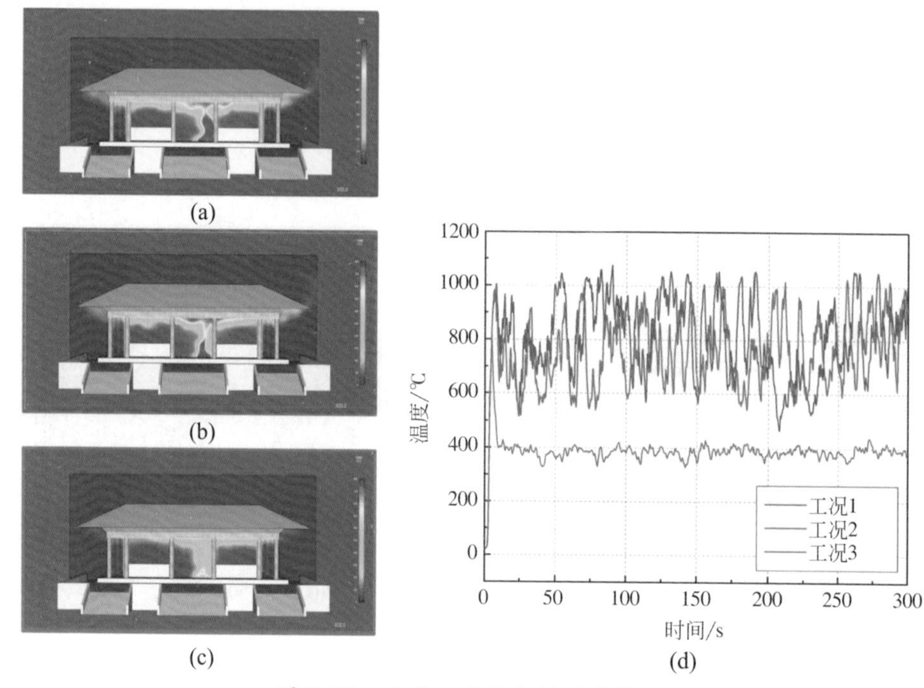

图 2-27　三种工况的火场温度情况

（a）300 s 时工况 1 切片；（b）300 s 时工况 2 切片；（c）300 s 时工况 3 切片；（d）三种工况火场温度数据对比

4. 一氧化碳浓度

火灾中大量的人身伤亡都是由烟气释放造成的。据统计，因一氧化碳（CO）中毒窒息死亡或被其他有毒烟气熏死者的人数占火灾总死亡人数的 50%~60%，而被烧死的人当中，多数是先中毒窒息晕倒后再被烧死的。图 2-28（a）、图 2-28（b）、图 2-28（c）分别是工况 1、工况 2、工况 3，火灾发生后 300 s 时的 CO 气体浓度情况，图 2-28（d）图是在隆恩殿殿门上方 1.6 m，三种工况不同时间的 CO 气体浓度数据对比。

阻燃剂的加入可以减少黄松木燃烧时 CO 气体的生成和释放，但水喷雾灭火系统使得部分黄松木不完全燃烧，从而比工况 2 产生了更多的 CO 气体。由图 2-28（d）可知，工况 1 起火后，CO 气体浓度在 277 s 达到最高峰值 0.090 mol/mol；工况 2 木材加入阻燃剂后，CO 气体浓度明显地减少了，起火后 3 s 时 CO 气体浓度达到峰值 0.068 mol/mol，相比工况 1 降低了 23.8%；工况 3 火场在水喷雾灭火系统作用下，起火后 194 s 时 CO 气体浓度达到峰值 0.078 mol/mol，相比工况 1 降低了 13.1%，相比工况 2 升高了 14.1%。

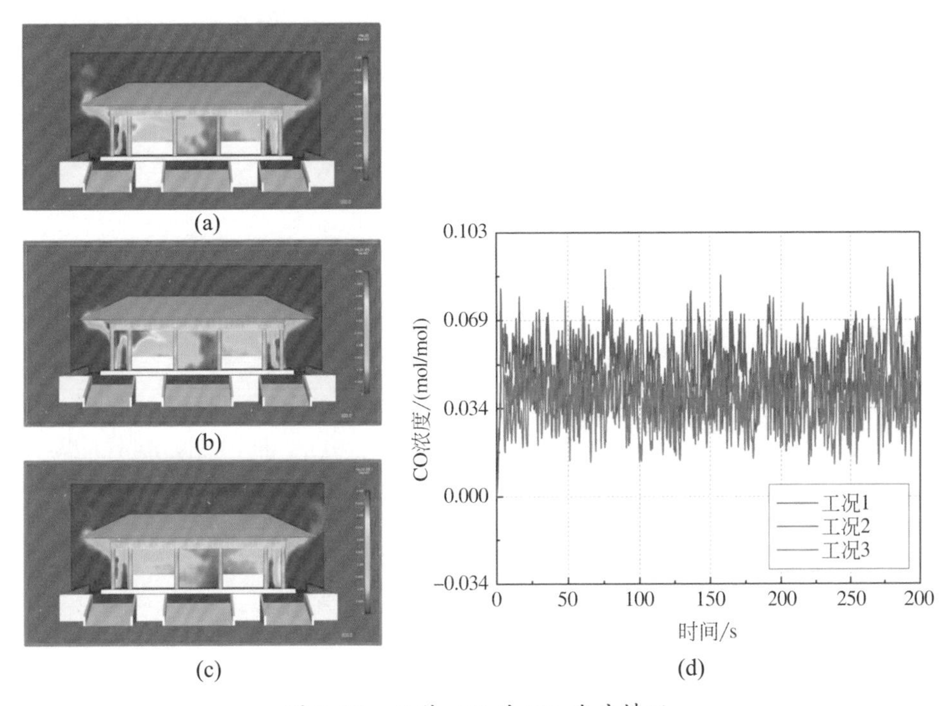

图 2-28　三种工况的 CO 浓度情况

（a）300 s 时工况 1 切片；（b）300 s 时工况 2 切片；（c）300 s 时工况 3 切片；（d）三种工况 CO 浓度数据对比

5. 热辐射强度

建筑物起火燃烧后，热量向四周传递，如果邻近建筑物获得的热量达到某一个临界值，就可以点燃可燃物，引起火灾在建筑物间蔓延。研究显示，距离建筑外墙 4.0 m 以外的热辐射强度小于 10 kW/m^2，火灾不会通过热辐射蔓延至相邻建筑。图 2-29（a）、图 2-29（b）、图 2-29（c）分别是工况 1、工况 2、工况 3，火灾发生后 300 s 时的热辐射强度情况，图 2-29（d）是在隆恩殿殿门南向 5 m 处的上方 1.6 m，三种工况不同时间的热辐射强度数据对比。

阻燃剂的加入和水喷雾灭火系统降低热辐射强度的效果非常明显。由

图 2-29（d）可知，工况 1 起火后，热辐射强度在 282 s 左右达到最高峰值 19.2 kW/m^2；工况 2 木材加入阻燃剂后，热辐射强度在起火后 252 s 时达到峰值 16.5 kW/m^2，相比工况 1 降低了 14.1%。工况 3 火场在水喷雾灭火系统作用下，起火后 3 s 时热辐射强度达到峰值 12.5 kW/m^2，但在 5 s 后进入稳定状态，最高热辐射强度 9.1 kW/m^2，相比工况 1 降低了 52.6%，相比工况 2 降低了 27.2%。

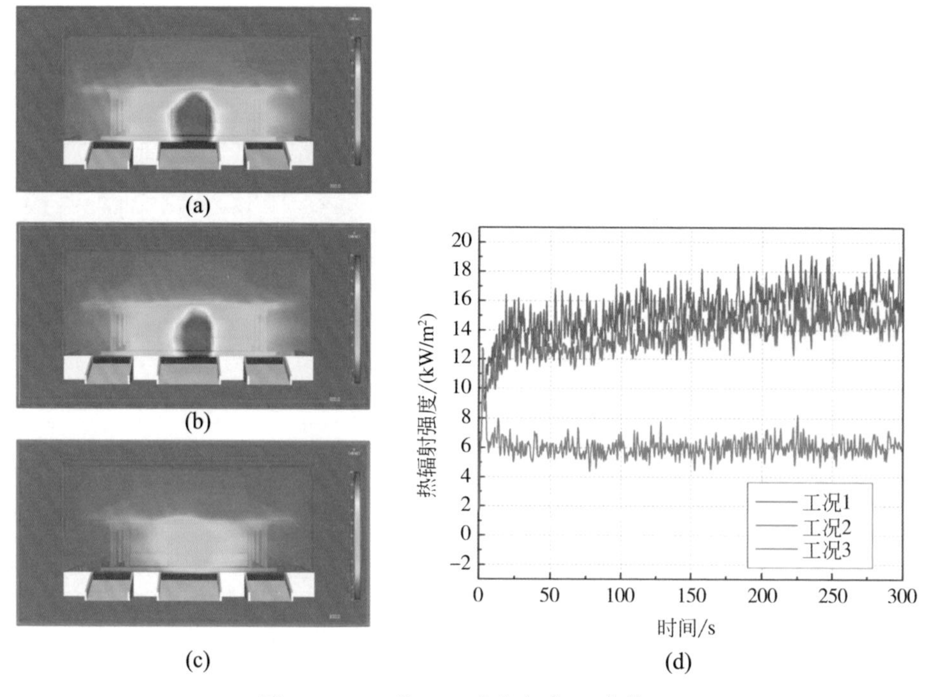

图 2-29　三种工况的热辐射强度情况

（a）300 s 时工况 1 切片；（b）300 s 时工况 2 切片；（c）300 s 时工况 3 切片；（d）三种工况热辐射强度数据对比

2.5　本章小结

本章介绍了我国古建筑的建筑特点，对清福陵进行了火灾隐患和消防安全的现场勘察。选用古建筑经常使用的材料黄松木，采用氮磷水基阻燃剂进行阻燃处理。研究分两种情况：第一种情况，将起火点设置在清福陵隆恩殿供桌上，通过扫描电镜和烟气燃烧实验、FDS 数字化分析对比黄松木阻燃前后的阻燃效果；第二种情况，将起火点设置在隆恩殿殿门出入口，进行木材阻燃实验与水喷雾 FDS 灭火数值模拟，分析对比黄松木阻燃前后，水喷雾前后火灾能否蔓延到其他建筑的情况。得到以下结论。

（1）沈阳清福陵古建筑的消防安全隐患是，在木结构建筑内，有着生活祭祀用品等大量可燃物，一旦发生火灾，如扑救不及时，很快就会蔓延至周围的木梁、木柱等结构，甚至造成古建筑的垮塌。通过对木材阻燃前后的数值分析可知，阻燃剂的加入可以降低火灾危险程度，达到控制火灾蔓延的目的，尽量减少火灾给古建筑造成的损失。

（2）根据隆恩殿供桌起火点上方的切片和对测试点的测量，火灾发生后，火场热释放速率随时间变化的趋势与火势蔓延趋势基本吻合。木材加入阻燃剂后，热释放速率降低了，说明热释放量明显地减少了。阻燃剂的加入也减少了黄松木燃烧时烟气、CO 气体、CO_2 气体的生成和释放，降低了火场温度，降低了热辐射强度，提高了能见度，使火灾得到控制。

（3）通过清福陵方城内的水喷雾灭火系统的 FDS 模拟，根据隆恩殿殿门出入口的切片和对测试点的测量，对木材进行阻燃并开启水喷雾，相比阻燃前的工况，热释放速率降低了 13.4%，这说明增加水喷雾灭火系统后，木材的热释放量进一步减少了，最明显的是降低了火场温度和热辐射强度，使火灾不会继续蔓延到其他古建筑。但需要注意的是，水喷雾灭火系统可能会提高烟气的释放量，这可能是由于水蒸气的增加造成的烟气的扩散。

第3章

建筑遗产风蚀的数字化分析与保护

3.1 清永陵建筑遗产病害的现场勘察

清永陵位于辽宁省新宾满族自治县永陵镇西北启运山脚下，是清朝皇帝的祖陵，因永陵建筑年代远在清朝定都北京之前，且墓主人辈分又高，因此永陵位居盛京三陵之首，也称老陵、四祖陵、兴京陵，先后埋葬了兴祖福满、景祖觉昌安、显祖塔克世及努尔哈赤其他伯祖、叔祖等人。1956 年清永陵被公布为辽宁省文物保护单位，1988 年被公布为第三批全国重点文物保护单位，2004 年，包括永陵在内的盛京三陵作为明清皇家陵寝的拓展项目被列入世界文化遗产。

3.1.1 建筑布局与各单体建筑形制

清永陵选择在启运山南麓背风朝阳营造宝鼎正殿，并有一条长约 1km 的笔直通道，被称为“神路”，是陵寝的中轴线。启运殿就建在中轴线北端，有“居中当阳”之意。启运门、正红门都在轴线上坐北朝南依次排开，既有层层拱护正殿的作用，又有突出中心、强化皇权的寓意，所有主体建筑几乎完全贯穿在这道中心线之上。东、西配殿，东、西四配房左右对称地分布在中轴线两侧，十分均衡，起到烘托主体的作用。陵园的中心建筑为启运殿，体量高大，下有宽大的台基和月台，月台前有宽敞的陵院，使它在整个陵宫的位置十分突出。古人讲究“事死如事生”，就是死后要和生前一样享受生活，其陵墓也要和宫殿一样有“朝”有“寝”，朝在前，寝在后。永陵启运殿为“朝”，宝城为其“寝”（图 3-1）。

(a)　(b)　(c)　(d)

图 3-1　清永陵的古建筑

（a）正红门；（b）四祖碑楼；（c）启运门；（d）启运殿

1. 正红门

（1）布局：三楹硬山式琉璃顶建筑，宽 10 m，进深 6 m，高 5 m 有余，屋顶满铺黄色琉璃瓦。面阔三间，每间均为对开式两扇朱漆木栅栏式门，左中右分别称君门、神门和臣门。红墙的东西面各有红门一个，分为东红门、西红门，为青瓦顶建筑，起装饰作用。

（2）大木结构：梁柱结构，其柱子为圆形，底端有柱础，梁下无斗拱。

（3）地面、台阶：地面、台阶皆为青灰色砖石砌成。

（4）门窗：采用独特的木栅栏门扇，保留了满族以山筑城，树栅为寨的特征。两旁各有一根方形石柱，柱子顶部有方形须弥座。

（5）瓦顶：黄色琉璃瓦片铺顶，正脊有吻，垂脊有兽。

（6）油饰彩画：梁枋绘有墨线小点金旋子彩画，门、柱等俱施朱漆。

2. 齐班房

（1）布局：一层为青瓦硬山式建筑，面阔五间，坐东面西，青砖布瓦，不雕不绘，两山各作五陇合瓦压边；室内设山柱，并在北次间中缝设中柱，接近民间的小式建筑。

（2）大木结构：梁架结构，梁下无斗拱。

（3）地面、台基：入口台阶为青灰色砖石砌成，明间外施台阶三级。

（4）墙体：墙面全部为青灰色砖石砌成，前檐明间开一扇木质门，次间梢间为四扇木窗。

（5）瓦顶：采用仰瓦屋面，青灰色瓦片铺顶，正、垂脊均施小兽，屋檐外挑。

（6）油饰：梁架无彩绘，梁、门、窗涂有朱漆。

3. 涤器房

（1）布局：硬山顶建筑，两山各作五陇合瓦压边。

（2）大木结构：梁架结构。

（3）台阶、台基：入口台阶为青灰色砖石砌成。

（4）墙体：墙面全部为青灰色砖石砌成。

（5）瓦顶：青砖布瓦，采用仰瓦屋面。

（6）油饰彩画：不雕不绘。

4. 显祖碑楼

（1）布局：单檐歇山式建筑，亭身方体，前、后壁各辟券门一座，对开木门二扇。

（2）大木结构：梁架结构，梁间施承重枋，梁上、下，亭内面板下方均有斗拱。

（3）台阶、台基：亭座为方形高台，条石砌筑。

（4）墙体：亭身方体，前、后壁各辟券门一座。

（5）瓦顶：黄色琉璃瓦顶，琉璃瓦顶下之沿椽与额枋之间铺作三翘七栖斗拱。

（6）油饰彩画：坐龙雕饰，木件通体油饰彩画。

（7）装修：碑楼内各立赑屃座神功圣德碑。

5. 兴祖碑楼

（1）布局：单檐歇山式建筑，飞檐斗拱，亭身方体，前后分别有拱形券门，上雕二龙戏珠图案。

（2）地面、台基：亭座为方形高台，条石砌筑，颜色为青灰色，门前设垂带式台阶。

（3）瓦顶：黄琉璃瓦铺顶，垂脊上有神兽，戗脊上施小兽，琉璃瓦顶下，沿椽与额枋之间铺作三翘七栖斗拱（与众不同，一般无斗拱）。

（4）墙体、装修、门窗：红色砖墙，条石带装饰，刻有形态各异神兽的图案，亭身方体，前、后壁各辟券门一座，对开木门二扇（与众不同，一般是四面开门）。

（5）油饰：坐龙雕饰，木件通体油饰彩画，斗拱及外檐施旋子彩画。

6. 肇祖碑楼

（1）布局：单檐歇山式建筑，飞檐斗拱，亭身方体，前后分别有拱形券门。

（2）地面、台基：亭座为方形高台，条石砌筑，颜色为青灰色，门前设垂带式台阶。

（3）瓦顶：黄琉璃瓦铺顶，垂脊上有神兽、戗脊上施小兽，琉璃瓦顶下，沿椽与额枋之间铺作三翘七栖斗拱。

（4）墙体、装修、门窗：红色砖墙，条石带装饰，刻有形态各异神兽的图案，亭身方体，前、后壁各辟券门一座，对开木门二扇。

（5）油饰：坐龙雕饰，木件通体油饰彩画，斗拱及外檐施旋子彩画。

7. 景祖碑楼

（1）布局：一层单檐歇山式建筑，四面为实墙，南北各开一拱形券门。

（2）大木结构：梁架结构，梁间施承重枋，梁上、下，亭内面板下方均有斗拱。

（3）台阶、台基：须弥座式台基，砖石为青灰色，以长方形为主。

（4）墙体：红色砖墙，中间有条石装饰带，下部为青砖，门脸上镶半圆形券门石，门石和装饰带上雕刻着形态各异的龙的精美图案。

（5）瓦顶：红黄色琉璃瓦片铺顶，正脊东、西侧大脊正吻，垂脊上有神兽，戗脊上施小兽，均为黄色琉璃瓦。

（6）油饰：斗拱及外檐施旋子彩画。

8. 果房

（1）布局：一层单檐硬山建筑，檐下无斗拱。坐西面东，面阔三间，明间开门。

（2）大木结构：梁架结构，梁下无斗拱。

（3）地面、台基：入口台基为青灰色砖石砌成，高约半米，明间外施台阶三级。

（4）瓦顶：青灰色瓦片铺顶，正脊两侧均有大吻，垂脊施小兽。

（5）墙体、装修：山墙墙面全部由青灰色砖石砌成，前檐明间开两扇木质红漆门，次间为木质红漆窗，窗下为青灰色砖石。

（6）油饰：梁、柱、门、窗涂朱漆，门窗绘黄色纹饰，檐下施旋子彩画。

9. 膳房

（1）布局：一层单檐硬山建筑，檐下无斗拱。坐东面西，面阔三间，明间开门，单面回廊。

（2）大木结构：梁架结构，梁下无斗拱。

（3）地面、台基：入口台基由青灰色砖石砌成，高约半米，明间外施台阶三级。

（4）瓦顶：青灰色瓦片铺顶，正、垂脊均施小兽。

（5）墙体、装修：墙面全部为青灰色砖石砌成，前檐明间开一扇木质红漆门，次间为两扇木窗，窗下为青灰色砖石墙。

（6）油饰：梁、柱、门、窗涂朱漆，门窗绘黄色纹饰，梁架饰彩绘。

10. 启运门

（1）布局：位于陵区中央，是进出方城、宝城的唯一门户，单檐歇山式建筑，建筑体高 8.95 m，长 16 m，宽 11 m，面阔三间，每间有对开板门两扇，四面出廊。

（2）大木结构；梁柱结构，梁下无斗拱，其柱子为圆形，底端有柱础。

（3）地面、台基：石材砌筑，地面用方砖铺墁，台基下施台阶五级。

（4）瓦顶：上铺黄色琉璃瓦，共有九条屋脊，正脊雕有六条“赶珠龙”，两端饰“鸱吻”，下接四条垂脊；左右的歇山坡亦有四条脊，垂脊和戗脊上各装饰着兽头和仙人走兽。

（5）墙体、装修：墙体由青灰色砖石砌筑而成，内墙面施彩绘。

（6）油饰：梁架饰彩绘，门、窗、柱施朱漆，每扇门饰有九乘九布局的八十一枚金色圆形门钉及一只金色兽面门环。

11. 东配殿

（1）布局：东配殿和西配殿位于启运殿两厢，为歇山式建筑，面阔三间，进深二间，四面出廊。

（2）大木结构：梁柱结构。

（3）地面、台基：地面用方砖铺墁，围墙用青灰色石砖砌筑而成。

（4）瓦顶：红黄琉璃瓦顶，朱漆彩绘。

（5）墙体、装修：墙体材料为裸露的青砖，木门为对开，四面有窗，脊上有走兽。

（6）油饰：裸露的斗拱和梁架均施以朱漆彩画，贴金彩绘装饰。

12. 西配殿

（1）布局：东配殿和西配殿位于启运殿两厢，为歇山式建筑，面阔三间，进深二间，四面出廊。

（2）大木结构：梁柱结构。

（3）地面、台基：地面用方砖铺墁，围墙用青灰色石砖砌筑而成。

（4）瓦顶：红黄琉璃瓦顶，朱漆彩绘。

（5）墙体、装修：墙体材料为裸露的青砖，木门为对开，四面有窗，脊上有走兽。

（6）油饰：裸露的斗拱和梁架均施以朱漆彩画，贴金彩绘装饰。

13. 焚帛亭

（1）布局：位于启运殿前西南，坐北朝南，高约 3 m，正方形，边长 1.5 m，为单檐歇山式建筑。

（2）瓦顶：单檐歇山式屋顶。

（3）墙体、装修：大脊、鸱吻、垂脊、兽头以及椽、檩、勾头、滴水等构件全为泥土烧制，不用木石。亭身前面正中开有拱形门，门上设有对开式小铁门，亭内底部有炉膛，东西山墙及后山墙各开一圆形排烟孔，下部为束腰形基座。

（4）油饰：泥土烧制，汉白玉雕刻。

14. 启运殿

（1）布局：单檐歇山式琉璃瓦顶建筑，面阔三楹，门四窗八，进深三间，各为 19.25 m，殿高 13.5 m，四面出廊。

（2）大木结构：梁柱结构。其柱子为圆形，底端有柱础，檐下施斗拱。

（3）地面、台基、石材砌筑：地面用方砖铺墁，围墙用青灰色石砖砌筑而成。

（4）瓦顶：单檐歇山式，上铺黄色琉璃瓦顶。

（5）墙体、装修、门窗：正脊东西两侧均有大吻，大吻旁刻有汉字，西侧为“月”，东侧为“日”，台基正中刻有蟠龙戏珠的图案。

（6）油饰：金檩枋、檐檩枋等施以彩绘，门、窗、柱等俱施朱漆。

15. 果楼

（1）布局：硬山式青砖布瓦房三间，明间开门，内有火炕炉灶，外有烟囱。

（2）大木结构：梁架结构，梁下无斗拱。

（3）瓦顶：硬山式屋顶，青砖布瓦式。

（4）墙体、装修：墙体材料为裸露的青砖，明间开两扇木质红漆门，次间为木质红漆窗。

（5）油饰：门窗梁柱不饰不绘。

16. 省牲厅

（1）布局：硬山式青砖布瓦式建筑，是屠宰牛羊及家禽等鲜活祭品之处，位居庭院正中，共五间，西次间开门，是典型的"口袋房"，内设炉灶、水池及煮牛羊的大铁锅四口以及其他许多陈设和器具。

（2）大木结构：梁架结构，梁下无斗拱。

（3）瓦顶：硬山式屋顶，青砖布瓦式。

（4）墙体、装修：墙体材料为裸露的青砖，明间开两扇木质红漆门，次间为木质红漆窗。

（5）油饰：门、窗涂朱漆。

3.1.2　建筑遗产的主要病害类型

关于建筑遗产的病害类型，目前国内行业内并没有专业分类，参考欧洲文物古迹损毁诊断系统（monument damage diagnostic system，MDDS）软件中的损毁类型分类（针对砖石构建筑遗产）和国家标准《木材缺陷图谱》（GB/T 18000—1999）的相关内容，将清永陵建筑遗产的病害类型主要分为表面变化、解体/解整合、开裂、变形、机械损伤、腐朽、蛀孔和植被生长8种类型，并根据不同类型病害的不同表现形式进一步细分（表3-1）。其中，解体/解整合病害主要是针对砖石构，腐朽和蛀孔病害主要针对木构，其余几种病害是所有建筑遗产都面临的。这些病害中大多数属于发展型病害，只有极少数为稳定型病害（如虫眼和外力损伤）。

表 3-1　建筑遗产的常见病害类型

总体分类	分项分类			
1. 表面变化	1.1 变色	1.1.1 褪色	1.1.2 湿块 / 湿点	1.1.3 锈斑 / 锈黄
		1.1.4 真菌变色		
	1.2 沉淀	1.2.1 污垢	1.2.2 涂鸦	1.2.3 结壳
		1.2.4 泛白	1.2.5 生物粪便	
	1.3 化学变质	1.3.1 铜绿	1.3.2 结壳（砖、砂浆）	
2. 解体 / 解整合	2.1 分层	2.1.1 脱落	2.1.2 剥落	2.1.3 鳞屑状剥落
		2.1.4 圆角起壳		
	2.2 分离（不同材料间解整合）	2.2.1 黏附力丧失	2.2.2 推出	2.2.3 表面起泡
		2.2.4 表面起皮	2.2.5 灰浆表面起皮	
	2.3 黏聚力丧失（针对单种材料）	2.3.1 灰化 / 粉化（针对石灰质材料）	2.3.2 粉化	2.3.3 粉碎
		2.3.4 沙化	2.3.5 砖起泡	2.3.6 腐蚀
		2.3.7 爆裂	2.3.8 空隙	2.3.9 表面凹窝
		2.3.10 缝合线		
3. 开裂	3.1 裂缝	3.2 细裂缝	3.3 网状裂缝	3.4 星状裂缝
	3.5 正方断裂线（石材）	3.6 环裂	3.7 贯通裂	3.8 扭转纹
4. 变形	4.1 弯曲	4.2 鼓起	4.3 倾斜	4.4 移位
	4.5 坍塌	4.6 沉降 / 沉陷	4.7 扭转	
5. 机械损伤	5.1 划痕	5.2 切口	5.3 穿孔	5.4 裂口
	5.5 破片	5.6 残损		
6. 腐朽	6.1 木质菌腐	6.2 虫腐	6.3 糟朽	
7. 蛀孔	7.1 虫眼	7.1.1 表面虫眼、沟	7.1.2 深虫眼	7.1.3 针孔虫眼
		7.1.4 小虫眼	7.1.5 大虫眼	
	7.2 蜂窝状空洞			
8. 植被生长	8.1 高植物（树、草等）	8.2 地衣	8.3 苔类	8.4 藻类植物
	8.5 苔藓植物	8.6 霉菌		

3.1.3 病害现场记录与形成原因分析

项目组现场勘察了清永陵 15 处古建筑的病害现状（包括院墙），并对病害形成原因进行了分析，如表 3-2 和图 3-2 所示。

表 3-2 清永陵古建筑的病害现状和形成原因分析

1. 正红门		
部位名称	现状	形成原因分析
台阶台基	1.1.4 真菌变色 1.2.1 污垢 1.2.5 动物粪便 1.3.2 结壳 2.1.2 剥落 2.2.1 黏附力丧失 2.3.6 腐蚀 2.3.9 表面凹窝 3. 开裂 4.6 沉降 5.6 残损 6.2 虫腐 7. 蛀孔 8.1 高植物 8.2 地衣 8.5 苔藓植物 8.6 霉菌	风雨雪腐蚀、虫蚁蛀蚀、植被生长、人为损坏、地基沉降
墙体	1.1.4 真菌变色 1.2.5 生物粪便 1.3.2 结壳 2.1.2 剥落 2.2.1 黏附力丧失 2.3.8 空隙 2.3.9 表面凹窝 3.2 细裂缝 3.3.7 贯通裂 5.6 残损 7.1 虫眼 8.5 苔藓植物 8.6 霉菌	风雨雪腐蚀、虫蚁蛀蚀、植被生长、人为损坏、地基沉降
门窗	1.2.1 污垢 2.1.2 剥落 2.2.4 表面起皮 2.3.9 表面凹窝 3. 开裂	风雨雪腐蚀、虫蚁蛀蚀、人为损坏
瓦顶	1.1.1 褪色 1.2.5 生物粪便 2.1.2 剥落 2.3.6 腐蚀 3.1 裂缝 5.6 残损 8.1 高植物	风雨雪腐蚀、虫蚁蛀蚀、植被生长、人为损坏
装修	1.1.1 褪色 1.2.3 结壳 2.1.2 剥落 2.2.4 表面起皮 2.3.6 腐蚀 2.3.9 表面凹窝 3.1 裂缝 4.2 鼓起 5.6 残损	风雨雪腐蚀、虫蚁蛀蚀、植被生长、人为损坏
油饰彩画	1.2.1 污垢 1.2.4 泛白 2.1.2 剥落 2.2.4 表面起皮 2.3.6 腐蚀 3. 裂缝 6.1 木质菌腐 7.1.1 表面虫眼 8.6 霉菌	风雨雪腐蚀、虫蚁蛀蚀、人为损坏
大木构架	2.1.2 剥落 2.3.9 表面凹窝 2.2.4 表面起皮 2.3.6 腐蚀 3. 裂缝 8.6 霉菌	风雨雪腐蚀、虫蚁蛀蚀、植被生长、人为损坏
室外地面	1.1.4 真菌变色 1.2.5 生物粪便 1.3.2 结壳 2.1.2 剥落 2.2.1 黏附力丧失 2.3.6 腐蚀 2.3.9 表面凹窝 3. 开裂 4.6 沉降 5.6 残损 8.1 高植物 8.5 苔藓植物 8.6 霉菌	风雨雪腐蚀、虫蚁蛀蚀、植被生长、人为损坏、地基沉降

续表

2. 齐班房		
部位名称	现状	形成原因分析
台阶台基	1.1.4 真菌变色 1.3.2 结壳 2.1.1 脱落 2.2.1 黏附力丧失 2.3.6 腐蚀 2.3.9 表面凹窝 3.2 细裂缝 3.7 贯通裂 6.2 虫腐 7.11 表面虫眼 8.5 苔藓植物	风雨雪腐蚀、虫蚁蛀蚀、植被生长、人为损坏、地基沉降
墙体	1.1.1 褪色 1.14 真菌变色 1.3.2 结壳 2.1.2 剥落 2.3.6 腐蚀 2.3.9 表面凹窝 3. 开裂 7.1 虫眼	风雨雪腐蚀、虫蚁蛀蚀、植被生长、人为损坏、地基沉降
门窗	1.2 剥落 2.2.4 表面起皮 2.3.9 表面凹窝 3. 开裂 5.2 切口 5.4 裂口 5.6 残损 7.1.1 表面虫眼	风雨雪腐蚀、虫蚁蛀蚀、人为损坏
瓦顶	1.1.1 褪色 1.2.4 泛白 1.3.2 结壳 2.1.1 脱落 2.3.6 腐蚀 3.1 裂缝 5.6 残损 8.6 霉菌	风雨雪腐蚀、虫蚁蛀蚀、植被生长、人为损坏
装修	1.1.1 褪色 1.1.4 真菌变色 2.1.1 脱落 1.2.1 污垢 1.2.3 结壳 2.3 黏聚力丧失 3. 开裂 4.6 沉降 5.6 残损 6.3 糟朽 7.1 虫眼 8.5 苔藓植物 8.6 霉菌	风雨雪腐蚀、虫蚁蛀蚀、植被生长、人为损坏、地基沉降
油饰彩画	2.1.1 脱落 2.2.4 表面起皮 2.3.6 腐蚀 3.1 裂缝 6.1 木质菌腐 8.6 霉菌	风雨雪腐蚀、虫蚁蛀蚀、人为损坏
大木构架	1.2.1 污垢 2.1.2 剥落 2.2.4 表面起皮 2.3.9 表面凹窝 3.1 裂缝 3.7 贯通裂 4.2 鼓起 8.6 霉菌	风雨雪腐蚀、虫蚁蛀蚀、植被生长、人为损坏
室外地面	1.1.4 真菌变色 1.2.5 生物粪便 1.3.2 结壳 2.1.2 剥落 2.2.1 黏附力丧失 2.3.6 腐蚀 2.3.9 表面凹窝 3. 开裂 4.6 沉降 5.6 残损 8.1 高植物 8.5 苔藓植物 8.6 霉菌	风雨雪腐蚀、虫蚁蛀蚀、植被生长、人为损坏
3. 涤器房		
部位名称	现状	形成原因分析
台阶台基	1.1.4 真菌变色 1.3.2 结壳 2.1.1 脱落 2.2.1 黏附力丧失 2.3.6 腐蚀 2.3.9 表面凹窝 3.2 细裂缝 3.7 贯通裂 6.2 虫腐 7.11 表面虫眼 8.5 苔藓植物	风雨雪腐蚀、虫蚁蛀蚀、植被生长、人为损坏
墙体	1.3.2 结壳 2.1.2 剥落 2.3.8 空隙 2.3.9 表面凹窝 3.2 细裂缝 3.4 星状裂缝 3.7 贯通裂 7.1.1 表面虫眼	风雨雪腐蚀、虫蚁蛀蚀、植被生长、人为损坏、地基沉降

续表

3. 涤器房		
部位名称	现状	形成原因分析
门窗	1.2.1 污垢 1.2.5 生物粪便 2.1.2 剥落 2.2.4 表面起皮 2.3.9 表面凹窝 3.1 裂缝 5.2 切口 7.1.1 表面虫眼	风雨雪腐蚀、虫蚁蛀蚀、人为损坏
瓦顶	1.1.1 褪色 1.2.4 泛白 1.3.2 结壳 2.1.1 脱落 2.3.6 腐蚀 3.1 裂缝 8.6 霉菌	风雨雪腐蚀、虫蚁蛀蚀、植被生长、人为损坏
油饰彩画	2.1.1 脱落 2.2.4 表面起皮 2.3.6 腐蚀 3.1 裂缝 6.1 木质菌腐 8.6 霉菌	风雨雪腐蚀、虫蚁蛀蚀、人为损坏
大木构架	1.2.1 污垢 2.1.2 剥落 2.2.4 表面起皮 2.3.9 表面凹窝 3.1 裂缝 3.7 贯通裂 4.2 鼓起 8.6 霉菌	风雨雪腐蚀、虫蚁蛀蚀、植被生长、人为损坏
室外地面	1.1.4 真菌变色 1.2.5 生物粪便 1.3.2 结壳 2.1.2 剥落 2.2.1 黏附力丧失 2.3.6 腐蚀 2.3.9 表面凹窝 3.1 裂缝 3.4 星状裂缝 5.6 残损 8.5 苔藓植物	风雨雪腐蚀、虫蚁蛀蚀、植被生长、人为损坏、地基沉降
4. 显祖碑楼		
部位名称	现状	形成原因分析
台阶台基	1.1.4 真菌变色 1.2.1 污垢 1.2.3 结壳 1.2.4 泛白 2.1.1 脱落 2.2.1 黏附力丧失 2.3.6 腐蚀 2.3.7 爆裂 2.3.9 表面凹窝 3.2 细裂缝 4.4 移位	风雪雨腐蚀、虫蚁侵蛀、植被生长、人为损坏
墙体	1.1.1 褪色 1.1.3 锈斑 1.1.4 真菌变色 1.3.2 结壳 2.1.2 剥落 2.3.2 粉化 2.3.6 腐蚀 2.3.8 空隙 2.3.9 表面凹窝 3.2 细裂缝 5.1 划痕	风雪雨腐蚀、虫蚁侵蛀、植被生长、人为损坏
门窗	2.1.2 剥落 2.2.3 表面起泡 2.2.4 表面起皮 2.3.9 表面凹窝 3.2 细裂缝	风雪雨腐蚀、人为损坏
瓦顶	1.1.1 褪色 1.2.4 泛白 3.1 裂缝	风雪雨腐蚀、、植被生长、人为损坏
装饰	1.1.1 褪色 1.2.1 污垢 1.2.4 泛白 2.1.1 脱落 2.3.6 腐蚀 2.3.9 表面凹窝 3.1 裂缝 8.6 霉菌	风雪雨腐蚀、植被生长、人为损坏
大木构架	1.1.1 褪色 2.1.2 剥落 2.2.4 表面起皮 3.1 裂缝 3.7 贯通裂 8.6 霉菌	风雪雨腐蚀、植被生长、人为损坏

续表

4. 显祖碑楼		
部位名称	现状	形成原因分析
室外地面	1.1.2 湿点 1.1.4 真菌变色 1.2. 动物粪便 1.3.2 结壳 2.1.2 剥落 2.3.6 腐蚀 2.2.1 黏附力丧失 2.3.9 表面凹窝 3.1 裂纹 6.2 虫腐 7.1 虫眼 8.2 地衣 8.5 苔藓植物	风雪雨腐蚀、虫蚁侵蛀、植被生长、人为损坏

5. 兴祖碑楼		
部位名称	现状	形成原因分析
台阶台基	1.1.4 真菌变色 1.2.1 污垢 1.2.3 结壳 2.2.1 黏附力丧失 2.3.9 表面凹窝 3. 开裂 3.2 细裂缝 3.3 网状裂纹 3.7 贯通裂 4.6 沉陷 5.1 划痕 5.6 残损 8.6 霉菌	风雨雪腐蚀、虫蚁蛀蚀、植被生长、人为损坏、地基沉降
墙体	1.1.3 锈斑 1.3.2 结壳 2.1.2 剥落 2.2.1 黏附力丧失 2.3.5 砖起泡 2.3.8 空隙 2.3.9 表面凹窝 3.2 细裂缝 3.3.7 贯通裂 5.6 残损 7.1 虫眼 8.5 苔藓植物 8.6 霉菌	风雨雪腐蚀、虫蚁蛀蚀、植被生长、人为损坏、地基沉降
门窗	1.2.1 污垢 2.1.2 剥落 2.2.4 表面起皮 2.3.9 表面凹窝 3. 开裂 3.3 网状裂缝 3.6 环裂 3.7 贯通裂	风雨雪腐蚀、虫蚁蛀蚀、人为损坏
瓦顶	1.1.1 褪色 1.2.5 生物粪便 2.1.2 剥落	风雨雪腐蚀、虫蚁蛀蚀、植被生长、人为损坏
装饰	1.1.1 褪色 1.2.2 涂鸦 2.2.1 黏附力丧失 2.3.9 表面凹窝 3.1 裂缝 4.2 鼓起 5.6 残损	风雨雪腐蚀、虫蚁蛀蚀、植被生长、人为损坏
大木构架	1.2.1 污垢 1.3 化学变质 2.1.2 剥落 2.3.9 表面凹窝 2.2.4 表面起皮 2.3.6 腐蚀 3. 裂缝 5.6 残损 8.6 霉菌	风雨雪腐蚀、虫蚁蛀蚀、植被生长、人为损坏
室外地面	1.1.4 真菌变色 1.2.5 生物粪便 1.3.2 结壳 2.1.2 剥落 2.2.1 黏附力丧失 2.3.6 腐蚀 2.3.9 表面凹窝 3. 开裂 5.6 残损 8.5 苔藓植物 8.6 霉菌	风雨雪腐蚀、虫蚁蛀蚀、植被生长、人为损坏、地基沉降

续表

6. 肇祖碑楼		
部位名称	现状	形成原因分析
台阶台基	1.1.1 褪色 1.1.4 真菌变色 1.2.4 泛白 2.1.1 脱落 2.2.1 黏附力丧失 2.3.8 空隙 2.3.9 表面凹窝 3.1 裂缝 3.5 正方断裂线	风雨雪腐蚀、虫蚁蛀蚀、植被生长、人为损坏
墙体	1.1.1 褪色 1.2.4 泛白 1.1.4 真菌变色 2.1 污垢 2.2.4 表面起皮 2.3.9 表面凹窝 3.2 细裂缝 3.4 网状裂缝 7.2 蜂窝状空洞 5.1 划痕 5.6 残损	风雨雪腐蚀、虫蚁蛀蚀、植被生长、人为损坏、地基沉降
门窗	1.2.4 泛白 2.2.4 表面起皮 2.1.1 脱落 3.1 裂缝 5.6 残损 6.1 木质菌腐	风雨雪腐蚀、虫蚁蛀蚀、人为损坏
瓦顶	1.1.1 褪色 1.2.1 污垢 1.2.4 泛白	风雨雪腐蚀、虫蚁蛀蚀、植被生长、人为损坏
装饰	1.1.1 褪色 1.1.4 真菌变色 1.2.4 泛白 2.2.1 黏附力丧失 2.1.1 脱落 3.1 裂缝 4.4 移位 5.6 残损	风雨雪腐蚀、虫蚁蛀蚀、人为损坏
大木构架	1.1.1 褪色 1.1.2 湿块，湿点 1.2.1 污垢 1.2.4 泛白 2.1.2 剥落 6.1 木质菌腐 6.3 糟朽 8.6 霉菌	风雨雪腐蚀、虫蚁蛀蚀、植被生长、人为损坏
室外地面	1.1.4 真菌变色 1.2.1 污垢 1.3.2 结壳 2.1.2 剥落 2.2.1 黏附力丧失 2.3.6 腐蚀 2.3.9 表面凹窝 3.1 裂缝 3.4 星状裂缝 8.1 高植物 8.5 苔藓植物	风雨雪腐蚀、虫蚁蛀蚀、植被生长、人为损坏、地基沉降
7. 景祖碑楼		
部位名称	现状	形成原因分析
台阶台基	1.1.1 褪色 1.2.4 泛白 2.1.1 脱落 2.2.1 黏附力丧失 2.3.9 表面凹窝 3.1 裂缝	风雨雪腐蚀、虫蚁蛀蚀、植被生长、人为损坏
墙体	1.1.1 褪色 1.2.4 泛白 1.1.4 真菌变色 2.1.1 脱落 2.3.8 空隙 2.3.9 表面凹窝 3.2 细裂缝 3.4 星状裂缝 3.7 贯通裂 7.2 蜂窝状空洞 5.1 划痕 5.6 残损	风雨雪腐蚀、虫蚁蛀蚀、植被生长、人为损坏、地基沉降
门窗	1.2.1 污垢 1.2.4 泛白 2.2.4 表面起皮 2.1.1 脱落 3.1 裂缝 5.6 残损	风雨雪腐蚀、虫蚁蛀蚀、人为损坏

续表

7. 景祖碑楼		
部位名称	现状	形成原因分析
瓦顶	1.1.1 褪色 1.2.1 污垢 1.2.4 泛白	风雨雪腐蚀、虫蚁蛀蚀、植被生长、人为损坏
装饰	1.1.1 褪色 1.2.1 污垢 2.1.1 脱落 3.1 裂缝 8.6 霉菌	风雨雪腐蚀、虫蚁蛀蚀、人为损坏
大木构架	1.1.2 湿块，湿点 1.2.1 污垢 1.2.4 泛白 2.1.2 剥落 4.2 鼓起 6.3 糟朽 8.6 霉菌	风雨雪腐蚀、虫蚁蛀蚀、植被生长、人为损坏
室外地面	1.1.4 真菌变色 1.3.2 结壳 2.1.2 剥落 2.2.1 黏附力丧失 2.3.6 腐蚀 2.3.9 表面凹窝 3.1 裂缝 3.4 星状裂缝 8.1 高植物 8.5 苔藓植物	风雨雪腐蚀、虫蚁蛀蚀、植被生长、人为损坏、地基沉降
8. 果房		
部位名称	现状	形成原因分析
台阶台基	1.2.1 污垢 1.2.4 泛白 1.3.2 结壳 2.1.1 脱落 2.2.1 黏附力丧失 2.3.6 腐蚀 2.3.9 表面凹窝 3.1 裂缝 4.4 移位 5.6 残损 7.1.1 表面虫眼	风雪雨腐蚀、虫蚁侵蛀、人为损坏
墙体	1.1.1 褪色 1.1.4 真菌变色 1.3.2 结壳 2.1.2 剥落 2.3.6 腐蚀 2.3.8 空隙 2.3.9 表面凹窝 3.1 裂缝 5.6 残损 6.2 虫腐 7.1 虫眼 8.6 霉菌	风雪雨腐蚀、虫蚁侵蛀、植被生长、人为损坏
门窗	2.1.2 剥落 2.2.3 表面起泡 2.3.9 表面凹窝 3.2 细裂缝	风雪雨腐蚀、人为损坏
瓦顶	1.1.1 褪色 1.2.4 泛白 1.3.2 结壳 2.1.2 剥落 2.3.6 腐蚀 3.1 裂缝 8.6 霉菌	风雪雨腐蚀、植被生长、人为损坏
油饰彩画	2.1.1 脱落 2.2.4 表面起皮 2.3.6 腐蚀 3.1 裂缝 6.1 木质菌腐 8.6 霉菌	风雪雨腐蚀、植被生长、人为损坏
大木构架	2.1.2 剥落 2.2.4 表面起皮 3.1 裂缝	风雪雨腐蚀、人为损坏
室外地面	1.1.4 真菌变色 1.2. 动物粪便 1.3.2 结壳 2.3.6 腐蚀 2.2.1 黏附力丧失 2.3.9 表面凹窝 3.1 裂纹 3.4 星状裂纹 5.6 残损 6.2 虫腐 7.1 虫眼 8.5 苔藓植物	风雪雨腐蚀、虫蚁侵蛀、植被生长、人为损坏

续表

9. 膳房		
部位名称	现状	形成原因分析
台阶台基	1.2.1 污垢 1.2.3 结壳 1.2.4 泛白 2.1.1 脱落 2.2.1 黏附力丧失 2.3.6 腐蚀 2.3.9 表面凹窝 3.2 细裂缝 4.4 移位 7.1.1 表面虫眼 8.5 苔藓植物	风雪雨腐蚀、虫蚁侵蛀、植被生长、人为损坏
墙体	1.1.1 褪色 1.1.4 真菌变色 1.3.2 结壳 2.1.2 剥落 2.3.6 腐蚀 2.3.8 空隙 2.3.9 表面凹窝 3.4 星状裂缝 6.2 虫腐 7.1 虫眼 8.5 苔藓植物 8.6 霉菌	风雪雨腐蚀、虫蚁侵蛀、植被生长、人为损坏
门窗	2.1.2 剥落 2.2.3 表面起泡 2.3.9 表面凹窝 3.2 细裂缝	风雪雨腐蚀、人为损坏
瓦顶	1.1.1 褪色 1.2.4 泛白 1.3.2 结壳 2.1.2 剥落 2.3.6 腐蚀 3.1 裂缝 8.6 霉菌	风雪雨腐蚀、、植被生长、人为损坏
油饰彩画	2.1.1 脱落 2.2.4 表面起皮 2.3.6 腐蚀 3.1 裂缝 6.1 木质菌腐 8.6 霉菌	风雪雨腐蚀、植被生长、人为损坏
大木构架	2.1.2 剥落 2.2.4 表面起皮 3.1 裂缝 3.7 贯通裂 8.6 霉菌	风雪雨腐蚀、植被生长、人为损坏
室外地面	1.1.4 真菌变色 1.2. 动物粪便 1.3.2 结壳 2.1.2 剥落 2.3.6 腐蚀 2.2.1 黏附力丧失 2.3.9 表面凹窝 3.1 裂纹 3.4 星状裂纹 6.2 虫腐 7.1 虫眼 8.1 高植物 8.2 地衣 8.5 苔藓植物	风雪雨腐蚀、虫蚁侵蛀、植被生长、人为损坏
10. 启运门		
部位名称	现状	形成原因分析
台阶台基	1.1.1 褪色 1.2.4 泛白 2.3.6 腐蚀 3.1 裂缝 5.6 残损 6.2 虫腐 7.1.1 表面虫眼	风雪雨腐蚀、虫蚁侵蛀、人为损坏（有改建痕迹）
墙体	1.1.1 褪色 1.1.4 真菌变色 1.3.2 结壳 2.1.2 剥落 2.3.6 腐蚀 2.3.8 空隙 2.3.9 表面凹窝 3.1 裂缝 5.1 划痕 7.1 虫眼	风雪雨腐蚀、虫蚁侵蛀、人为损坏
门窗	2.1.2 剥落 2.2.4 表面起皮 3.2 细裂缝	风雪雨腐蚀、人为损坏
瓦顶	1.1.1 褪色 1.3.2 结壳 2.1.2 剥落 2.3.6 腐蚀 3.1 裂缝	风雪雨腐蚀、人为损坏
油饰彩画	1.1.1 褪色 2.1.1 脱落 2.2.4 表面起皮 2.3.6 腐蚀 3.1 裂缝	风雪雨腐蚀、人为损坏

续表

10. 启运门		
部位名称	现状	形成原因分析
大木构架	1.1.1 褪色 2.1.2 剥落 2.2.4 表面起皮 3.1 裂缝 5.6 残损 6.1 木质菌腐 8.6 霉菌	风雪雨腐蚀、植被生长、人为损坏
室外地面	1.1.4 真菌变色 1.3.2 结壳 2.1.2 剥落 2.3.6 腐蚀 2.2.1 黏附力丧失 2.3.9 表面凹窝 3.1 裂纹 6.2 虫腐 7.1 虫眼 8.5 苔藓植物	风雪雨腐蚀、虫蚁侵蛀、植被生长、人为损坏
11. 东配殿		
部位名称	现状	形成原因分析
台阶台基	1.1.4 真菌变色 1.2.4. 泛白 2.1.1 脱落 2.3.6 腐蚀 2.3.9 表面凹窝 3.2 细裂缝 3.7 贯通裂 6.2 虫腐 7.11 表面虫眼 7.2 蜂窝状空洞 8.5 苔藓植物 8.6 霉菌	风雨雪腐蚀、虫蚁蛀蚀、植被生长、人为损坏
墙体	1.3.2 结壳 2.1.2 剥落 2.3.8 空隙 2.3.9 表面凹窝 3.2 细裂缝 3.4 星状裂缝 3.7 贯通裂 7.1.1 表面虫眼	风雨雪腐蚀、虫蚁蛀蚀、植被生长、人为损坏、地基沉降
门窗	1.2.1 污垢 2.1.2 剥落 2.2.4 表面起皮 3.1 裂缝 5.2 切口 7.1.1 表面虫眼	风雨雪腐蚀、虫蚁蛀蚀、人为损坏
瓦顶	1.1.1 褪色 1.2.4 泛白 2.1.1 脱落 2.3.6 腐蚀 8.1 高植物	风雨雪腐蚀、虫蚁蛀蚀、植被生长、人为损坏
油饰彩画	1.1.1 褪色 1.1.2 湿点 2.1.1 脱落 2.2.4 表面起皮 2.3.6 腐蚀 3.1 裂缝 6.1 木质菌腐 8.6 霉菌	风雨雪腐蚀、虫蚁蛀蚀、人为损坏
大木构架	1.2.1 污垢 2.1.2 剥落 2.2.4 表面起皮 3.1 裂缝 3.7 贯通裂 4.2 鼓起 8.6 霉菌	风雨雪腐蚀、虫蚁蛀蚀、人为损坏
室外地面	1.1.4 真菌变色 1.2.5 生物粪便 1.3.2 结壳 2.1.2 剥落 2.3.6 腐蚀 2.3.9 表面凹窝 3.1 裂缝 3.4 星状裂缝 5.6 残损 8.1 高植物 8.5 苔藓植物	风雨雪腐蚀、虫蚁蛀蚀、植被生长、人为损坏、地基沉降
12. 西配殿		
部位名称	现状	形成原因分析
台阶台基	1.1.4 真菌变色 1.2.1 污垢 1.2.3 结壳 1.2.4 泛白 2.1.1 脱落 2.3.6 腐蚀 2.3.9 表面凹窝 3.1 裂缝 4.4 移位 5.6 残损 7.1.1 表面虫眼 8.5 苔藓植物 8.6 霉菌	风雪雨腐蚀、虫蚁侵蛀、人为损坏

续表

12. 西配殿		
部位名称	现状	形成原因分析
墙体	1.1.1 褪色 1.1.2 湿点 1.1.4 真菌变色 1.2.5 生物粪便 1.3.2 结壳 2.1.2 剥落 2.3.6 腐蚀 2.3.8 空隙 2.3.9 表面凹窝 3.1 裂缝 5.6 残损 6.2 虫腐 8.6 霉菌	风雪雨腐蚀、虫蚁侵蛀、植被生长、人为损坏
门窗	2.1.2 剥落 2.2.3 表面起泡 2.3.9 表面凹窝 3.2 细裂缝 7.1.1 表面虫眼	风雪雨腐蚀、人为损坏
瓦顶	1.1.1 褪色 1.2.4 泛白 1.3.2 结壳 2.1.2 剥落 2.2.4 表面起皮 2.3.6 腐蚀 3.1 裂缝 6.1 木质菌腐 8.6 霉菌	风雪雨腐蚀、人为损坏
油饰彩画	2.1.1 脱落 2.2.4 表面起皮 2.3.6 腐蚀 3.1 裂缝 3.7 贯通裂 6.1 木质菌腐 8.6 霉菌	风雪雨腐蚀、植被生长、人为损坏
大木构架	2.1.2 剥落 2.2.4 表面起皮 3.1 裂缝	风雪雨腐蚀、人为损坏
室外地面	1.1.4 真菌变色 1.2. 动物粪便 1.3.2 结壳 2.3.6 腐蚀 2.2.1 黏附力丧失 2.3.9 表面凹窝 3.1 裂纹 5.6 残损 6.2 虫腐 7.1 虫眼 8.5 苔藓植物	风雪雨腐蚀、虫蚁侵蛀、植被生长、人为损坏
13. 焚帛亭		
部位名称	现状	形成原因分析
墙体	1.1.1 褪色 1.1.4 真菌变色 1.3.2 结壳 2.1.2 剥落 2.3.6 腐蚀 2.3.8 空隙 2.3.9 表面凹窝 3.1 裂缝 5.1 划痕 8.1 高植物 8.6 霉菌	风雪雨腐蚀、虫蚁侵蛀、人为损坏
门窗	1.1.3 锈黄 2.1.3 鳞屑状剥落 2.2.4 表面起皮 3.2 细裂缝	风雪雨腐蚀、人为损坏
瓦顶	1.1.1 褪色 1.3.2 结壳 2.1.2 剥落 2.3.6 腐蚀 3.1 裂缝	风雪雨腐蚀、人为损坏
室外地面	1.1.4 真菌变色 1.2.4 泛白 1.3.2 结壳 2.1.2 剥落 2.3.6 腐蚀 2.3.9 表面凹窝 3.1 裂纹 6.2 虫腐 7.1 虫眼 8.1 高植物 8.5 苔藓植物 8.6 霉菌	风雪雨腐蚀、虫蚁侵蛀、植被生长、人为损坏
14. 启运殿		
部位名称	现状	形成原因分析
台阶台基	1.1.4 真菌变色 1.2.4. 泛白 2.1.1 脱落 2.3.3 粉碎 2.3.6 腐蚀 2.3.9 表面凹窝 3.2 细裂缝 3.7 贯通裂 6.2 虫腐 7.11 表面虫眼 7.2 蜂窝状空洞 8.5 苔藓植物 8.6 霉菌	风雪雨腐蚀、虫蚁侵蛀、人为损坏

续表

14. 启运殿		
部位名称	现状	形成原因分析
墙体	1.1.1 褪色 1.1.4 真菌变色 1.2.5 生物粪便 1.3.2 结壳 2.1.2 剥落 2.3.6 腐蚀 2.3.8 空隙 2.3.9 表面凹窝 3.1 裂缝 5.6 残损 6.2 虫腐 8.6 霉菌	风雪雨腐蚀、虫蚁侵蛀、人为损坏
门窗	1.2.1 污垢 2.1.2 剥落 2.2.4 表面起皮 3.1 裂缝 5.2 切口 7.1.1 表面虫眼	风雪雨腐蚀、人为损坏
瓦顶	1.1.1 褪色 1.2.4 泛白 2.1.1 脱落 2.3.6 腐蚀 8.1 高植物	风雪雨腐蚀、虫蚁侵蛀、人为损坏
油饰彩画	2.1.1 脱落 2.2.4 表面起皮 2.3.6 腐蚀 3.1 裂缝 3.7 贯通裂 6.1 木质菌腐 8.6 霉菌	风雪雨腐蚀、虫蚁侵蛀、人为损坏
大木构架	2.1.2 剥落 2.2.4 表面起皮 3.1 裂缝	风雪雨腐蚀、人为损坏
室外地面	1.1.4 真菌变色 1.2. 动物粪便 1.3.2 结壳 2.3.6 腐蚀 2.2.1 黏附力丧失 2.3.9 表面凹窝 3.1 裂纹 5.6 残损 6.2 虫腐 7.1 虫眼 8.2 地衣 8.5 苔藓植物	风雪雨腐蚀、植被生长、人为损坏
15. 果楼		
部位名称	现状	形成原因分析
台阶台基	1.1.4 真菌变色 1.3.2 结壳 2.1.1 脱落 2.2.1 黏附力丧失 2.3.6 腐蚀 2.3.9 表面凹窝 3.2 细裂缝 3.7 贯通裂 6.2 虫腐 7.11 表面虫眼 8.5 苔藓植物	风雪雨腐蚀、虫蚁侵蛀、人为损坏
墙体	1.1.1 褪色 1.1.4 真菌变色 1.3.2 结壳 2.1.2 剥落 2.3.6 腐蚀 2.3.8 空隙 2.3.9 表面凹窝 3.1 裂缝 5.6 残损 6.2 虫腐 7.1 虫眼 8.6 霉菌	风雪雨腐蚀、虫蚁侵蛀、人为损坏
门窗	1.2.1 污垢 1.2.5 生物粪便 2.1.2 剥落 2.2.4 表面起皮 2.3.9 表面凹窝 3.1 裂缝 5.2 切口 7.1.1 表面虫眼	风雪雨腐蚀、人为损坏
瓦顶	1.1.1 褪色 1.2.4 泛白 1.3.2 结壳 2.1.2 剥落 2.3.6 腐蚀 3.1 裂缝 8.6 霉菌	风雪雨腐蚀、虫蚁侵蛀、人为损坏
油饰彩画	2.1.1 脱落 2.2.4 表面起皮 2.3.6 腐蚀 3.1 裂缝 6.1 木质菌腐 8.6 霉菌	风雪雨腐蚀、虫蚁侵蛀、人为损坏
大木构架	2.1.2 剥落 2.2.4 表面起皮 3.1 裂缝	风雪雨腐蚀、人为损坏

续表

15. 果楼		
部位名称	现状	形成原因分析
室外地面	1.1.4 真菌变色 1.2. 动物粪便 1.3.2 结壳 2.3.6 腐蚀 2.3.9 表面凹窝 3.1 裂纹 5.6 残损 8.5 苔藓植物	风雪雨腐蚀、植被生长、人为损坏
16. 省牲厅		
部位名称	现状	形成原因分析
台阶台基	1.1.4 真菌变色 1.3.2 结壳 2.1.1 脱落 2.2.1 黏附力丧失 2.3.6 腐蚀 2.3.9 表面凹窝 3.2 细裂缝 3.7 贯通裂 8.5 苔藓植物	风雪雨腐蚀、虫蚁侵蛀、人为损坏
墙体	1.1.1 褪色 1.1.4 真菌变色 1.3.2 结壳 2.1.2 剥落 2.3.6 腐蚀 2.3.8 空隙 2.3.9 表面凹窝 3.1 裂缝 5.6 残损 6.2 虫腐 7.1 虫眼 8.6 霉菌	风雪雨腐蚀、虫蚁侵蛀、人为损坏
门窗	1.2.1 污垢 1.2.5 生物粪便 2.1.2 剥落 2.2.4 表面起皮 2.3.9 表面凹窝 3.1 裂缝 5.2 切口 7.1.1 表面虫眼	风雪雨腐蚀、人为损坏
瓦顶	1.1.1 褪色 1.2.4 泛白 1.3.2 结壳 2.1.2 剥落 2.3.6 腐蚀 3.1 裂缝 8.6 霉菌	风雪雨腐蚀、人为损坏
油饰彩画	2.1.1 脱落 2.2.4 表面起皮 2.3.6 腐蚀 3.1 裂缝 6.1 木质菌腐 8.6 霉菌	风雪雨腐蚀、虫蚁侵蛀、人为损坏
大木构架	2.1.2 剥落 2.2.4 表面起皮 3.1 裂缝	风雪雨腐蚀、人为损坏
室外地面	1.1.4 真菌变色 1.2. 动物粪便 1.3.2 结壳 2.1.2 剥落 2.3.6 腐蚀 2.2.1 黏附力丧失 2.3.9 表面凹窝 3.1 裂纹 3.4 星状裂纹 6.2 虫腐 7.1 虫眼 8.1 高植物 8.2 地衣 8.5 苔藓植物	风雪雨腐蚀、植被生长、人为损坏
17. 院墙		
部位名称	现状	形成原因分析
墙体	1.1.4 真菌变色 1.2.5 生物粪便 1.3.2 结壳 2.1.2 剥落 2.2.1 黏附力丧失 2.3.6 腐蚀 2.3.9 表面凹窝 3. 开裂 4.6 沉降 5.6 残损 8.1 高植物 8.5 苔藓植物 8.6 霉菌	风雨雪腐蚀、虫蚁蛀蚀、植被生长、人为损坏、地基沉降

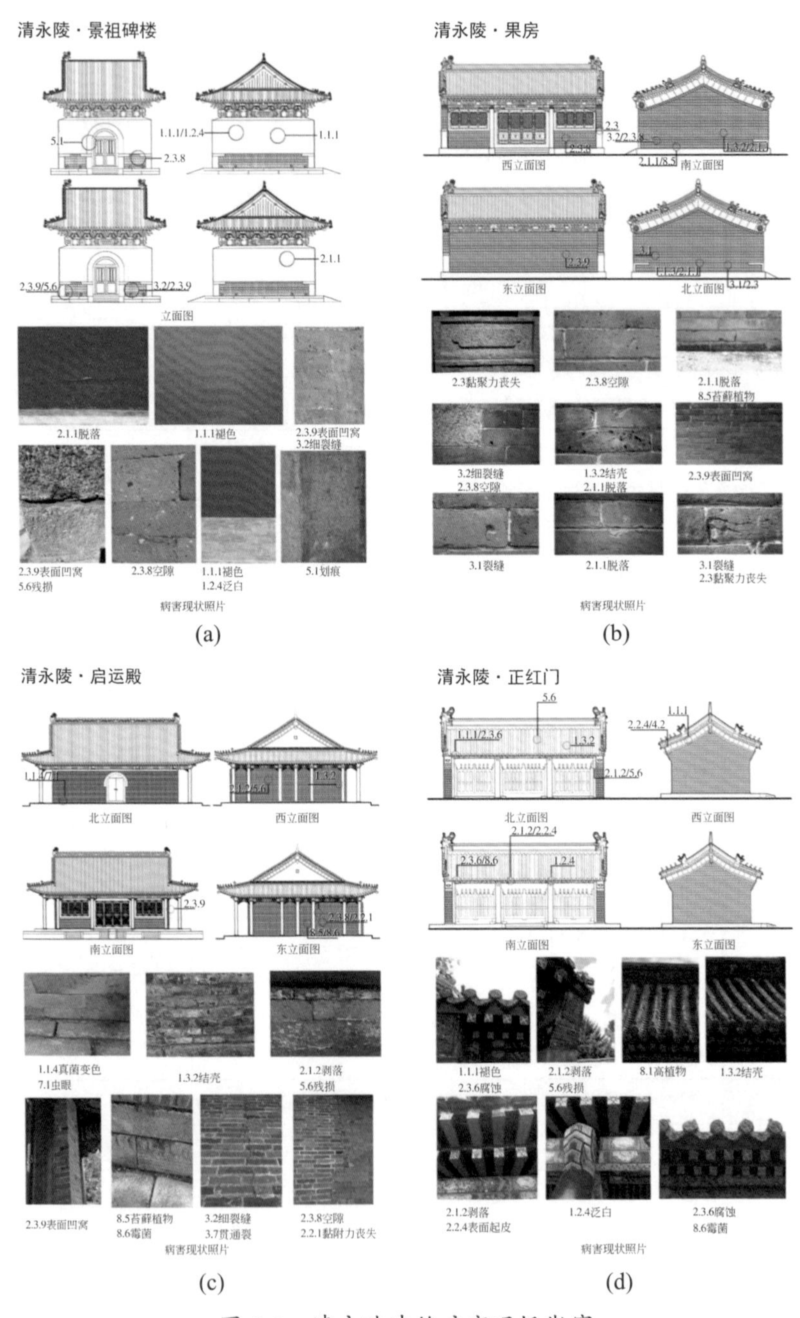

图 3-2　清永陵建筑病害现场勘察

（a）景祖碑楼墙体病害现场勘察；（b）果房墙体病害现场勘察；（c）启运殿墙体病害现场勘察；（d）正红门瓦顶病害现场勘察

3.2 清永陵风沙侵蚀的数字化分析

为了更好地保护世界建筑遗产，作者通过计算流体动力学，以清永陵 15 处古建筑为研究对象，以新宾县两年的全年逐时气象数据作为数值模拟基础数据，统计出风沙的风速风向、风沙颗粒直径，运用 Fluent 软件与 CFD 进行风沙侵蚀数值模拟实验，分析清永陵建筑遗产绿化前风沙侵蚀的数值模拟计算结果；再根据建筑遗产受风沙侵蚀严重程度和建筑部位，提出绿化种植营造策略，再运用 Fluent 软件与 CFD 进行绿化后风沙侵蚀数值模拟实验并分析计算结果。数值模拟可以为建筑遗产的保护研究提供直观和可靠的科学依据。

3.2.1　计算流体动力学的应用与发展

1933 年，英国人托姆（Thom）首次用数值方法求解了二维黏性流体偏微分方程，计算流体动力学（CFD）由此诞生。计算流体动力学是流体动力学的一门分支学科，始于 20 世纪 30 年代初的计算机模拟技术。它集流体动力学、数值计算方法以及计算机图形学于一体，是一种用于分析流体流动性质和规律的计算技术，包括对各种类型的流体在各种速度范围内的复杂流动在计算机上进行数值模拟的计算。运用 CFD 技术，通过建立流体的湍流模型，再根据提供的合理的参数和边界条件，就可以对某一空间内的流体流动所形成的速度场、温度场和浓度场进行数值模拟，并能够直观地显示出其流动状况。使用者可以根据所模拟出的流体流动状况对其进行分析研究，不断优化设计方案，寻找其中的规律性，从而更好地指导工程设计。美国是使用 CFD 技术较早的国家之一，CFD 最早源于美国的太空和国防工业。而日本则是另一个使用 CFD 技术较为成功的国家，20 世纪 70 年代初就开始在建筑环境工程领域应用数值模拟技术。该技术最早主要被用于建筑冷热负荷计算方法的开发，之后逐渐应用到建筑动态冷热负荷数值模拟方面。此后软件公司又开发了气流数值模拟的 CFD，并进入了实用阶段。CFD 目前在桥梁、建筑物、建筑采暖与通风、建筑消防、城市规划等领域都得到了应用，并取得了可喜的成效。

该技术在我国的发展主要表现在两个方面，一方面是计算方法趋于完善，如模型方程的应用更为广泛，其包括标准 *k-ε* 模型、修正 *k-ε* 模型、低 Re 模型等；而算法研究也取得一些成果，完成了多重网格算法、改进型压力链方程的半隐式解法（semi-implicit method for pressure-linked equation，SIMPLE）算法等的研究。另一方面是应用的日趋成熟，如模拟的对象更加全面、更为细化，从气流分布到空气品质和热舒适，涉及风载、风环境、自然对流、换气、室内空气质量（indoor air quality，IAQ）、热辐射等各个方面；而应用软件也更加多样化，包括 Fluent、PHOENICS、STAR-CD、CFX 等。与风洞试验相比，CFD 方法具有价格低、周期短、计算结果直观详尽等众多的优点。在许多发达国家 CFD 技术已经进入实用阶段，我国也取得了一些实际工程应用的宝贵经验。

3.2.2 清永陵的气象条件

永陵镇位于辽宁省东部山区，地理坐标：东经 124º41'~125º05'，北纬 40º31'~41º50'，属抚顺市新宾满族自治县管辖。由于抚顺市新宾满族自治县地理位置比较偏远，中国气象局从 2016 年下半年 8 月才开始采集新宾县的气象数据（包括气压、风速、风向、气温、相对湿度、降雨量）。我们采用中国气象局采集的新宾县 2016 年 8 月 1 日到 2018 年 7 月 31 日两年的全年逐时气象数据作为实验模拟气象数据。根据新宾县两年 17 421 个逐时气象数据统计显示，年均风速 3.5 m/s。其中，最大风速可达 28.9 m/s（表 3-3）。两年内出现大于或等于 4 m/s（3329 个逐时气象数据）的大风日数为 633 天，占全年大风天数的 86.7%；出现大于或等于10 m/s（249 个逐时气象数据）的大风日数为 109 天，占全年大风次数的 14.9%（表 3-4）。风向与强风相结合，为新宾县的风沙天气频频出现提供了动力条件（图 3-3）。

表 3-3　新宾县两年各月极大风速最大值　m/s

年份	月份											
	1	2	3	4	5	6	7	8	9	10	11	12
2016								11.5	14.6	12.5	14.1	10.1
2017	13.7	9.5	11.2	15.0	25.4	14.1	14.9	11.9	28.9	10.5	11.8	12.6
2018			13.2	15.2	11.9	12.8	9.2					

表 3-4　新宾县两年各月极大风速大风日数　　d

年份	风速 / (m/s)	月份												合计	总计
		1	2	3	4	5	6	7	8	9	10	11	12		
2016	≥4								24	25	26	28	21	124	633
2017		21	23	24	28	30	29	28	29	27	22	28	26	315	
2018		24	25	29	30	26	29	31						194	
2016	≥10								3	1	3	2	1	10	109
2017		2	0	2	15	8	6	4	6	2	1	7	2	55	
2018		2	7	9	11	8	7	0						44	

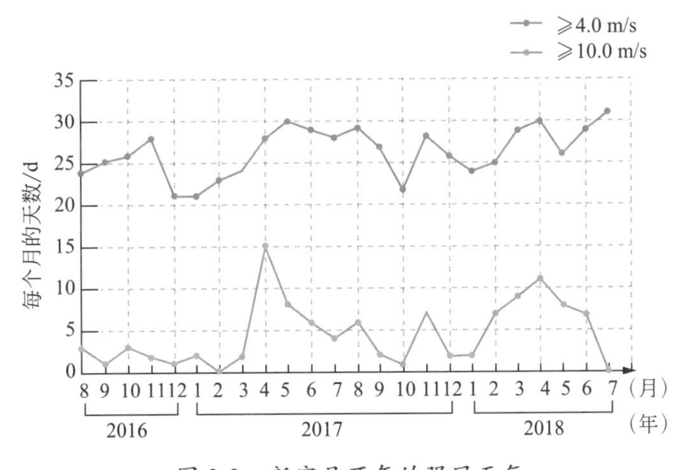

图 3-3　新宾县两年的强风天气

3.2.3　风沙侵蚀条件

风沙天气对建筑遗产危害很大。构成风沙天气需要具备 2 个要素：一是充足能移动的沙尘源；二是足以将沙尘吹扬的风力。辽宁省的沙尘源主要是中国的黄土高原和科尔沁沙地，分别位于辽宁省的北部和西部，辽宁省正处于下风向，一旦出现风沙天气，建筑遗产就会遭受风沙侵害。风沙对建筑遗产产生冲击力，其作用的强度和颗粒粒径与形状、颗粒冲击速度与冲击角度、风沙流通量以及被蚀物质的抗蚀性等有关，瞬间的极速大风能对建筑遗产造成破坏。起沙风速与沙粒大小关系极为密切，由表 3-5 可知，风速达到 4.0 m/s，即可引起沙粒移动。

表 3-5　起沙风速与沙粒直径关系

沙粒直径 /mm	起沙风速 /（m/s）
>0.10 ～ ≤0.25	4.0
>0.25 ～ ≤0.50	5.6
>0.50 ～ ≤1.00	6.7
>1.00	7.1

沙子或其他颗粒材料的侵蚀是一个至关重要的课题。风沙侵蚀（wind and sand erosion）是指土壤颗粒或沙粒在气流冲击作用下脱离地表，被搬运和堆积的一系列过程中，以及随风运动的沙粒在打击建筑表面的过程中，使建筑表面剥离，出现擦痕和蜂窝的现象。风沙侵蚀对建筑遗产的作用可以分为吹蚀和磨蚀。吹蚀（deflation）又称净风侵蚀，是指当风吹经建筑表面时，由于风的动压力作用等，将建筑表面的松散沉积物或基层风化物吹走，使建筑表面遭到破坏的现象。磨蚀（abrasion）又称作风沙流侵蚀。当风沙流（挟沙气流）吹经建筑表面时，由运动沙粒撞击建筑表面而引起的建筑表面破坏和物质的位移称为磨蚀。磨蚀强度一般要比吹蚀大得多。当运动沙粒撞击比较坚实的建筑表面时，首先是因沙粒冲击作用破坏建筑表面，产生松散沙粒。一旦有风沙运动发生，磨蚀是风蚀的主要形式，风洞实验表明，在相同风速时挟沙风侵蚀，即磨蚀的强度是吹蚀强度的 4~5 倍。当建筑表面出现裂隙或凹坑时，风沙流还可钻入其中进行旋磨，从而加速对迎风建筑表面和建筑内部的破坏。

3.2.4　清永陵的风沙侵蚀现状

清永陵的数字化模型由前后三进院落构成。前院由正红门、显祖碑楼、兴祖碑楼、肇祖碑楼、景祖碑楼、涤器房、齐班房等构成；中院为启运门、启运殿、东配殿、西配殿等主要建筑；后院即是埋葬祖先的宝顶。西红门外有一院落为果楼和省牲厅（图 3-4）。

根据 2018 年 9 月项目组成员的实地测绘勘察，清永陵的主体建筑经过几次修缮，保存基本完好，但大部分建筑还是普遍存在受风沙侵蚀现象，古建筑屋顶、墙体、柱子、门窗、地面、台基、台阶都有吹蚀和磨蚀现象，比如屋顶、门窗洞口磨损；墙体和柱子风沙打眼、划痕；地面、台基、台阶裂缝较大；木材门窗、柱子、斗拱脱皮掉漆掉色；彩画掉漆掉色等现象（图 3-5、图 3-6）。

图 3-4　清永陵的地理位置及常年风向

（建筑物编号：1—正红门，2—涤器房，3—齐班房，4—显祖碑楼，5—兴祖碑楼，6—肇祖碑楼，7—景祖碑楼，8—膳房，9—果房，10—启运门，11—西配殿，12—东配殿，13—启运殿，14—果楼，15—省牲厅）

图 3-5　景祖碑楼风沙侵蚀现状　　图 3-6　启运殿风沙侵蚀现状

运用计算流体动力学 CFD 工具模拟风沙侵蚀建筑遗产，已经有很多相关的研究成果。胡赛因（Hussein）等提出了一个计算框架，研究西北风（在平均风速下）和西南风暴对吉萨遗址及其著名遗迹——金字塔和狮身人面像的影响，对结果进行了定性和定量处理。胡赛因等的工作是利用 CFD 对遗产侵蚀进行预测的一次非常重要的尝试。皮内达（Pineda）等提出了一种利用计算流体动力学（CFD）方法分析文物遗址含沙气流侵蚀的方法，对西班牙塔里法附近的贝洛克劳迪娅遗址的风蚀进行了计算机模拟，计算出了 3.55 kg/a 的侵蚀速率，并对 2050 年和 2100 年立柱的状态进行了侵蚀损伤预测。最早的研究成果是计算机模拟风对沙丘的侵蚀，包括相对于沙丘的风流动强度和方向、周边条件和沉积物，以及绿化植被对沙丘遭受风沙侵蚀的影响。在绿化种植防风方面，研究显示，树木的阵列间距种植方式、树种的选择、树木的形状和高度都会影响风速，在树木下部添加灌木和草坪，增加植物密度，可以提高防风效率。根据统计结果显示，风速也是影响气候环境的重要参数之一，CFD 计算机模拟在城市热岛现象、室内外人体热舒适等方面都有应用。种植绿化对城市环境和大气污染物扩散的影响也受到越来越多的关注，人们运用计算流体动力学（CFD），模拟城市、房屋、街道、植物的湍流气流，发现植被可以降低空气污染物浓度，改善城市和微气候环境。

3.2.5 CFD 数字化分析的建立

本节运用 Fluent 计算机模拟软件与 CFD 对清永陵 15 处古建筑进行绿化前、绿化后两次风沙侵蚀模拟实验。首先根据 2018 年 9 月项目组成员实地测绘的图纸，在计算机模拟软件中建立 15 处古建筑的简略模型（图 3-4）。因为实验模拟的是古建筑外环境，又要考虑将运算量控制在切实可行的范围内，所以模型仅提取古建筑屋顶、墙面、门窗、柱子、台基、地面、院内建筑布局和院墙等重要信息，过滤掉屋顶起伏、栏杆雕饰等其他较为微观的建筑信息。根据相关研究，为保证来流充分发展，模拟实验的风场计算区域是 900 m × 900 m × 80 m 的长方体区域。模型建立后，对模型进行网格划分。绿化前的模型网格包含 3 787 999 个三角形网格元素（705 296 个节点）；绿化后

（增加乔木、灌木、草坪）的模型网格包含 4 877 588 个三角形网格元素（915 931 个节点）。两次网格划分都在 15 处古建筑即风沙粒子侵蚀的主要位置进行了适当的网格细化。生成网格后将网格输入到 CFD 软件中进行绿化前、绿化后两次风沙侵蚀数值模拟。

本研究湍流模型选取标准 k-ε 方程计算，定义侵蚀模型，并选取离散相模型（discrete phase model，DPM）求解，定义极大风速为 10 m/s，设定各个风向的风速经验数值为 8 m/s、5 m/s、4 m/s、10 m/s。永陵背靠启运山，能够遮挡北风，所以风向取值为 90°~270°（图 3-4），取经验风向数值 90°、110°、120°、135°、180°、225°、240°、250°、270°，定义沙粒直径为 0.001 m。设定边界条件，采用速度入口（velocity-inlet）作为入口边界条件，采用压力出口（pressure-outlet）作为出口边界条件，计算区域上表面和左右表面采用对称（symmetry）边界条件，建筑外表面和地面采用无滑移的壁面（wall）边界条件。设定迭代计算控制精度等参数，初始化流场，设定监视器，计算求解离散化方程。设定迭代计算次数为 400 步。计算得到绿化前、绿化后两次风沙侵蚀数值模拟实验结果后，通过后处理软件将整个计算域上的结果表示出来。

在前人的研究中对于标准 k-ε 模型（standard k-ε model）有较高的引用评价，因此本研究的计算机模拟采用标准的 k-ε 模型方程式。标准 k-ε 模型是典型的二方程模型，也是目前使用最广泛的湍流模型。在关于湍动能 k 的方程的基础上，再引入一个关于湍动耗散率 ε 的方程，便形成了 k-ε 二方程模型，称为标准的 k-ε 模型。该模型是由劳恩德（Launder）和斯伯丁（Spalding）于 1972 年提出的，在模型中，表示湍动耗散率的 ε 被定义为

$$\varepsilon = \frac{\mu}{\rho}\overline{\left(\frac{\partial u_i'}{\partial x_k}\right)\left(\frac{\partial u_i'}{\partial x_k}\right)} \tag{3-1}$$

湍动黏度 μ_t 可表示成 k 和 ε 的函数，ρ 是流体密度，即：

$$\mu_t = \rho C_\mu \frac{k^2}{\varepsilon} \tag{3-2}$$

其中，C_μ 为经验常数，k 和 ε 是两个基本未知量，对应方程式为

$$\frac{\partial}{\partial t}(\rho k) + \frac{\partial}{\partial x_i}(\rho k u_i) = \frac{\partial}{\partial x_j}\left[\left(\mu + \frac{\mu_t}{\sigma_k}\right)\frac{\partial k}{\partial x_j}\right] + G_k + G_b - \rho\varepsilon - Y_M + S_k \tag{3-3}$$

$$\frac{\partial}{\partial t}(\rho\varepsilon)+\frac{\partial}{\partial x_i}(\rho\varepsilon u_i)=\frac{\partial}{\partial x_j}\left[\left(\mu+\frac{\mu_t}{\sigma_\varepsilon}\right)\frac{\partial\varepsilon}{\partial x_j}\right]+C_{1\varepsilon}\frac{\varepsilon}{k}(G_k+C_{3\varepsilon}G_b)-C_{2\varepsilon}\rho\frac{\varepsilon^2}{k}+S_\varepsilon \quad (3\text{-}4)$$

其中，G_k 是由于平均速度梯度引起的湍动能 k 的产生项，G_b 是由于浮力引起的湍动能 k 的产生项，Y_M 代表可压湍流中脉动扩张的贡献，$C_{1\varepsilon}$、$C_{2\varepsilon}$、$C_{3\varepsilon}$ 为经验常数，σ_k 和 σ_ε 分别是与湍动能 k 和耗散率 ε 对应的 Prandtl 数，S_k 和 S_ε 是用户定义的源项。

对于标准 k-ε 模型的适用性，有几点需要注意：

（1）模型中的相关系数，主要是根据一些特殊条件下的试验结果而确定的，在不同的案例讨论不同的问题时，会产生不同的数值，因此需要在数值计算过程中针对特定的问题寻求更合理的数值。

（2）当雷诺数比较低时，例如在接近墙壁处的流动，湍流发展并不充分，其影响不如分子黏性的影响大，流动可能产生层流状态，因此，对于低雷诺数流动的使用便会产生问题，常用的解决方法有两种：利用壁面函数法以及采用低雷诺数的 k-ε 模型。

（3）标准 k-ε 模型在用于强旋流、弯曲壁面流动或弯曲流线流动时，会产生一定的误差，原因在于标准 k-ε 模型对于雷诺（Reynolds）应力的各个分量假定黏度系数是相同的，而在弯曲流线的情况下，湍流是多向性的，此为标准 k-ε 模型之缺点，但本计算问题并无过多弯曲流动的情形，故采用此湍流模型足以解答类似问题。

3.2.6 风沙侵蚀数字化结果分析

根据建筑遗产绿化前风沙侵蚀压强云图和风沙颗粒轨迹图可以看出（图 3-7、图 3-8），清永陵建筑遗产绿化前风沙侵蚀存在以下几种现象。

（1）院落布局和院墙高度影响风沙侵蚀程度。清永陵前院院墙高度 2.2 m，共有 9 处古建筑，有 6 处古建筑有 30 Pa 以上的压强；中院院墙高度 4.2 m，共有 3 处古建筑被高大的院墙环绕，南面有前院阻挡风沙，西面有果楼、省牲厅院落阻挡风沙，中院 3 处古建筑压强数值都在 30 Pa 以下。清永陵第一进院落比第二进院落受风沙侵蚀严重，说明院落和院墙对风沙侵蚀能起

图 3-7　清永陵绿化前的风压和沙粒运动轨迹（黑色带箭头的线是沙粒运动轨迹）

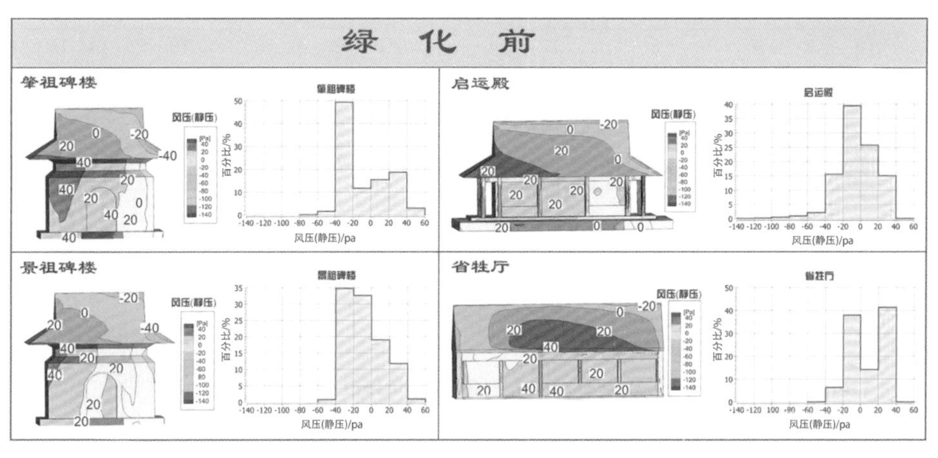

图 3-8　绿化前古建筑风压（静压）图

到重要的防御作用。

（2）地理位置影响风沙侵蚀程度。清永陵整体地理位置向东倾斜将近 40º，所以清永陵古建筑的西面比东面压强数值大，受风沙侵蚀程度大。

（3）建筑构件转角处受风沙侵蚀比较严重。根据压强云图可以很清楚地看出，清永陵古建筑超过 40 Pa 以上的压强大都是建筑构件的转角处，包括建筑转角处的屋顶、墙体、柱子、台基台阶（图 3-9）。

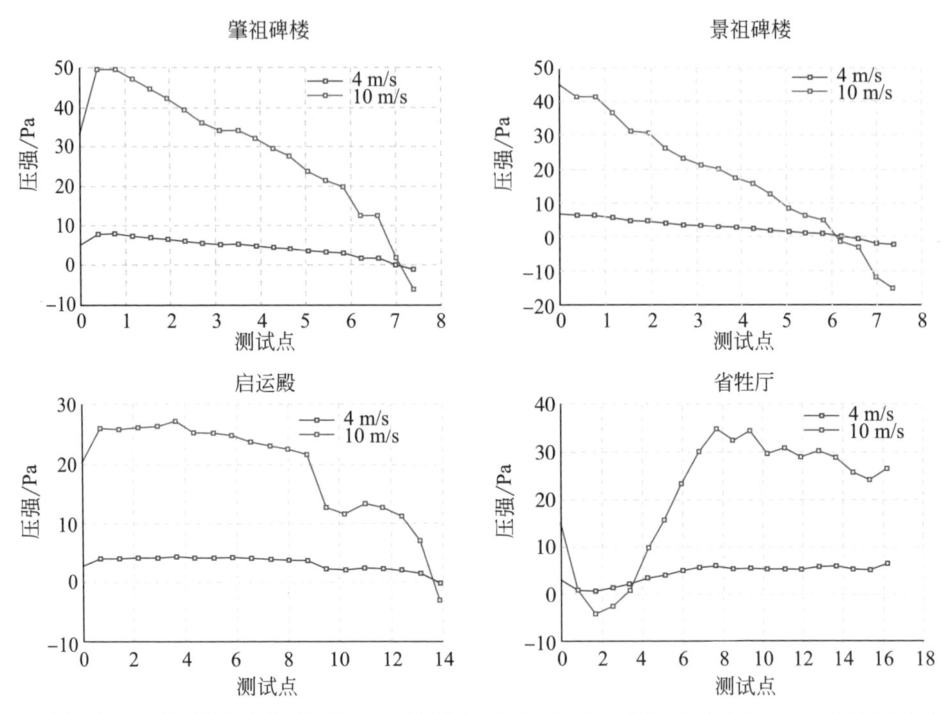

建筑转角处风压（平均值）/Pa				
风速 m/s	肇祖碑楼	景祖碑楼	启运殿	省牲厅
4	4.57	2.80	3.24	4.47
10	29.33	17.58	19.20	20.87

图 3-9 绿化前古建筑转角处的风压

（4）漩涡风夹角是受风沙侵蚀程度较大的地方。15 处古建筑墙、柱子和台阶与地面的内夹角，正红门和启运门西侧与院墙的内夹角这些地方都形成了漩涡风，压强在 20~40 Pa，建筑受风沙侵蚀程度也比较严重（图 3-10）。

（5）门窗孔洞也是侵蚀程度比较大的部位。15 处古建筑的门洞、开窗孔洞处的压强都比墙面处压强高出 10~20 Pa 左右（图 3-11）。

（6）坡屋顶檐下受风沙侵蚀也比较严重，是因为起沙风力都是从沙地和本地地面扬起风沙，所以下层风携带风沙的颗粒密度更大。因此风沙对古建筑的下层比对古建筑的上层侵蚀程度更大。坡屋顶檐下比檐上压强高出 10~20 Pa（图 3-12）。

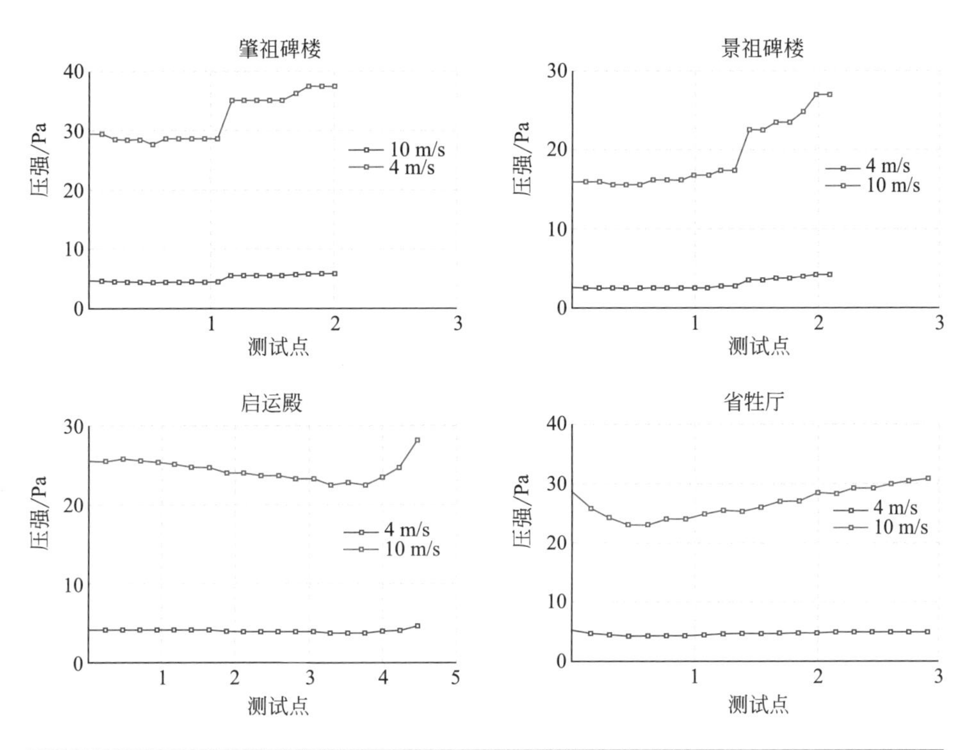

门窗开口处风压（平均值）/Pa				
风速 m/s	肇祖碑楼	景祖碑楼	启运殿	省牲厅
4	5.00	3.03	4.15	4.79
10	31.97	19.11	24.50	26.85

图 3-10　绿化前古建筑门窗开口处的风压

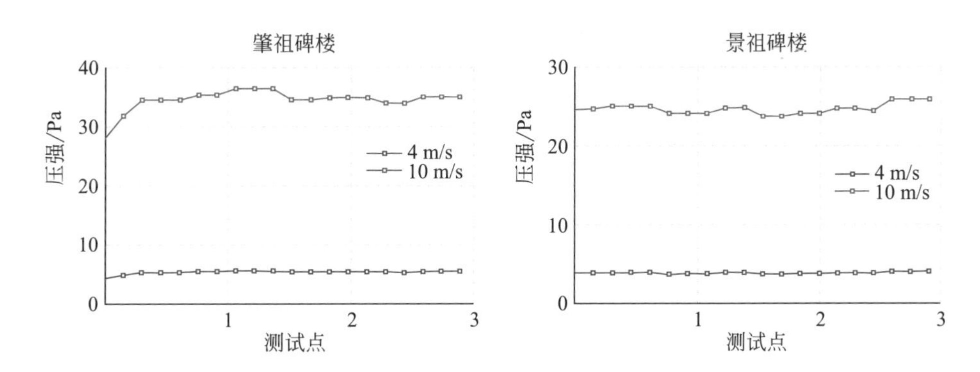

图 3-11　绿化前古建筑漩涡风交叉处的风压

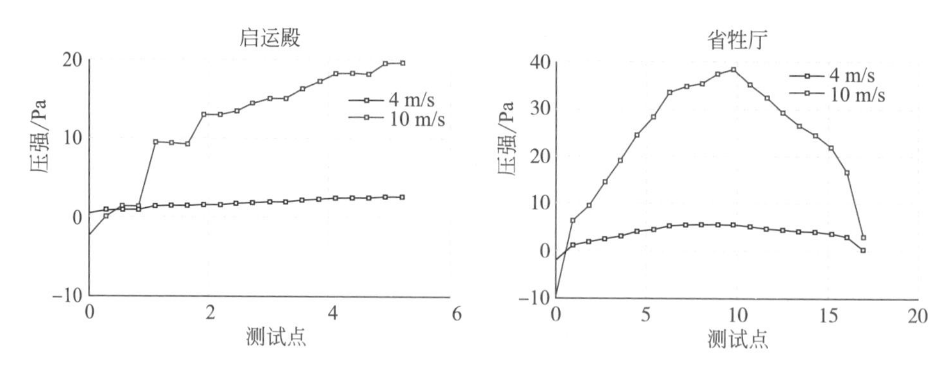

漩涡风交叉处风压（平均值）/Pa				
风速 m/s	肇祖碑楼	景祖碑楼	启运殿	省牲厅
4	5.37	3.91	1.81	3.53
10	34.45	24.67	12.02	23.07

图 3-11 （续）

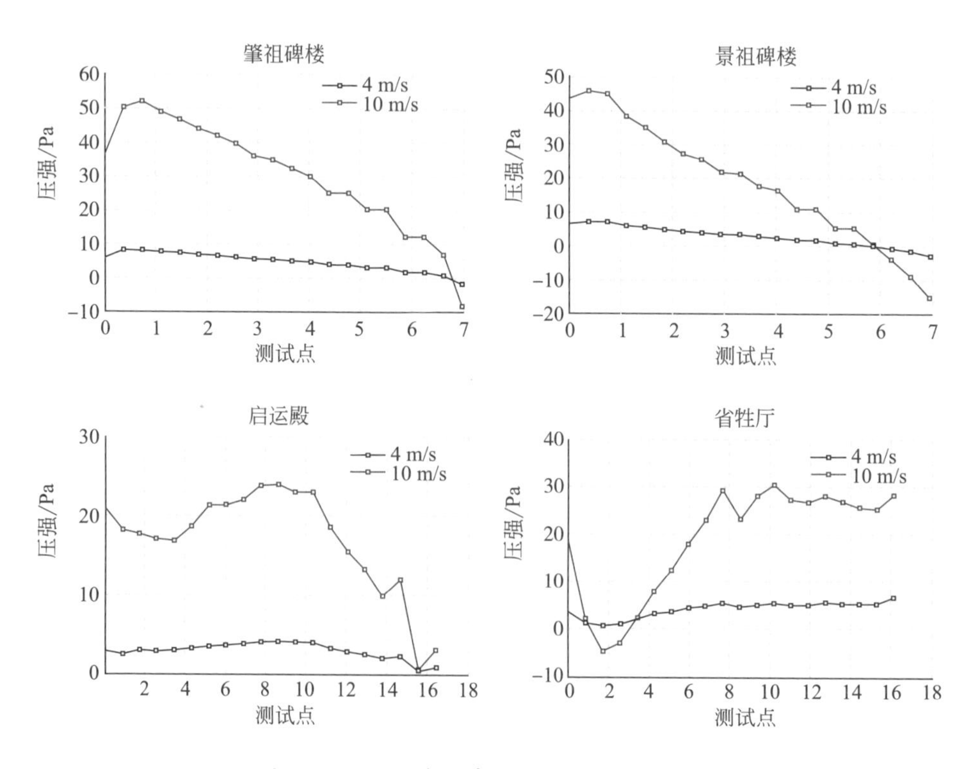

图 3-12　绿化前古建筑屋顶下面的风压

坡屋顶下面风压（平均值）/Pa				
风速 m/s	肇祖碑楼	景祖碑楼	启运殿	省牲厅
4	4.71	2.98	2.90	4.15
10	30.36	18.77	17.03	18.75

图 3-12 （续）

3.2.7　实物模型验证

为了验证模拟仿真实验的正确性，我们利用 3D 打印机制作了一个缩小比例的清永陵实物模型，用红褐色粉尘模拟绿化前风沙风蚀现象。通过清永陵缩小 3D 模型中的红褐色粉尘吹蚀实验可以看出，建筑物受风蚀影响严重的区域与上述计算机分析结果基本一致。红褐色模型粉尘的分布和密度基本显示了建筑物受到风蚀严重影响的区域。分别是建筑拐角、门窗开口部位、漩涡风交汇处、坡屋顶下方位置（图 3-13）。通过对模拟仿真结果与实际结果的比较，证明本研究具有较高的可靠性。

图 3-13　绿化前的清永陵 3D 模型（风沙侵蚀后）

3.2.8 清永陵的绿化营造措施

在研究过程中，分析古建筑与周边环境之间的关系，通过合理的绿化规划、树种选择以及科学的种植手段，绿化古建筑周边环境，使植物发挥特有的生态功能，可以改善风沙侵蚀对古建筑的破坏，达到更好地保护古建筑及其历史环境的目的（图 3-14）。

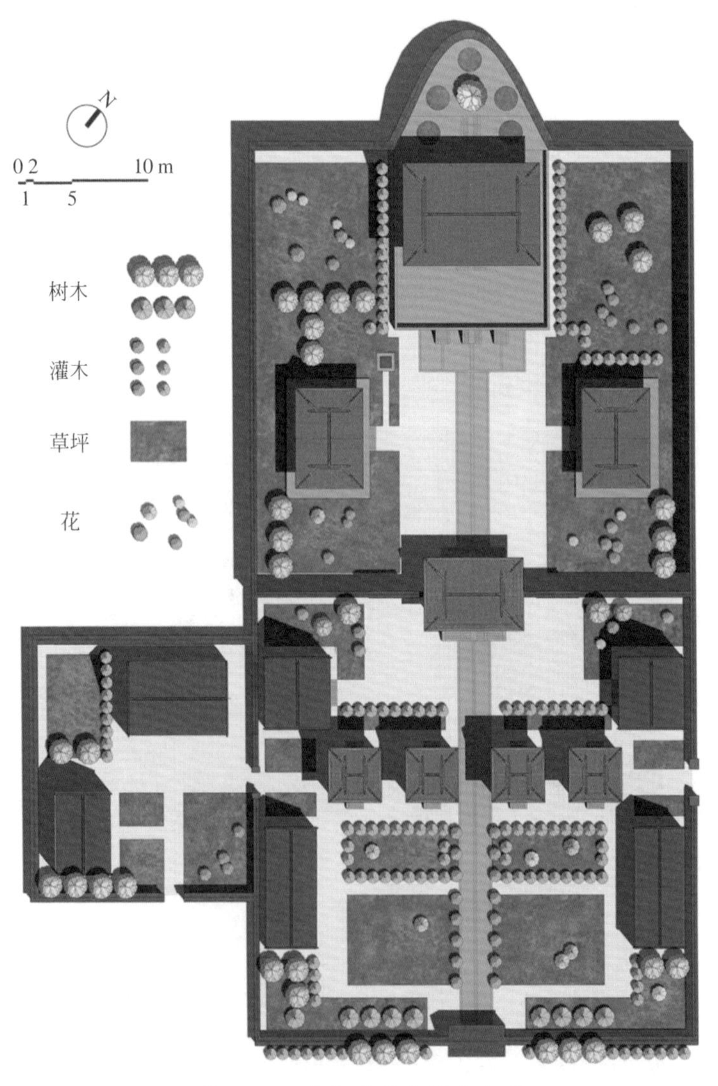

图 3-14 清永陵总体绿化方案

（1）加入绿色植被。种植树木，可有效降低风速。绿化可以起到减低气流速度，减少风沙侵蚀的作用。当气流通过树丛时会迅速减慢，由于与树干、树枝和树叶产生摩擦，消耗了能量，大约能减少 48% 的风能，风速随之锐减。实验证明，树高的 5~10 倍的距离范围内防风效果最好。

（2）种植防风绿地草坪。由于草坪植被的存在，分散了地面上一定高度内的风动量，减弱了近地表处的风力作用，使近地表处平均风速随植被覆盖度的增大而明显降低；加上草坪植被覆盖地表，避免了气流和风沙流直接吹蚀地表，因此随着植被覆盖度的提高，临界起沙风速明显提高。

（3）采用乔木、灌木、草坪多层次的绿化布置方式。当风速达到并超过起动风速时，地表上的沙粒便开始移动，产生风沙运动，形成风沙流。依据沙粒运动的主要动量来源以及风力、颗粒大小和质量的不同，拜格诺（R. A. Bagnold）最早将沙粒运动划分为蠕移、跃移和悬移 3 种基本形式。高度不同的草坪、灌木和乔木配合可以将低处的气流偏转吹向远离古建筑的上空。乔木可以减少高空沙粒侵蚀，灌木可以减少中空沙粒侵蚀，草坪可以减少低空沙粒侵蚀。

（4）列植种植乔木和灌木的配置方式。栽种成一列的树木其密度达到一定程度的话，风不易透过密度高的植被，防风效果非常明显。在正红门南侧、启运门南侧、省牲厅南侧和院墙内侧种植大乔木，行距为 5~8 m；在正红门北侧和启运门南侧种植中小乔木，行距为 3~5 m；在第一进院落主要道路两侧种植大灌木，行距为 2~3 m，在涤器房南侧、齐班房南侧、四祖碑楼南北两侧、启运殿东西两侧、果楼西侧种植小灌木，行距为 1~2 m，形成成排的挡风屏障，起到很好的防风效果。

（5）防风效果与树冠大小和树木高度有关。绿化应尽量选用树冠形状比较整齐，树冠直径大于 5 m，树木高度略高于古建筑的树种。在下风侧树高的 3~5 倍距离处风速可以减弱 35%。风速的减弱还与树木密度有关，树枝郁闭度在 60%、灌木郁闭度在 50% 左右时，防风效果较佳。

（6）选择防风树种。树木降低风速的效果因树木的种类、形状的差异而不同。树木虽然能承受与风速相对应的压力，但是高风速时，由于枝叶瑟缩，抗力系数会下降。秋冬季落叶后的乔木几乎没有什么降低风速的作用，应尽量选用松、柏等常绿植物。永陵镇处于北温带，冬季较长，大部分喜温湿气候的植物在这里不能生长，这里的优势树种主要是红松。红松为常绿乔木，高可达 40 m，防风效果非常显著。

（7）左右对称式种植植被。乔木、灌木和草坪的种植方式参考了皇家陵墓建筑群的布局，基本按照左右对称式的方式配置，可起到强调主要古建筑的作用。在一进院落和二进院落按陵墓中轴线对称种植乔木、灌木和草坪。在正红门入口处、中轴道路两侧、中轴建筑物两侧对称种植绿色植被。

（8）景观和视线分析。为了能更好地观赏清永陵的主要古建筑，如一进院落的四祖碑楼和二进院落的三座大殿。在这 7 处建筑前种植灌木和草坪，不种植高大的乔木，建筑两侧也尽可能减少种植高大的乔木，尽量保证场地开阔，避免树木遮挡视线（图 3-15）。

图 3-15 景观与视线分析

3.2.9 清永陵绿化后的结果分析

清永陵实施绿化后，根据建筑遗产绿化后风沙侵蚀压强云图和风沙颗粒轨迹图（图 3-16、图 3-17）可知，15 座古建筑的关键构件和关键部位受风侵蚀的程度减少（图 3-18~ 图 3-21）。通过绿化后的数值模拟结果可知：

（1）绿化后，大部分古建筑被风侵蚀的程度降低。肇祖碑楼风压为 40~60 Pa，绿化后的平均风压较绿化前降低 1.90 Pa；景祖碑楼风压为 20~40 Pa，绿化后的平均风压较绿化前减小 2.05 Pa；启运殿风压为 20~40 Pa，绿化后的平均风压较绿化前增大 4.76 Pa；省牲厅风压为 20~40 Pa，绿化后的平均风压比绿化前减小 37.92 Pa。建筑构件转角、门窗开口、漩涡风交汇处、坡屋顶下方位置的高风压降低（图 3-17）。

（2）绿化后，墙角建筑构件受风侵蚀程度降低。由图 3-18 可以清楚地看到，风速达到 10 m/s 时，肇祖碑楼拐角处的平均风压比绿化前减小 1.93 Pa；景祖碑楼建筑拐角平均风压比绿化前减小 0.41 Pa；启运殿拐角处的平均风压较绿化前减小 9.21 Pa；省牲厅拐角处的平均风压较绿化前减小 9.29 Pa。

（3）绿化后，门窗开口处受风侵蚀程度降低。由图 3-19 可知，风速达到 10 m/s 时，肇祖碑楼门窗开口处平均风压较绿化前减小 4.46 Pa；景祖碑楼建

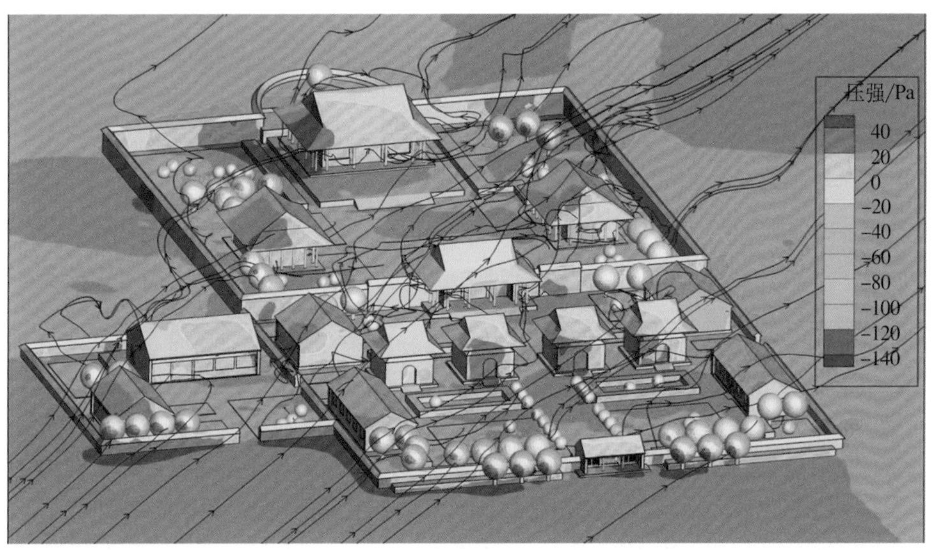

图 3-16　清永陵绿化后的风压和沙粒运动轨迹（黑色带箭头的线是沙粒运动轨迹）

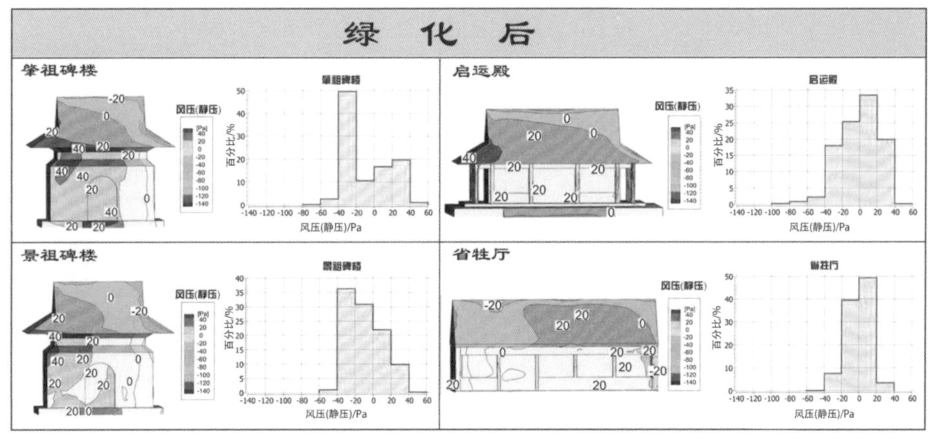

图 3-17　绿化后古建筑风压（静压）图

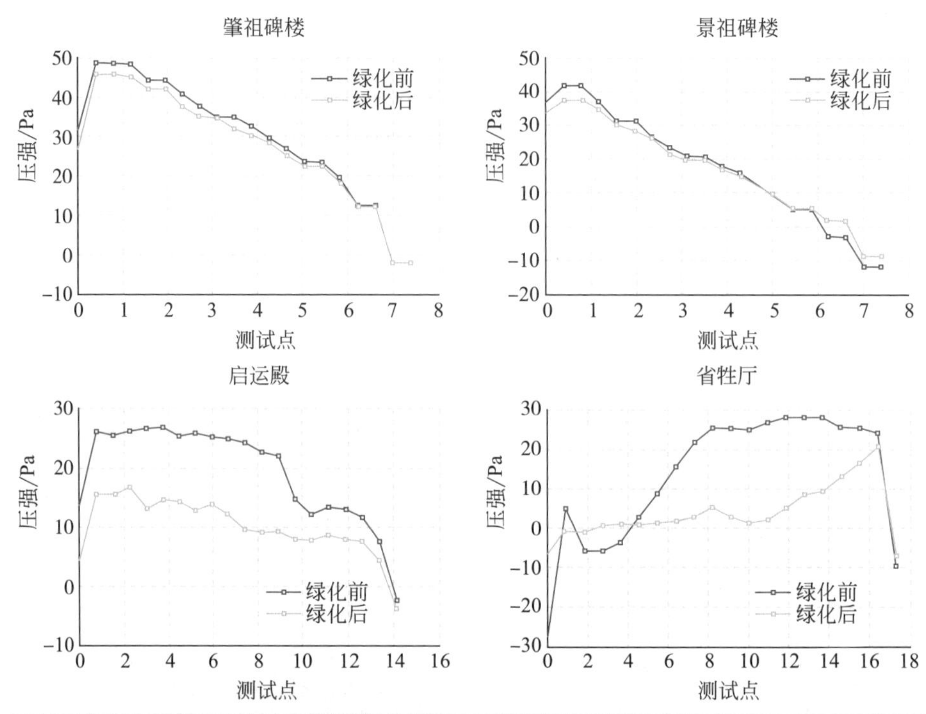

建筑转角处风压（平均值）/Pa				
	肇祖碑楼	景祖碑楼	启运殿	省牲厅
绿化前	29.48	17.25	19.24	12.96
绿化后	27.55	16.84	10.03	3.67

图 3-18　绿化后古建筑转角处的风压（风速为 10 m/s）

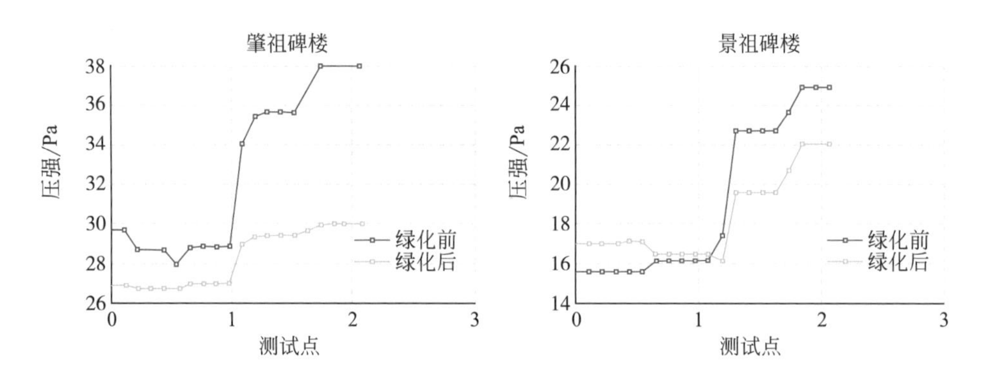

图 3-19　绿化后古建筑门窗开口处的风压（风速为 10 m/s）

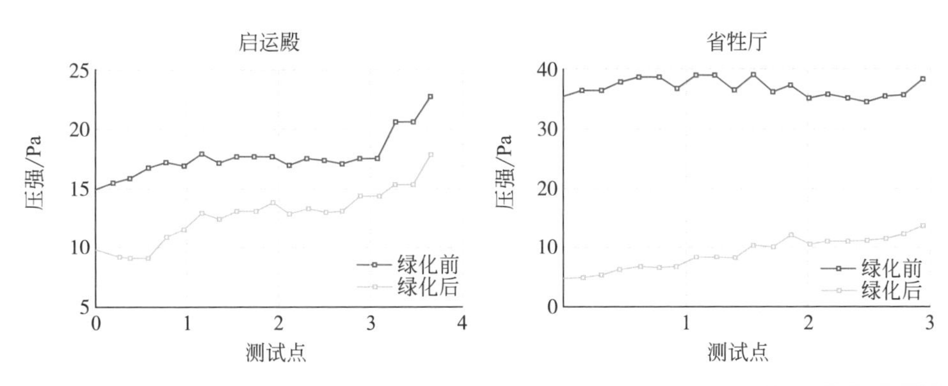

门窗开口处风压（平均值）/Pa				
	肇祖碑楼	景祖碑楼	启运殿	省牲厅
绿化前	32.69	19.04	17.59	36.85
绿化后	28.23	18.29	12.71	9.00

图 3-19 （续）

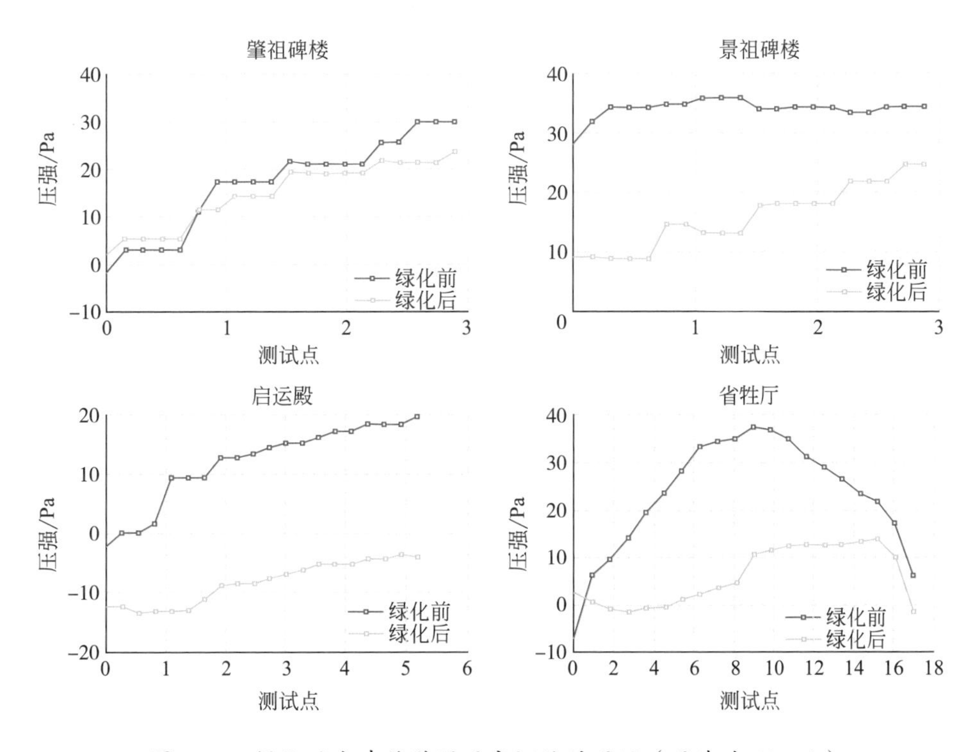

图 3-20　绿化后古建筑漩涡风交汇处的风压（风速为 10 m/s）

漩涡风交汇处风压（平均值）/Pa				
	肇祖碑楼	景祖碑楼	启运殿	省牲厅
绿化前	16.84	34.14	11.78	23.02
绿化后	14.78	15.99	–8.36	5.96

图 3-20 （续）

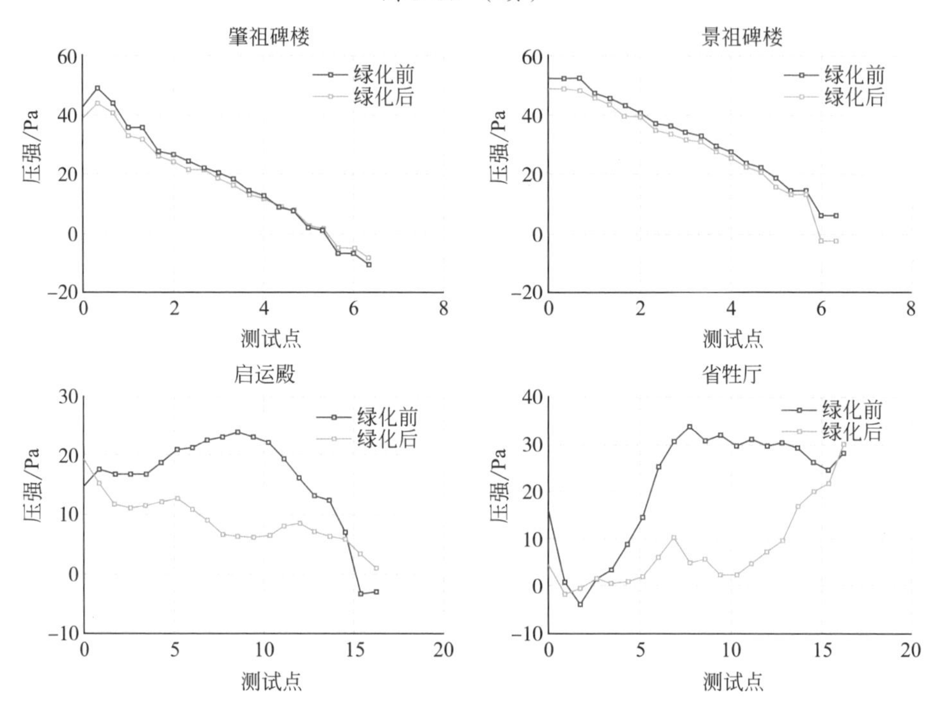

坡屋顶下面风压（平均值）/Pa				
	肇祖碑楼	景祖碑楼	启运殿	省牲厅
绿化前	18.48	31.94	16.04	21.04
绿化后	17.41	29.02	8.97	7.46

图 3-21　绿化后古建筑屋顶下面的风压（风速为 10 m/s）

筑门窗开口处平均风压比绿化前减小 0.75 Pa；启运殿门窗开口处平均风压比绿化前减小 4.88 Pa；省牲厅门窗开口处平均风压比绿化前减小 27.85 Pa。

（4）绿化后，漩涡风交汇处受风侵蚀程度降低。如图 3-20 所示，可以清楚地看到，当风速达到 10 m/s 时，在肇祖碑楼漩涡风交汇处的平均风压比绿化前减小了 2.06 Pa；景祖碑楼在漩涡风交叉口处的平均风压比绿化前减小

18.15 Pa；启运殿漩涡风交汇处平均风压比绿化前减小 20.14 Pa；与绿化前相比，省牲厅漩涡风交汇处平均风压减小 17.06 Pa。

（5）绿化后，坡屋顶下部被风侵蚀的程度降低。由图 3-21 可以清楚地看到，风速达到 10 m/s 时，在肇祖碑楼的坡屋顶下部位置的平均风压比绿化前减小 1.07 Pa；景祖碑楼建筑坡顶下部的平均风压比绿化前减小 2.92 Pa；启运殿坡屋顶下部的平均风压比绿化前减小 7.07 Pa；省牲厅坡屋顶下部的平均风压比绿化前减小 13.58 Pa。

根据绿化前、绿化后两次数值模拟实验计算结果，还可以及时地提出相应的建筑遗产受风沙侵蚀严重的重点构件和重点部位的预防加固措施。例如可以修复屋顶、墙体、地面、台基、台阶的破损石砖，填补裂缝、掉角、塌陷、缺失，喷洒合适浓度的防风化溶液，对门窗、柱子、斗拱的裂缝、脱皮、磨损进行填补，重新涂漆，对彩画颜料渗透加固。对室外裸露地面适当增加软覆盖，如种植树木、建植草坪，进一步加强防御风沙侵蚀的植被生态屏障。

3.3 清福陵风沙侵蚀的数字化分析

3.3.1 沈阳地区沙尘天气的气象特征

1. 主要沙尘源

沈阳地区沙尘天气多发生在春季 4、5 月份，而浮尘天气则一年四季均有发生。沈阳地区沙尘的主要来源是科尔沁沙地及其南缘康平、法库和彰武县沙质土壤。不合理的耕作方式，致使耕地表面风蚀严重，耕地沙化现象日趋加重。辽浑流域沙质平原耕地，柳河两岸沙岗、河漫滩沙地以及沈阳市郊河间沙丘群亦是沈阳市沙尘的主要来源。沈阳市浮尘除述及的沙尘源外，还有来自西北、内蒙古中西部、蒙古国以及沈阳市区建筑工地、工业和民用燃煤、裸露耕地、市区裸露地面及公路扬尘。

2. 扬沙的自然条件分析

沈阳地区位于北纬 41°12'~43°02'，东经 122°25' ~ 123°48'，地处北半球亚欧大陆东部，中纬西风环流带内，属于大陆性季风气候。

1）浮尘的气象条件

中国中西部的黄土高原与沈阳地区同处于西风环流带内，高空全年盛行西风。黄土高原的黄土被强风卷起，升入高空，随着高空冷涡东移，将黄土带至沈阳地区上空，造成浮尘天气，在适宜条件下，降落到地面，即谓天降黄土。

2）扬沙的热力条件——温度

沈阳地区年平均气温为 6 ~ 8℃。7 月平均气温为 23 ~ 24℃，1 月平均气温为 –13 ~ –11℃。地面最高温度出现在 7 月，为 63℃，最低温度出现在 1 月，为 –38℃，高低相差 101℃。地面沙层融冻风化严重，为沙地沙粒活动提供了有利的热力条件。近几十年来，沈阳地区气温年平均升高近 1℃，更促进了地面沙粒活动性的提高。

3）扬沙的水力条件——降水

沈阳地区年降水量为 500 ~ 700 mm，西部和北部的沙地分别在 600 mm 和 500 mm 以下。

4）扬沙的动力条件——风

沈阳地区冬季盛行偏北风，以北西风为最多，夏季以南风为主，春秋季南北风交替，见表 3-6。

表 3–6　沈阳地区各月主要风向及频率

月份	1	2	3	4	5	6	7	8	9	10	11	12
主要风向	N	N	N	SSW	SSW	S	S	S	S	N	N	N
频率 /%	13	14	12	14	17	18	19	14	12	11	13	13

沈阳地区年平均风速为 2.9 ~ 4.0 m/s，最大风速为 23.0 m/s（表 3-7），≥6 级的大风日数年平均为 71.5 天，≥8 级大风日数年平均为 49.2 天（表 3-8）。大风主要出现在 3 ~ 5 月，此时大风日数占全年的 45%。

表 3-7 沈阳地区各月风速

月份	1	2	3	4	5	6	7	8	9	10	11	12
平均风速 /（m/s）	2.5	2.7	3.2	3.8	3.6	2.9	2.5	2.4	2.4	2.8	3	2.6
最大风速 /（m/s）	14	18.7	18.7	18.3	20	23	16	13.7	15.3	15.7	16	16

表 3-8 沈阳地区各月大风日数（天）

月份		1	2	3	4	5	6	7	8	9	10	11	12	全年
风级	≥6 级	4.1	5.9	9.0	11.7	11.2	5.1	3.1	2.2	3.4	5.8	6.0	4.0	71.5
	≥8 级	2.2	4.3	6.4	9.9	9.0	3.6	1.5	1.1	1.8	3.0	4.0	2.4	49.2

3.3.2 清福陵模型和边界条件的设定

1. 模型建立及网格划分

根据 2016 年 10 月—2017 年 2 月项目组成员的实地调研勘察，沈阳清福陵的主体建筑虽然保存基本完好，但大部分建筑普遍被侵蚀，存在屋顶、墙体、地面、台基、台阶有裂缝、掉角、塌陷、缺失，门窗、柱子、斗拱干裂脱皮掉漆掉色，门槛、窗棂磨损严重，彩画掉漆掉色等现象。本研究对清福陵方城及方城内的古建筑进行风沙侵蚀数值模拟分析。清福陵方城由隆恩门、隆恩门楼、东南角楼、西南角楼、隆恩殿、东配殿、西配殿、明楼、东北角楼、西北角楼共 10 处古建筑与方城城墙组成。另外，方城外地面和方城内地面铺砌的砖石也是需要保护的建筑遗产，也要进行风沙侵蚀数值模拟实验。

根据项目组成员的实地测绘图纸，首先在 ANSYS Workbench 平台的 Design Modeler 几何建模软件中建立清福陵方城及方城内古建筑的简略模型，因宝城对模拟实验也有一定影响，所以也建了一部分宝城的简略模型。为了将运算量控制在切实可行的范围内，仅提取建筑模型的重要信息，过滤掉屋顶起伏、栏杆雕饰等较为微观的建筑信息。根据相关研究，为保证来流充分发展，设定模拟实验的风场计算区域是 670 m × 630 m × 100 m 的长方体区域。然后在 ANSYS Meshing 中进行高质量网格划分，对古建筑及细部主要区域进行网格加密，形成 0.1~20 m 不等的分析网格。生成网格后将网格模型输入到 Fluent 软件中进行风沙侵蚀数值模拟。

2. 边界条件及计算设置

Fluent 软件提供了多种研究湍流的方法，本研究选取标准的 k-epsilon（2 eqn）湍流模型计算方程，并采取可以模拟颗粒对墙壁腐蚀作用的离散相模型（DPM），定义空气为连续相，风沙颗粒为离散相。计算中定义主导风向 inlet 的边界条件是速度进口（velocity-inlet），定义出口的边界条件是压力出口（pressure-outlet），定义建筑所有外表面和室外地面是无滑移的壁面边界条件(wall)。沈阳地区一般在 3~4 级风力条件下，约有 40%~50% 的沙粒可移动。本研究选取沈阳地区春季 5 月份以西南风、西北风为主的 4 级风，在起沙风速 11.4 m/s，沙粒直径 1.00 mm 的风场情况下，分别进行两次数值模拟。最后设置迭代步数为 400 步，计算结果。

3.3.3 风沙侵蚀数字化结果分析

通过 Fluent 软件的两次模拟计算，实验生成两个计算结果，分别是：沈阳春季 5 月份西南风对清福陵方城及方城内的古建筑风沙侵蚀数值模拟压强云图，沈阳春季 5 月份西北风对清福陵方城及方城内的古建筑风沙侵蚀数值模拟压强云图（图 3-22、图 3-24）。

为了使实验结果更加清晰，对西南风、西北风各选取 6 个典型水平截面的压强云图，分析随着高度增加，风沙侵蚀对清福陵方城及方城内的古建筑产生的变化。典型水平截面选取高度分别为 1 m、3 m、6 m、8 m、12 m、18 m（图 3-23、图 3-25）。

1. 西南风数值模拟计算结果

根据图 3-22、图 3-23，可以将沈阳春季 5 月份西南风对清福陵建筑遗产风沙侵蚀程度分为 10 个等级（表 3-9），分别是：10 级（80.52 ~ 60.05Pa），9 级（60.05 ~ 39.58Pa），8 级（39.58 ~ 19.11Pa），7 级（19.11 ~ –1.358Pa），6 级（–1.358 ~ –21.83Pa），5 级（–21.83 ~ –42.30Pa），4 级（–42.30 ~ –62.77Pa），3 级（–62.77 ~ –83.24Pa），2 级（–83.24 ~ –103.7Pa），1 级（–103.7 ~ –124.2Pa）。

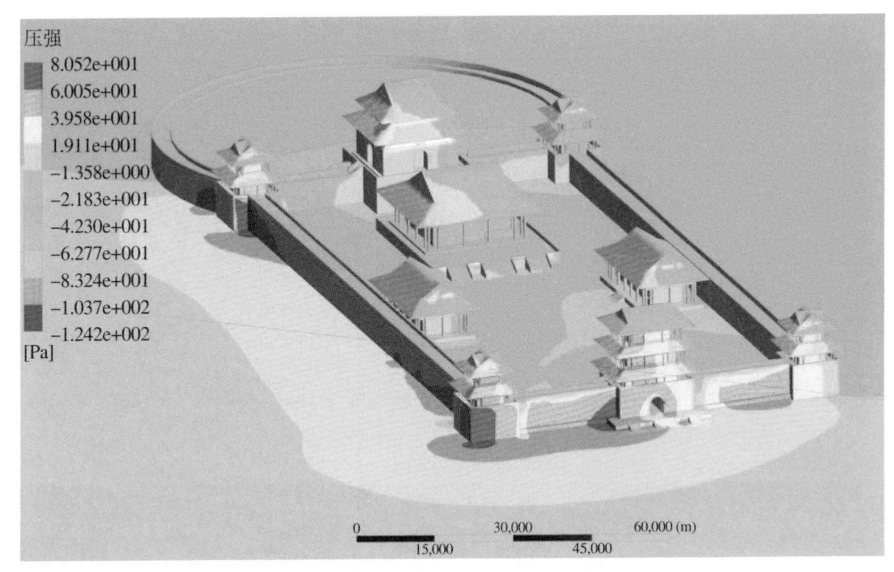

图 3-22　西南风数值模拟压强云图

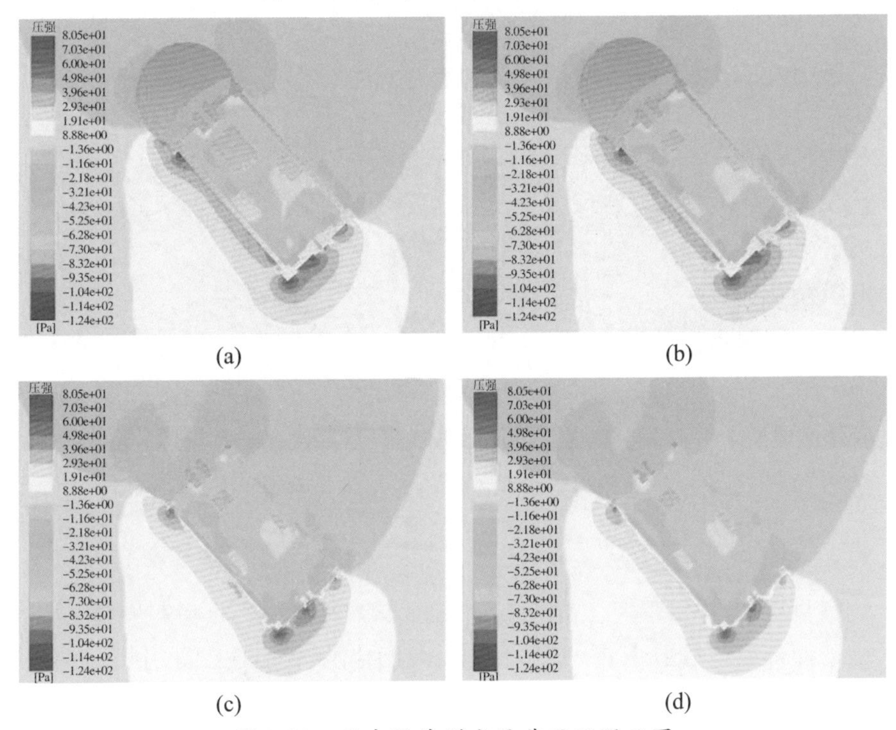

图 3-23　西南风典型水平截面压强云图

（a）1 m 高处压强云图；（b）3 m 高处压强云图；（c）6 m 高处压强云图；（d）8 m 高处压强云图；（e）12 m 高处压强云图；（f）18 m 高处压强云图

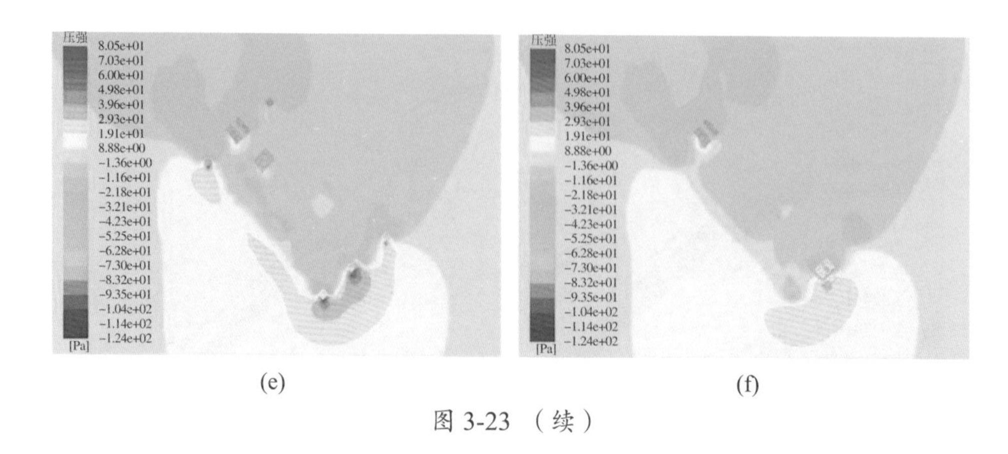

(e) (f)

图 3-23（续）

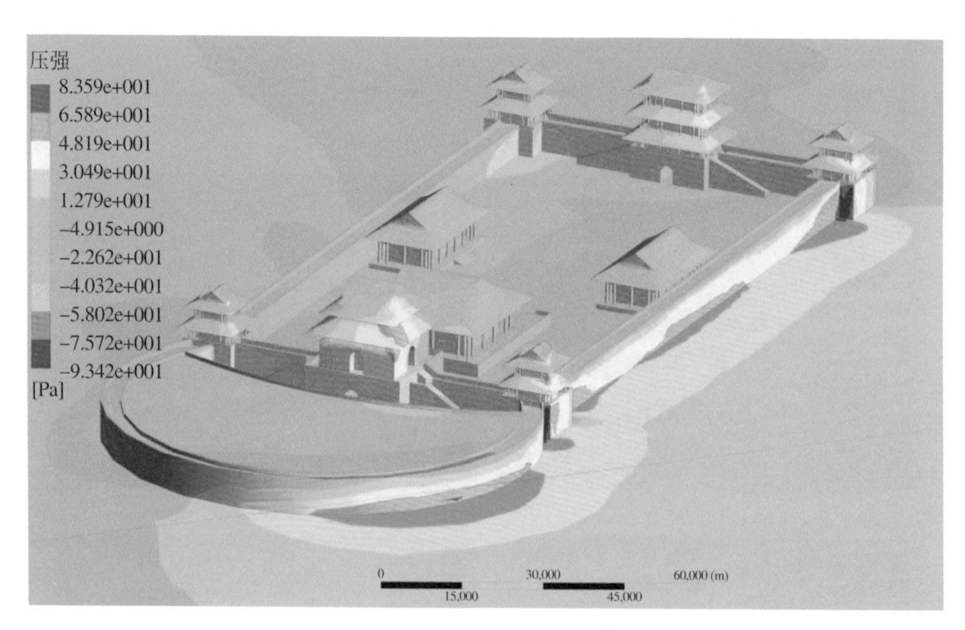

图 3-24　西北风数值模拟压强云图

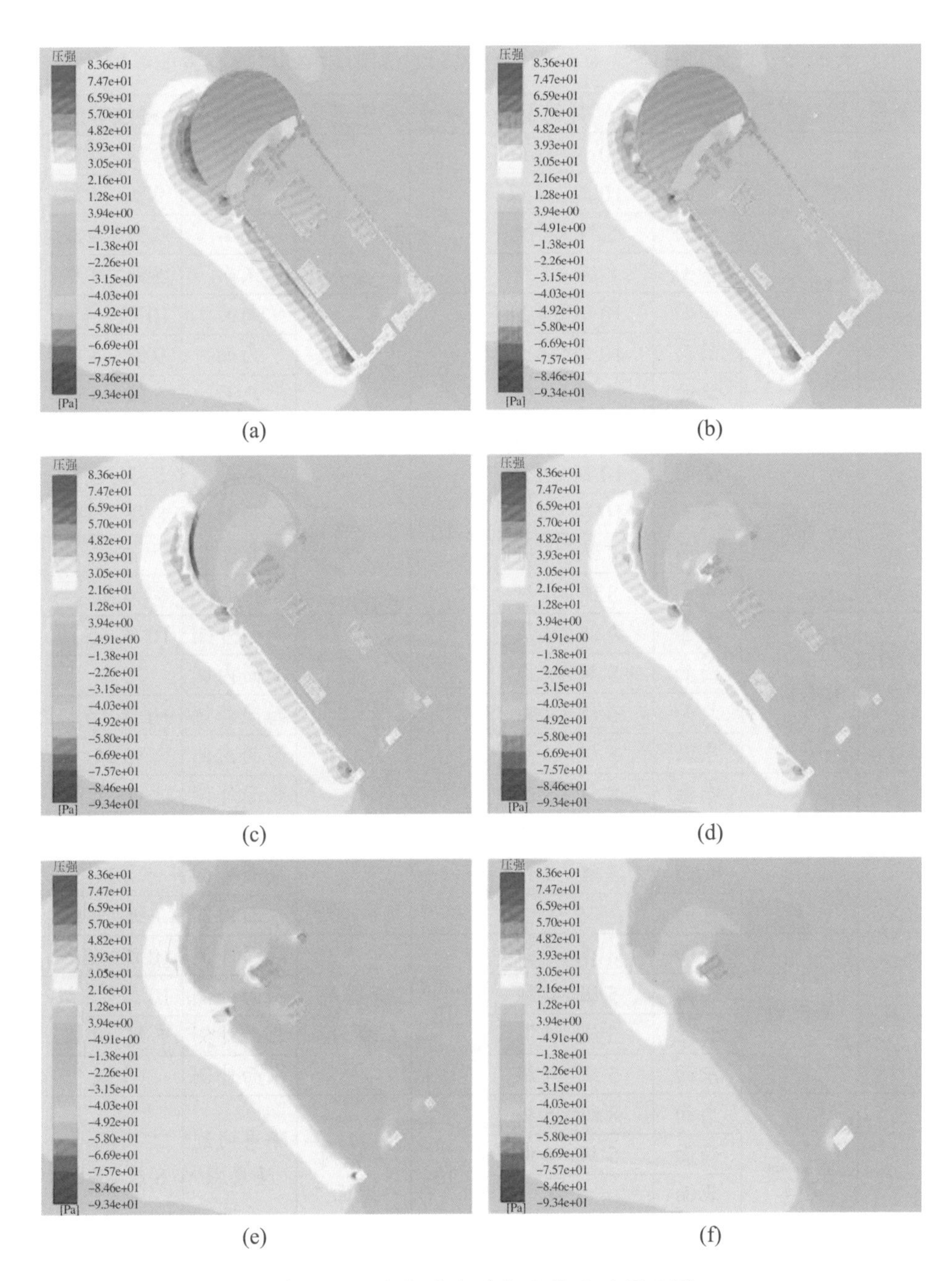

图 3-25　西北风典型水平截面压强云图

（a）1 m 高处压强云图；（b）3 m 高处压强云图；（c）6 m 高处压强云图；（d）8 m 高处压强云图；（e）12 m 高处压强云图；（f）18 m 高处压强云图

表 3-9　沈阳地区春季 5 月份西南风对清福陵建筑遗产风沙侵蚀等级

序号	建筑名称	朝向	侵蚀等级	序号	建筑名称	朝向	侵蚀等级
1	隆恩门	南面	10 级 ~7 级	8	明楼	南面	8 级 ~4 级
		西面	10 级 ~4 级			西面	9 级 ~4 级
		北面	5 级 ~4 级			北面	5 级 ~4 级
		东面	8 级 ~4 级			东面	5 级 ~4 级
2	隆恩门楼	南面	10 级 ~4 级	9	西北角楼	南面	10 级 ~4 级
		西面	10 级 ~4 级			西面	9 级 ~4 级
		北面	5 级 ~4 级			北面	5 级 ~4 级
		东面	8 级 ~4 级			东面	5 级 ~4 级
3	西南角楼	南面	10 级 ~4 级	10	东北角楼	南面	8 级 ~5 级
		西面	10 级 ~4 级			西面	8 级 ~5 级
		北面	8 级 ~4 级			北面	5 级
		东面	8 级 ~4 级			东面	5 级
4	东南角楼	南面	9 级 ~4 级	11	方城城墙	南面外侧	10 级 ~5 级
		西面	9 级 ~4 级			南面内侧	5 级
		北面	5 级 ~4 级			西面外侧	10 级 ~5 级
		东面	5 级 ~4 级			西面内侧	5 级
5	隆恩殿	南面	8 级 ~5 级			北面外侧	5 级 ~4 级
		西面	8 级 ~5 级			北面内侧	7 级 ~5 级
		北面	5 级 ~4 级			东面外侧	5 级
		东面	5 级			东面内侧	7 级 ~5 级
6	西配殿	南面	8 级 ~5 级	12	方城外地面	南面外侧	10 级 ~6 级
		西面	5 级 ~4 级			西面外侧	10 级 ~6 级
		北面	5 级 ~4 级			北面外侧	5 级 ~4 级
		东面	5 级 ~4 级			东面外侧	5 级
7	东配殿	南面	8 级 ~5 级	13	方城内地面	隆恩门到隆恩殿之间	8 级 ~5 级
		西面	5 级 ~4 级				
		北面	5 级				
		东面	5 级				

2. 西北风数值模拟计算结果

根据图 3-24、图 3-25，可以将沈阳地区春季 5 月份西北风对清福陵建筑遗产的风沙侵蚀程度分为10个等级（表3-10），分别是：10级（83.59~65.89 Pa），9级（65.89~48.19 Pa），8级（48.19~30.49 Pa），7级（30.49~12.79 Pa），6级（12.79~–4.915 Pa），5级（–4.915~–22.62 Pa），4级（–22.62~–40.32 Pa），3级（–40.32~–58.02 Pa），2级（–58.02~–75.72 Pa），1级（–75.72~–93.42 Pa）。

表3-10 沈阳地区春季5月份西北风对清福陵建筑遗产风沙侵蚀等级

序号	建筑名称	朝向	侵蚀等级	序号	建筑名称	朝向	侵蚀等级
1	隆恩门	南面	6级~5级	7	东配殿	南面	5级
		西面	8级~4级			西面	6级~4级
		北面	8级~4级			北面	6级~4级
		东面	7级~5级			东面	5级
2	隆恩门楼	南面	5级~3级	8	明楼	南面	7级~3级
		西面	8级~4级			西面	9级~3级
		北面	8级~4级			北面	9级~3级
		东面	5级~4级			东面	6级~4级
3	西南角楼	南面	6级~5级	9	西北角楼	南面	6级~4级
		西面	9级~3级			西面	10级~3级
		北面	10级~3级			北面	10级~3级
		东面	6级~3级			东面	6级~4级
4	东南角楼	南面	5级	10	东北角楼	南面	6级~4级
		西面	7级~4级			西面	8级~3级
		北面	7级~4级			北面	8级~3级
		东面	5级			东面	6级~4级
5	隆恩殿	南面	6级~5级	11	方城城墙	南面外侧	6级
		西面	7级~4级			南面内侧	7级~4级
		北面	7级~4级			西面外侧	10级~4级
		东面	5级			西面内侧	6级
6	西配殿	南面	6级~5级			北面外侧	10级~4级
		西面	7级~3级			北面内侧	6级
		北面	7级~3级			东面外侧	6级
		东面	6级~5级			东面内侧	7级~4级

续表

<table>
<tr><th>序号</th><th>建筑名称</th><th>朝向</th><th>侵蚀等级</th><th>序号</th><th>建筑名称</th><th>朝向</th><th>侵蚀等级</th></tr>
<tr><td rowspan="4">12</td><td rowspan="4">方城外地面</td><td>南面外侧</td><td>6 级</td><td rowspan="4">13</td><td rowspan="4">方城内地面</td><td rowspan="4">隆恩门到隆恩殿之间</td><td rowspan="4">7 级 ~4 级</td></tr>
<tr><td>西面外侧</td><td>10 级 ~6 级</td></tr>
<tr><td>北面外侧</td><td>10 级 ~6 级</td></tr>
<tr><td>东面外侧</td><td>6 级</td></tr>
</table>

3.3.4 清福陵风沙侵蚀的特点分析

根据计算结果可知，沈阳地区春季 5 月份西南风、西北风对清福陵建筑遗产风沙侵蚀存在以下几种现象：

（1）清福陵的方城是以隆恩殿为中心，被高大的城墙环绕，防御性极强的城堡形式，四角设角楼护围，正南设三层滴水式门楼作为前卫。这样的城堡形式，对风沙侵蚀也能起到防御作用。同样是西南风、西北风的侵蚀，方城内的古建筑比方城外的古建筑侵蚀等级低，侵蚀程度小。作为清福陵核心的建筑物——隆恩殿和东配殿、西配殿在对抗风沙侵蚀方面都得到了保护。

（2）由于沈阳地区春季 5 月份西南风、西北风起沙都是从沙地和本地地面扬起风沙，又由于中国中西部的黄土高原与沈阳地区同处于西风环流带内，西风携带风沙颗粒密度更大，所以清福陵建筑遗产的西面比东面受侵蚀程度大。

（3）根据压强云图可以很清楚地看出，清福陵古建筑的建筑构件转角处受风沙侵蚀最严重，侵蚀等级最高。达到侵蚀等级 10 级的大多是建筑构件的转角处，包括建筑转角处的屋顶、墙体、柱子、台基台阶。

（4）同样，清福陵古建筑的漩涡风夹角处也是受风沙侵蚀等级最大的地方。隆恩门西侧与城墙的内夹角、西南角楼北侧与城墙的内夹角、西北角楼南侧与城墙的内夹角，这些地方都形成了漩涡风。受风沙侵蚀程度也最严重。

（5）清福陵古建筑的门窗孔洞也是被侵蚀等级比较高的部位。隆恩门的门洞达到侵蚀等级 10 级。

（6）清福陵古建筑的坡屋顶檐下受风沙侵蚀也比较严重，是因为起沙风都是从沙地和本地地面扬起风沙，所以下层风携带风沙颗粒的密度更大。因此风沙对古建筑的下层比古建筑的上层侵蚀程度也更高。

通过清福陵风沙侵蚀分析，得出了沈阳地区春季 5 月份西南风、西北风对清福陵建筑遗产风沙侵蚀的重点构件和重点部位，可以及时地提出相应的建筑遗产重点构件和重点部位的预防加固措施。例如可以修复屋顶、墙体、地面、台基、台阶的破损石砖，填补裂缝、掉角、塌陷、缺失，喷洒浓度合适的防风化溶液；对门窗、柱子、斗拱的裂缝、脱皮、磨损进行填补，重新涂漆，对彩画颜料渗透加固。对室外裸露地面进行适当软覆盖，如种植树木、建植草坪，打造防御风沙侵蚀的植被生态屏障。

3.4 本章小结

本章介绍了沈阳地区清永陵病害现状及其形成原因。对清永陵、清福陵进行了风沙侵蚀的数字化分析。制作了清永陵 3D 模型进行模拟验证，得到以下结论。

1. 清永陵风沙侵蚀的数字化分析

（1）通过对清永陵绿化前数值模拟的计算结果，得出了绿化前清永陵 15 处古建筑受风沙侵蚀严重的重点构件和重点部位以及成因。

（2）提出清永陵绿化种植的具体营造策略，再进行绿化后风沙侵蚀数值模拟并分析计算结果，研究显示，清永陵 15 处古建筑绿化后明显比绿化前受风沙侵蚀程度低。

（3）对比清永陵 3D 模型和数值模拟结果中的建筑遗产绿化后风沙侵蚀压强云图和风沙颗粒轨迹图，古建筑模型的风沙侵蚀情况和数值模拟结果基本一致，说明风沙侵蚀的数字化分析可以作为建筑遗产保护研究的依据。

2. 清福陵风沙侵蚀的数字化分析

（1）清福陵的方城以隆恩殿为中心，被高大的城墙环绕。同样是受西南风、西北风的侵蚀，方城内的古建筑比方城外的古建筑受侵蚀等级低。这样作为清福陵核心的建筑物——隆恩殿和东配殿、西配殿在对抗风沙侵蚀方面都得到了保护。

（2）由于沈阳地区春季 5 月份西南风、西北风起沙风都是从沙地和本地地面扬起风沙，又由于中国中西部的黄土高原与沈阳同处于西风环流带内，西风携带风沙颗粒密度更大，所以清福陵建筑遗产的西面比东面侵蚀程度大。

（3）清福陵古建筑构件的转角处受风沙侵蚀最严重，侵蚀等级最大。古建筑的漩涡风夹角处、门窗孔洞和坡屋顶檐下受风沙侵蚀也比较严重。

第 4 章 建筑遗产热冷环境的数字化分析与保护

4.1 清福陵建筑遗产病害的现场勘察

清福陵位于沈阳东郊的东陵公园内，是清太祖努尔哈赤的陵墓，因地处沈阳东郊，故又称东陵，为盛京三陵之一。另有努尔哈赤的后妃叶赫那拉氏、博尔济吉特氏等人葬于此处。1988 年，福陵被中华人民共和国国务院公布为第三批全国重点文物保护单位之一。2004 年，包括福陵在内的盛京三陵作为明清皇家陵寝的拓展项目被列入世界文化遗产。

本书以清福陵为例，进行辽宁前清建筑遗产的夏季热环境数字化分析与保护研究。

4.1.1 建筑布局与各单体建筑形制

清福陵总面积约 194 800 m^2，古建筑以神道为中轴线对称分布，平面布局规整，层次分明，由南向北依次为下马碑、石牌坊、望柱、正红门、石像生、一百零八蹬、神功圣德碑及碑亭、方城、隆恩门、角楼、隆恩殿、东配殿、西配殿、明楼、宝城、宝顶等（图 4-1）。

(a)　(b)　(c)　(d)

图 4-1　清福陵的古建筑

（a）碑亭；（b）隆恩殿；（c）隆恩门；（d）明楼

4.1.2　病害现状及形成原因分析

清福陵建筑保存了原建筑格局，主体建筑基本完好，但现存大部分建筑年久失修，普遍存在地面、台基石材有裂缝、掉角、塌陷、缺失，台基被侵蚀，墙体、柱子掉漆，门槛磨损严重，彩画掉色，瓦顶长草，人为刻画等现象（图 4-2）。

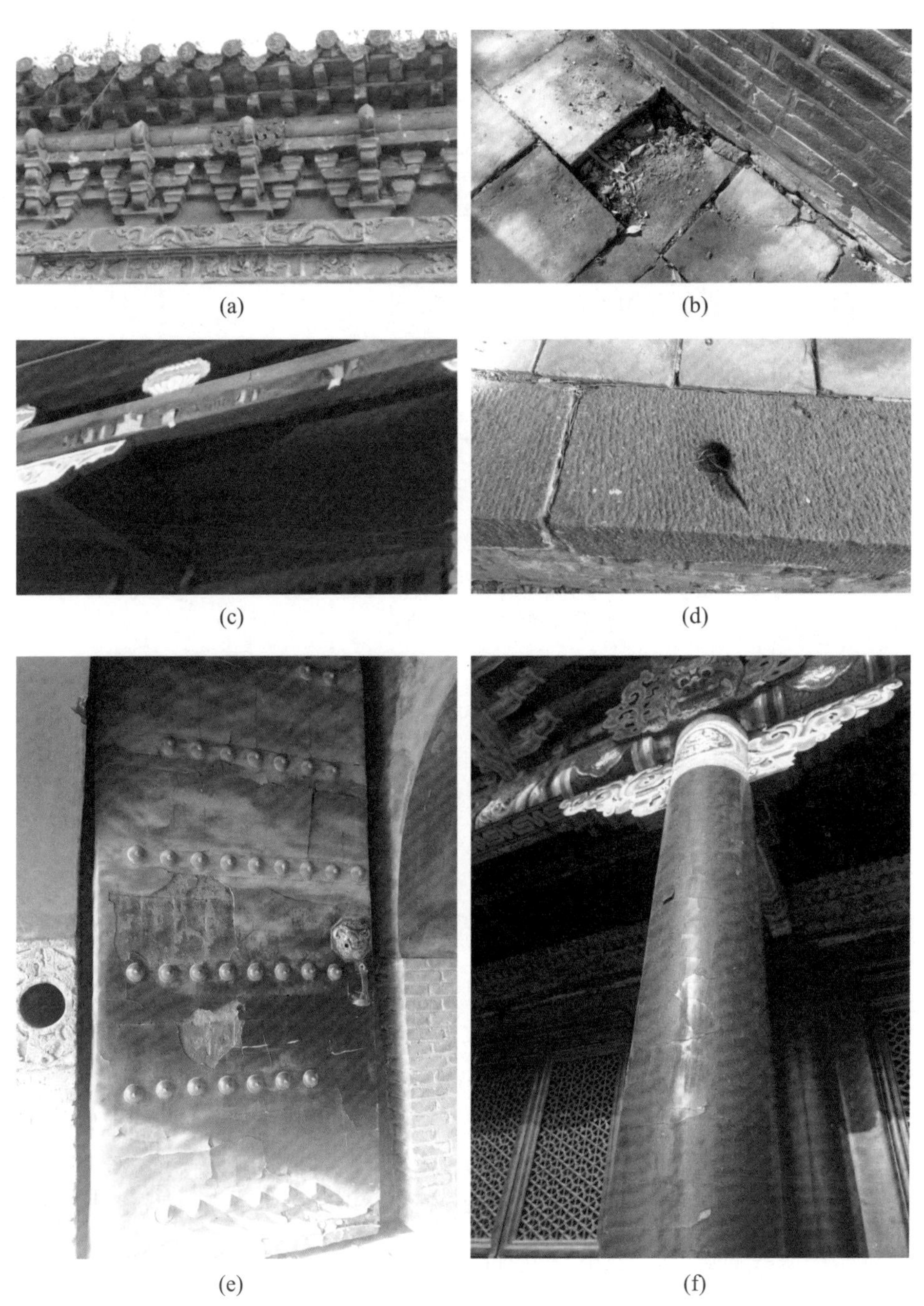

(a)　(b)　(c)　(d)　(e)　(f)

图 4-2　清福陵古建筑的病害现状

（a）东红门斗拱破损图；（b）东朝房地面石材破损图；（c）茶房梁上漆皮破损图；（d）果房台基石料有孔洞；（e）隆恩门木门上漆皮掉落；（f）隆恩殿外部檐柱破损

1. 正红门

现状：神门的台阶上后加设了木框架的斜坡代替台阶本身的作用对台阶进行保护。墙体掉色、掉漆、脱皮、出现裂缝。瓦顶上有长草现象。护腰石上的浮雕有破损、褪色的现象，个别部分有裂缝或严重缺失，护脚石也有破损。三个门洞里面的浮雕掉色严重。

形成原因分析：日晒雨淋、失修、地震晃动、受潮。

2. 西红门

现状：斗拱掉漆严重；台基有裂缝，长有苔藓；琉璃瓦顶破损严重，长草；戗脊断裂，横脊上神兽缺失。墙体破损，涂料掉色，彩画破损严重，门栓仅存两个槽口。西红门破损较东红门严重。

形成原因分析：雨水侵蚀，阴冷潮湿。

3. 东红门

现状：斗拱掉漆严重；台基有裂缝，长有苔藓；琉璃瓦顶破损严重，长草；墙体破损，涂料掉色，人为刻画，彩画破损严重。

形成原因分析：雨水侵蚀，阴冷潮湿。

4. 一百零八蹬

现状：台阶有裂痕，磨损；墙体为方形青灰色石砖，有修补痕迹，受挤压变形有裂缝、塌陷。部分砖石遗失；石砖上有刻字；整体情况良好；琉璃瓦顶有腐蚀、脱落、褪色等现象。

形成原因分析：风雪雨等腐蚀、长期受压导致砖块断裂、人为破坏。

5. 大碑楼（碑亭）

现状：台基有裂缝，石材缺失，掉角，塌陷，室外台基被侵蚀，地基右侧排水小兽头部缺失，左侧小兽局部破损。墙体无改建，有后补砖石，室内墙体掉漆，室外墙体雕花破损，人为刻画严重。瓦顶横脊有黑色物体残留，屋顶长草。门槛破损严重，门框掉漆，破损情况比门扇严重。起加固作用的钉子使木材掉落。

形成原因分析：人为损坏，自然雨水侵蚀，雨雪灰尘残留，鸟类粪便残留，自然植物生长。

6. 东朝房（膳房）

现状：现为陵寝办公室，台基有裂缝，石材缺失，掉角，塌陷，室外台基被侵蚀，石材间有植物生长。墙体无改建，砖石有裂缝，人为刻画严重。瓦顶保存较好，基本完整。门窗掉漆，门槛破损，檐口屋面板掉漆，柱子上的红色油饰掉落，彩画掉色。

形成原因分析：人为损坏，雨水侵蚀，植物生长，阳光直射。

7. 茶房

现状：现为福陵遗物及高仿品展陈空间，台基有裂缝，石材缺失，掉角，塌陷，室外台基被侵蚀，石材间有植物生长。墙体无改建，砖石有裂缝，人为刻画严重。瓦顶保存较好，基本完整。门窗掉漆，门槛破损，梁上掉漆，檐口屋面板掉漆，柱子上的红色油饰掉落，彩画掉色。

形成原因分析：人为损坏，雨水侵蚀，植物生长，阳光直射。

8. 果房

现状：现为满族饰品店，台基有裂缝，石材缺失，掉角，塌陷，室外台基被侵蚀，石材间有自然植物生长，台基石材有后补痕迹。墙体无改建，砖石有裂缝，人为刻画严重。瓦顶保存较好，基本完整。门窗掉漆，门槛破损，梁上有掉漆现象，檐口屋面板掉漆，柱子上的红色油饰掉落，彩画掉色。

形成原因分析：人为损坏，雨水侵蚀，植物生长，阳光直射。

9. 涤器房

现状：现存一间房屋与两处遗址。台基有裂缝，石材缺失，掉角，塌陷，室外台基被侵蚀，石材间有自然植物生长，台基石材有后补痕迹。墙体无改建，砖石有裂缝，人为刻画严重。瓦顶保存较好，基本完整。门窗掉漆，门槛破损，梁上有掉漆现象，檐口屋面板掉漆，柱子上的红色油饰掉落，彩画掉色。

形成原因分析：人为损坏，雨水侵蚀，植物生长，阳光直射。

10. 方城

现状：地面有裂缝，多处缺失，地面凹凸不平整。墙体破损，缺失，有涂鸦刻画，有细小坑洞，有大片水渍造成的墙面部分发黑，部分石料相互挤压变形错位，现有部分墙面已插入铁钉进行固定。垛口有水渍造成的墙面部分发黑。

形成原因分析：风吹日晒，人为刻画，雨淋受潮，腐蚀，地震晃动。

11. 隆恩门

现状：地面大理石地砖有断裂、修补痕迹；地面青灰色石砖被腐蚀、磨损。台基部分发黑。隆恩门墙体正面底部发黑，墙上有刻字、缺失现象。背面墙体大面积发黑，部分墙体松动、塌陷露出墙体原材料。拱门上部的砖石雕画发生变形。券脸石、腰线石、角柱石上纹饰掉漆严重。拱门内侧上部红漆掉落十分严重，墙面上部有红漆未完全干时呈线状流到下部的痕迹。木门门皮大量掉落，露出内部材料，底部缺失。门闩插孔内部的砖石损坏，插孔周围雕饰掉漆严重。

形成原因分析：雨水侵蚀，墙体背阴受潮，自然和人为原因造成纹饰掉漆严重，风化使木门破损严重。

12. 隆恩门楼

现状：地面有破损，残缺现象。墙面破损，有刻画涂鸦的痕迹。柱子有多处掉漆，斗拱有劈裂。瓦顶长草。门窗轻微变形，门上铆钉部分脱落，木头干裂。彩绘掉色，油漆干裂脱落。

形成原因分析：年久失修，人为刻画，风吹日晒。

13. 隆恩门西侧角楼

现状：地面有破损，残缺。墙面砖块磨损残缺，部分砖块缺失。柱子油漆干裂，部分露出木头。屋顶长草，瓦片褪色。门窗轻微变形，木头干裂。坊间彩绘掉色，变得黯淡无光，油漆干裂脱落。

形成原因分析：自然原因（风、雨、雪）对木质结构造成腐蚀，虫蛀，年久失修。

14. 隆恩门东侧角楼

现状：地砖有轻微断裂，围墙的墙垛部分缺失。檐檩部分变形、糟朽。檐下斗拱有劈裂、变形。大额坊严重糟朽，受压变形，漆面掉落。檐下柱子呈灰黑色，破损严重。琉璃瓦脱落、破损。吻兽保存完好，屋顶杂草丛生。二楼门窗及栏杆漆面掉落。檐下斗拱和枋间油饰损坏严重，已看不出原有的纹饰。斗拱上的装饰纹路保存较为完好，有少许褪色。

形成原因分析：自然原因（风、雨、雪）对木质结构造成腐蚀，虫蛀，年久失修。

15. 大明楼西侧角楼

现状：大明楼西侧角楼比隆恩门东侧角楼保存得好，其纹饰颜色鲜艳，墙体、瓦顶等都保存完好，仅有部分破损。其柱子表面漆皮掉落较为严重。

形成原因分析：风吹日晒和人为原因。

16. 隆恩殿

现状：栏杆残缺磨损严重，部分石料断裂，台基有多处石料裂开，并相互挤压变形。为修复栏杆及防止石料变形更加严重，现已插入铁钉加以固定；栏杆上的石狮脱落，现已经用胶粘合。二层台基的台阶有一处劈裂，现已按原样式及尺寸补配。建筑内部墙体发黑，落满灰尘。斗拱、梁、柱外围有铁网围护，防止被鸟类破坏；外部的柱子油漆色彩鲜艳，近期应该粉刷过，但有干裂现象；内部的柱子破损严重，多处暴露出木质材料。瓦顶长草，局部瓦片掉落。门窗变形。殿内彩绘部分掉色，落满灰尘；外部彩绘色彩艳丽，近期应该修缮处理过。

形成原因分析：地震晃动，石料干裂，日晒雨淋，年久失修，飞禽筑巢。

17. 东配殿

现状：室内外台阶有坑洞，凹凸不平，台阶石料断裂、缺失，部分有修补。内墙因鸟粪而受潮发黑，掉皮，墙皮膨胀鼓包。斗拱、梁、柱外围有铁网围护，防止被鸟类破坏，但铁网有一处破洞，已经有鸟飞入，网内落有残骸；外部的柱子油漆有干裂现象。门窗轻微变形，门槛破损严。外部的门窗和柱子油漆色彩鲜艳，近期应该粉刷过，内部粉饰发黑严重，落满灰尘。

形成原因分析：游客行走踩踏，日晒，飞禽在殿内筑巢，建筑内部潮湿。

18. 西配殿

现状：台阶有断裂、缺失及修补痕迹。室外台基地面有断裂现象，室内地面保存较为完好。墙体无改建。殿内屋面和墙面有大面积渗漏现象，有雨水冲刷留下的黑色痕迹和墙体鼓包的情况。室内梁柱部分腐蚀严重，其中室内门上方的梁架有不同程度的劈裂，局部糟朽变形、发黑。黄色琉璃瓦颜色较为鲜艳，有不同程度的脱落。瓦顶上杂草丛生。檐下柱子漆皮掉落，门窗装修较新。外部檐下斗拱纹饰外部有防雀网。内部梁柱饰有彩绘，部分褪色严重，有被后人重新描画的痕迹。

形成原因分析：游客行走踩踏使台阶受损，雨水潮湿对木构架和墙面有影响，瓦顶未用防雀网进行保护，有鸟类停落，造成破损。

19. 大明楼

现状：大明楼建在围墙上，地面为青灰色方砖，部分损坏较为严重；台基保存完好，地砖无缺失。围墙上有苔藓，墙体部分发黑。大明楼主体墙体被涂上红漆，没有起皮、掉落的现象。斗拱保存完好。东西南北四个方向的木门都有漆皮掉落的现象，其中以南门破损较为严重。斗拱与坊间的纹饰保存完好，大明楼二楼纹饰颜色要淡于一楼。

形成原因分析：受雨水冲刷腐蚀，方砖地面有大量孔洞。围墙所处阴面潮湿有苔藓。风化导致漆皮掉落。

4.1.3　修缮设计方案的制定

根据《中华人民共和国文物保护法》关于“不改变文物原状”的文物修缮原则，《中华人民共和国文物保护法实施细则》的有关规定，作者对清福陵破损现状进行分析，制定修缮方案。修缮不应轻易以完全恢复原状或以构建表面的新旧为修缮的主要依据，还应考虑主体建筑结构是否安全，修缮时人是否会发生危险。不能破坏建筑构件本身的文物价值，坚持整旧如旧，能粘补加固的尽量粘补加固，能小修的不大修，尽量使用原有构件，以养护为主，修缮风格应尽量与原有的风格一致。清福陵古建筑的主要修缮措施如表 4-1 所示。

表 4-1　清福陵古建筑的主要修缮措施

1. 正红门、西红门、东红门	
部位名称	主要修缮措施
地面、台基	充分发挥替代台基的木质斜坡的作用，达到对原有台阶的保护目的。更换被压裂的台基条石，剔凿修补，清除表面青苔
墙体	对裂缝用砂浆、素水泥浆进行填充，刮掉外墙面已经破损的漆面，重新粉刷饰红。修补条石装饰带、青砖，在西红门按原门栓样式重新制作一个门栓
瓦顶	人工拔除瓦顶表面杂草，用小铲将瓦垄中的积土、树叶等铲除掉，在拔草过程中如果造成或发现瓦件掀揭、松动或裂缝，应及时整修，更换破损琉璃瓦，依原规格式样补配残缺的勾头、滴水，更换脱色、残损的吻兽、脊饰，依原式样重新烧制
装修	用砂浆、素水泥浆修补破损的浮雕，清理浮雕上的污渍
油饰	清理掉原来的破旧漆面，刮掉表层的沙石灰，再配原来颜色的油漆进行涂刷。斗拱饰以原色彩样式
2. 大碑楼（碑亭）	
部位名称	主要修缮方案
地面、台基	破损、缺失石材采用与原构件纹理、材质一致或相近的石材进行添补，替换台基上孔洞较多的条石，对于新旧之差可采用整体做新或做旧的方法进行处理，地基左右侧排水小兽按原样式重新烧制

续表

2. 大碑楼（碑亭）	
部位名称	主要修缮方案
墙体	做旧后补砖石，按原样式雕补破损雕花。对于人为刻画的墙体，可用钻子将被刻画的砖石凿掉，然后按原墙体砖规格重新砍制，砍磨后照原样用原做法重新补砌好
大木结构	内部梁架潮湿部位采用干燥处理
瓦顶	人工拔除瓦顶表面杂草，用小铲将瓦垄中的积土、树叶等铲除掉，在拔草过程中如果造成或发现瓦件掀揭、松动或裂缝，应及时整修，更换破损琉璃瓦，清洗瓦顶横脊处黑色残留物
装修	按原样式替换掉破损严重的门槛，适当做旧。对于被起加固作用的钉子导致木材掉落的位置，用腻子勾抹填实，较明显的劈裂，应用嵌补法并用耐水性胶黏剂粘结
油饰	将严重残毁的漆皮全部刮掉，重做地仗，依照原有图案重新上漆
3. 东朝房（膳房）、茶房、果房、涤器房	
部位名称	主要修缮方案
地面、台基	将移位的阶沿石归位，破损、缺失石材的部位采用与原构件纹理、材质一致或相近的石材进行添补，替换台基上孔洞较多的条石，对于新旧之差可采用整体做新或做旧的方法进行处理。台基侧面发黑处局部发生酥碱，先剔除掉再局部整修
墙体	修补砖石间裂缝，对于人为刻画的墙体，可用钻子将被刻画的砖石凿掉，然后按原墙体砖规格重新砍制，砍磨后照原样用原做法重新补砌好
大木结构	因距离上次修缮时间未过太久，目前保存状况较好，故本次不做修缮处理
瓦顶	保存较好
装修	按原样式替换掉破损严重的门槛，适当做旧
油饰	对檐口屋面板进行补漆，在修复前清除掉斗拱上褪色严重的彩画表面的灰尘、动物粪便等，再进行清洗，对裂缝进行处理，然后对彩画进行渗透加固，将其补全，做协色处理，最后进行表面防护。铲除门窗、柱子表面油漆破损严重的部位，重新涂漆，适当做旧

续表

4. 方城、月牙城、宝城	
部位名称	主要修缮方案
地面、台基	替换坑洞较多、严重破损的地板石，用水泥和质地相近的石料修复地面，填补砖块的缺失
墙体	对裂缝用砂浆、素水泥浆进行填充，清理苔藓和发黑的污渍，对墙面进行防腐处理，延长建筑物留存年限
装修	用砂浆、水泥修复人为刻画的痕迹，更换受损和被雨水腐蚀的琉璃瓦片，清除青苔。对褪色严重的瓦片重新上色打光
油饰	把月牙城照壁上拼接壁画的褪色部分拆卸下来，用同样的漆饰进行修补，之后拼接上去
5. 隆恩门	
部位名称	主要修缮方案
地面、台基	替换台阶上孔洞较多的条石，清除台阶和台基地面砖石之间的杂草。台阶缝隙被用水泥填补的地方显得粗糙，应重新进行修补。台基侧面受潮发黑处，局部酥碱，应剔除掉，再局部整修
墙体	使用墙体剔凿挖补的方法，用钻子将需要修复的砖石凿掉，按原墙体砖规格重新砍制，砍磨后照原样用原做法重新补砌。拱门上部砖石雕花应重新上漆，也可以依照原样重新制作、替换，将替换下来的原有雕花进行保护展览。券脸石、腰线石等纹饰，依照原有图案重新上漆
门洞	铲除龟裂的漆皮，重新上漆。木门缺失处，依照缺口补配木块，将木块嵌补在木门上。门上红漆全部剔除，重新做地仗，再施红漆。补配门钉、门闩等
6. 隆恩门楼、大明楼	
部位名称	主要修缮方案
地面、台基	局部修补破损的地面，破损严重的按原规格配制进行更换
墙体	清除围墙上的苔藓，用素水泥涂抹被刻画的部位和破损的墙面，对刻画深的砖面进行修补，并对墙体进行防潮处理
大木结构	刮掉老旧的漆皮，重新地仗，并重新粉刷。对于轻微劈裂的木构件，用腻子勾抹填实，较明显的劈裂，应用嵌补法并用耐水性胶黏剂粘结，必要时可再加铁箍固定
瓦顶	用灭生性除草剂对屋顶的杂草进行根除，清理杂草和沙石

续表

6. 隆恩门楼、大明楼	
部位名称	主要修缮方案
装修	更换变形较严重的门窗，拆掉已经生锈的铆钉，用除锈剂清理锈渍，按原样式、数量、布局更换新的铆钉
油饰	清理掉原来的破旧漆面，刮掉表层的沙石灰，接着用砖面灰、血料以及麻布等材料进行地仗，再配原来的漆色进行涂刷，重新上色的彩绘应该与原有图案色彩相同
7. 隆恩门西侧角楼、隆恩门东侧角楼、大明楼西侧角楼	
部位名称	主要修缮方案
地面、台基	局部修补破损的地面，破损严重的按原样式更换新的砖石，重配砖石填补缺失的部位
墙体	用砂浆、素水泥涂抹破损的墙面，按原墙体砖规格重新补砌缺失的砖块；对墙体进行防潮处理
大木结构	对于糟朽、变形的檐檩进行剔除、修补、加固；整修劈裂的斗拱；按原规格式样更换糟朽严重的大额枋；墩接檐下的柱子（墩接高度视拆开后的情况而定）
瓦顶	人工去除瓦顶上的杂草，必要时可拆下瓦片，清理沙石，对颜色黯淡的瓦片重新上色抛光。对脱落、残缺的瓦件，按原来规格式样进行烧制，重新挂瓦
装修	对糟朽损坏的槛框进行剔补加固，修补残损的棂条，更换变形较严重的门窗；铲除龟裂的漆皮，按原来色调重新上漆
油饰	对于檐下斗拱和枋间油饰，将严重残毁的漆皮全部刮去，重做地仗，依照原有图案重新上漆；保存完好的斗拱可简单处理，清理灰尘，刷桐油一道，油漆断白
8. 隆恩殿	
部位名称	主要修缮方案
地面、台基	更换断裂严重的石料，部分破损的石料可采用铁箍固定，清除杂草，用水泥砂浆修补轻微破损的石材，栏杆和雕塑在修补之后进行防腐蚀处理，已经粘合修补的部分可保留。充分发挥替代台基的木质阶梯的作用，达到对原有台阶的保护目的
墙体	刮掉局部受损的墙皮，用腻子粉和乳胶漆进行修复

续表

8. 隆恩殿	
部位名称	主要修缮方案
大木构架	修复铁网，防止鸟类筑巢。采取披麻刮灰法处理地仗，然后刷漆，重新修复木构架表层。对于大木构架局部糟朽的地方，应剔除糟朽部分，用相同材质的木料进行修复
瓦顶	用除草剂除草，清理沙石，按原样式补全缺失与破损的瓦片
装修	修补裂缝，更换与固定门窗
油饰	清洗灰尘，重新做地仗，在其上绘制相应的彩绘，彩绘形式与色调与之前保持一致，外加防水保护层
9. 东配殿、西配殿	
部位名称	主要修缮方案
地面、台基	更换断裂损坏的垂带石，清除台阶间杂草。台明上有孔洞的青砖进行局部处理，损坏严重的进行更换。对殿内砖钻生一道进行保护
墙体	对内部受潮墙体发黑鼓包处进行剔除，然后进行干燥处理，重新粉刷，用隔离材料将潮气与建筑主体进行隔开。对外部墙体裂缝处进行局部整修
大木构架	清理网内的残骸，修补保护木构架的铁网。室外木柱部分糟朽，将糟朽部位剔除，将接触面刨磨光净，用相同材质的木料在糟朽部位进行粘结，或用环氧树脂配剂进行粘结。内部梁架潮湿部位采用干燥处理；糟朽处采用和室外同样的手法进行剔除、粘结；严重劈裂处用铁箍进行加固
瓦顶	依据原规格式样补配残缺的琉璃瓦。对于瓦顶上的杂草，应先用小铲将杂草和瓦垄中的积土、树叶等一并铲除掉，并用水冲洗；将需要挖补的草根，琉璃瓦盖全部拆卸下来，清除底灰，然后盖瓦
装修	细小裂缝可待油饰时用腻子勾抹严实。一般裂缝用干燥木条嵌补粘牢。开裂严重时，应将整扇门卸开重新安装，宽度不足部分用整板拼接，恢复原有尺寸。板门上原有门钉、门栓等铁件，如有缺损需按原样补配
油饰	室外斗拱和枋间上纹饰可简单处理，清洗灰尘，刷桐油一道，油饰断白。室内梁架上纹饰，严重褪色的将油皮全部刮去，重新做地仗，重新绘制的彩画，应与时代相协调，适当做旧，为防止彩画褪色可采取表面封护

4.2 清福陵夏季太阳辐射和热环境数字化分析

建筑热环境是指作用在房屋外围护结构上的一切热物理量的总称。热环境是用热辐射、气温、湿度及风速四个物理量来描述的。太阳辐射热是大气过程的主要能源，也是建筑热环境四个参量中影响最大的一个。夏季，对古建筑防热来说最不利的情况是在晴天，太阳辐射量很大。文物建筑受太阳辐射可能造成建筑材料的老化降解（尤其是紫外线辐射）；建筑外墙涂料和木构架彩画在太阳辐射作用下也会发生褪色现象。太阳辐射使固着于文物表面的胶料（如皮胶、桃胶等）发生老化，进而使其粘接固着能力进一步降低，造成部分颜料颗粒的脱落。在紫外线的照射下，涂料和彩画的某些颜料容易发生光化学反应，从而导致颜料变色。太阳辐射给文物带来的另一个主要问题就是热，太阳光的热效应加速木构架彩画病害的物理变化和化学变化的进程。白天，在强烈阳光照射下，围护结构外表面的温度有时会大大高于室外的空气温度，文物建筑吸收的所有辐射，包括可见的和不可见的，都会转化成热，其结果是引起文物建筑表面的热胀冷缩、干裂起皮或卷曲变形。

为了预测性分析夏季太阳辐射和热环境对沈阳清福陵建筑遗产的破坏侵蚀，研究以沈阳标准气象年的气象数据为基础，运用计算流体动力学（CFD）数值模拟和实际量测的方法，设置不同古建筑材料（瓦片、砖石、木材）的密度、比热容、导热系数，模拟清福陵中轴线上的4个主要古建筑（碑亭、隆恩门、隆恩殿、明楼）在夏季（7月19日）10:00、11:00、12:00、13:00、14:00，不同风速（1 m/s、3 m/s、5 m/s、8 m/s）的太阳辐射和温度升高情况。实际量测和数值模拟结果可以为建筑遗产的预防性保护提供新的思路。

4.2.1 清福陵现存情况与实际测量

根据2016年10月—2018年5月项目组成员的实地调研、测绘和勘察，沈阳清福陵的主体建筑虽然保存基本完好，但大部分古建筑有被太阳辐射及温度升高造成破坏侵蚀的现象，存在瓦顶、砖墙、木结构干裂，木结构起皮，瓦片、涂料、彩画褪色等病害（图 4-3）。其中，碑亭墙体掉漆，门框掉漆，隆恩门券脸石、腰线石、角柱石上纹饰掉漆严重。木门门皮掉落严重，露出内部材料，底部缺失。隆恩门楼柱子有多处掉漆，斗拱有劈裂。木头干裂。彩绘掉色，油漆干裂脱落。隆恩殿外部的柱子有干裂现象；瓦顶局部瓦片掉落。门窗变形。明楼东西南北 4 个方向的木门都有漆皮掉落的现象，其中以南门破损较为严重。从国家文物局回复辽宁省文物局关于清福陵保护修缮意见的函可知，清福陵已经多次对文物建筑构件进行局部修补、添配、剔补、补色，包括木构件的修补加固，添配琉璃构件修补材料，补配瓦件，补配琉璃瓦颜色，补充文物建筑立面色彩，调整油饰内容等。

(a)　　(b)　　(c)

图 4-3　清福陵主要古建筑现状

（a）隆恩殿彩画褪色；（b）碑亭门框干裂起皮；（c）隆恩门砖墙干裂

沈阳位于东北地区南部，辽宁省中部，地理坐标：北纬 41°12'~43°02'，东经 122°25'~123°48'。沈阳地区年平均气温为 6~8℃。7 月是一年之中最热的一个月，平均气温为 23~27℃，1 月最冷，平均气温为 –13~–11℃。地面最高温度出现在 7 月，为 63℃，最低温度出现在 1 月，为 –38℃，高低相差 101℃。根据沈阳市的典型气象年逐时气象数据 CSWD（来源于清华大学和中国气象局的数据，是国内的实测数据，包括气温、水平面总辐射强度或法向直射辐射强度、水平面散射辐射强度、风速、风向、相对湿度、云量、降雨量），沈阳地区一年的太阳辐射量平均值为 13.13 MJ/m^2，最大值可以达到 29.64 MJ/m^2（图 4-4）。太阳辐射不仅与地理条件、气候条件有关，而且每天随着太阳高度角的变化在同一地点因时间而异。根据沈阳太阳辐射随时间变化的规律，可以发现在 13 点多钟，太阳的紫外线强度最大。沈阳地区 7 月最热，每日平均气温高温在 28~29℃，极少低于 24℃或超过 32℃。低温在 20~21℃，极少低于 17℃或超过 24℃。7 月的平均风速为 3.64~3.86 m/s，整个 7 月的风向主要是南风。太阳辐射（包括可见光和紫外线辐射）整个月份平均值为 18.58 MJ/m^2。

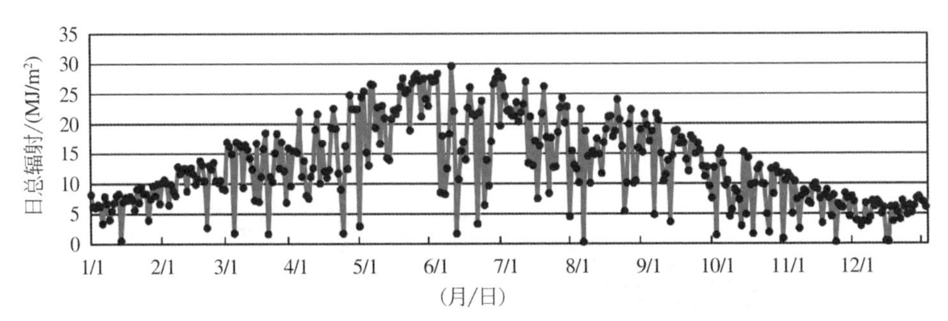

图 4-4　沈阳地区太阳日总辐射年变化图

（资料来源：中国气象局气象信息中心气象资料室，清华大学建筑技术科学系 . 中国建筑热环境分析专用气象数据集 . 北京：中国建筑工业出版社，2007.）

2019 年 7 月 19 日天气晴朗，风速较小。项目组成员选取这一天对沈阳清福陵进行了古建筑实地温度测量。测量仪器为温湿度测试仪、红外线测温仪和风速测量仪。成员实地测量了 7 月 19 日当天 10:00、11:00、12:00、13:00、14:00 共 5 个时间点（表 4-2），清福陵古建筑的彩画、砖墙、门窗、台阶和室外地面共 5 个建筑构件的表面温度（表 4-3）。

表 4-2　2019 年 7 月 19 日清福陵实地天气情况

日期	时间	空气温度 /℃	风速 /（m/s）	相对湿度 /%
2019.7.19	10:00	29.0	1.5	72
	11:00	31.8	1.9	56
	12:00	32.7	1.3	54
	13:00	35.4	1.1	47
	14:00	32.4	1.2	56

表 4-3　2019 年 7 月 19 日清福陵文物建筑实测温度　℃

建筑名称	测点位置	10:00	11:00	12:00	13:00	14:00
碑亭	彩画（阴影中）	19.3	25.4	26.0	28.1	26.6
	砖墙	25.8	33.9	39.9	42.0	37.5
	门窗	29.8	38.7	43.1	35.0	31.8
	台阶	27.2	33.6	41.0	42.1	42.3
	室外地面	26.8	38.0	43.6	46.4	45.0
隆恩门	瓦顶	26.9	34.1	34.3	44.2	37.5
	彩画（阴影中）	21.9	22.5	25.9	26.6	27.6
	砖墙	33.3	38.1	36	40.9	38.1
	石门框	27.2	33.1	29.6	38.0	30.4
	台阶	37.3	46.3	44.3	49.6	48.0
	室外地面	34.7	42.2	42.1	47.1	44.3
隆恩殿	瓦顶	23.6	26.6	38.5	44.8	38.4
	彩画（阴影中）	21.7	28.9	24.2	29.4	26.4
	砖墙	25.5	27.0	26.1	33.0	27.6
	门窗（阴影中）	26.5	30.4	25.4	32.0	24.0
	台阶	29.6	38.8	37.1	42.3	35.0
	室外地面	35.4	41.3	41	45.7	42.2
明楼	瓦顶	31.9	32.5	34.8	44.1	38.1
	彩画（阴影中）	26.4	23.7	26.3	24.2	23.8
	砖墙	31.6	31.5	32.9	35.2	30.6
	门窗（阴影中）	23.8	27.5	26.7	30.8	26.9
	台阶	29.2	31.3	34.2	35.5	35.2
	室外地面	31.0	32.7	34.4	41.1	38.9

4.2.2　建立模型和参数设置

本研究运用 CFD（计算流体动力学）软件对清福陵 16 处古建筑进行夏季太阳辐射和热环境模拟实验。根据项目组成员的实地测绘图纸，首先在 CFD 软件中建立清福陵 16 个古建筑的简略模型。为了将运算量控制在切实可行的范围内，仅提取建筑模型的重要信息，过滤掉屋顶起伏、栏杆雕饰等较为微观的建筑信息。古建筑室外地面铺砌的砖石也是需要保护的建筑遗产，也建立了地面的模型进行模拟实验。由于篇幅限制，本研究只针对清福陵中轴线上 4 个主要古建筑（碑亭、隆恩门、隆恩殿、明楼）的不同位置、不同材料、不同风速设定参数，进行太阳辐射和热环境模拟实验。

为了使来去气流与建筑主体模型充分作用，实验同时控制运算量，将计算区域设为 1200 m × 400 m × 70 m 的长方体区域。黏性模型（viscous model）设置中选用 RNG k-ε 模型。辐射模型选择离散坐标（discrete ordinate，DO）模型，选择太阳光线追踪（solar ray tracing）选项，加载沈阳地理坐标数据（东经 122°25'~123°48'，北纬 41°12'~43°02'），辐射日期与时间定义为沈阳地区标准气象年夏至日（7 月 19 日）10:00、11:00、12:00、13:00、14:00，室外温度根据实测气温，设置 3 种不同古建筑材料（瓦片、砖石、木材）的密度、比热容、导热系数（表 4-4）。模拟不同风速（1 m/s、3 m/s、5 m/s、8 m/s）情况下，清福陵中轴线上的 4 个主要古建筑（碑亭、隆恩门、隆恩殿、明楼）的太阳辐射和温度升高情况。

表 4-4　清福陵的温度模拟分析材料热工参数

建筑位置	材料	干密度 /（kg/m³）	比热容 /（J/（kg · K））	导热系数 /（W/（m · K））
屋顶	瓦片	1300	1189	0.65
墙体 台阶 室外地面	砖石	1800	1050	0.81
木构架 彩画 门窗 柱子	木材	700	2510	0.17

资料来源：建筑设计资料集编委会 . 建筑设计资料集（第二版）. 北京：中国建筑工业出版社，1994.

4.2.3　实测温度数据分析

根据项目组 2019 年 7 月 19 日的实测温度与模拟数据对比，可以发现主要古建筑瓦顶、砖墙、台阶、室外地面在 12:00、13:00、14:00 的模拟实验结果数据与实际测量温度最为接近，平均相差 5℃以内。古建筑瓦顶、砖墙、台阶、室外地面实际量测大都直接在太阳辐射之下，在没有遮挡的情况下与模拟实验结果数据相差较小；而木构架门窗和彩画实际量测如果在瓦顶和墙体形成的阴影中，有遮挡的情况下与模拟实验结果数据相差稍大（图 4-5）；隆恩门实测温度的位置，石门框没有遮挡，没有在阴影中，实测数据与模拟实验结果数据相差较小。

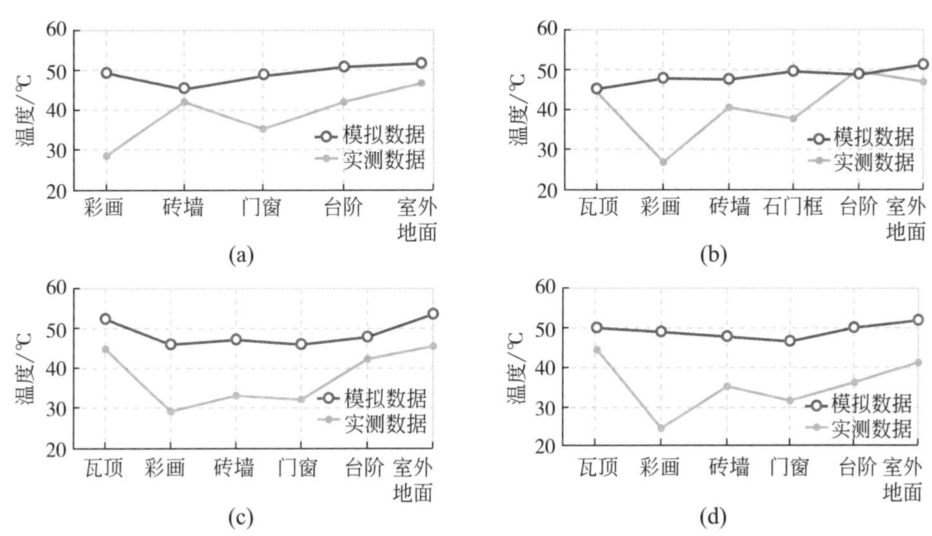

图 4-5　主要古建筑实测温度与模拟实验数据对比

（a）碑亭；（b）隆恩门；（c）隆恩殿；（d）明楼

4.2.4　数字化分析结果与讨论

清福陵 4 个主要古建筑（碑亭、隆恩门、隆恩殿、明楼）不同位置、不同材料、不同风速的数字化分析如下。

（1）太阳辐射和热环境能够对沈阳清福陵建筑遗产造成破坏侵蚀。太阳辐射强度（solar mediation intensity）是表示太阳辐射强弱的物理量，称为太阳辐射量，单位是 W/m^2。建筑遗产表面温度升高与太阳辐射量（辐射热）、周围环境对流换热、建筑自身导热系数都密切相关。太阳辐射强度越大，建筑温度升高越多，对建筑遗产造成的破坏侵蚀越大。4 个主要古建筑（碑亭、隆恩门、隆恩殿、明楼）在 7 月 19 日 13 点，风速为 1 m/s 时，隆恩门的木构架彩画受到的太阳辐射量最大，达到 2546.31 W/m^2，比砖石所砌的墙体台阶和铺满瓦片的屋顶都大。木构架彩画的温度升高值也最大，达到 311.48 K（38.33℃）。碑亭的砖石墙体太阳辐射量最小，为 2374.08 W/m²，瓦片的屋顶温度升高值最小，为 304.28 K（31.13℃）（表 4-5、图 4-6）。

表 4-5　古建筑不同材料 20 个测试点的太阳辐射量和温度平均值

建筑名称	材料名称	太阳辐射 /（W/m²）	温度 /K	建筑名称	材料名称	太阳辐射 /（W/m²）	温度 /K
碑亭	瓦片	2401.21	304.28	隆恩殿	瓦片	2375.04	305.94
	砖石	2374.08	305.46		砖石	2430.62	308.28
	木材	2500.03	307.72		木材	2524.42	309.44
隆恩门	瓦片	2421.44	306.44	明楼	瓦片	2433.86	305.60
	砖石	2404.82	307.09		砖石	2414.57	307.57
	木材	2546.31	311.48		木材	2527.69	310.57

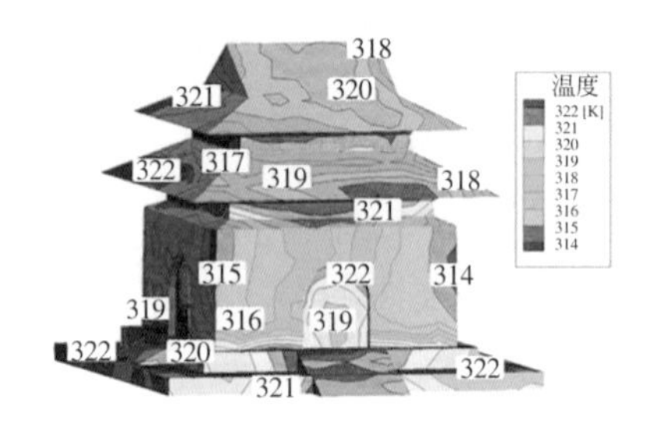

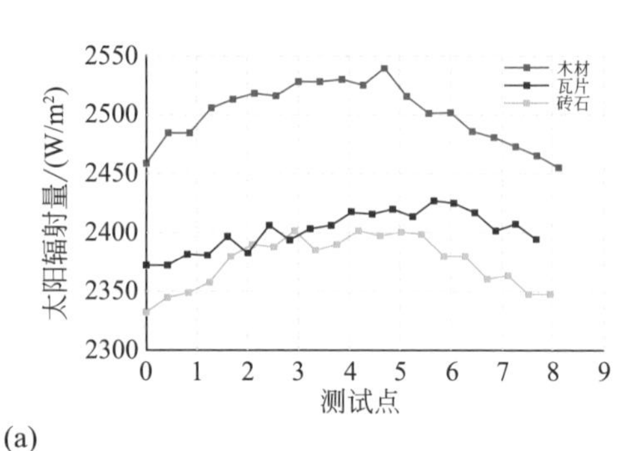

(a)

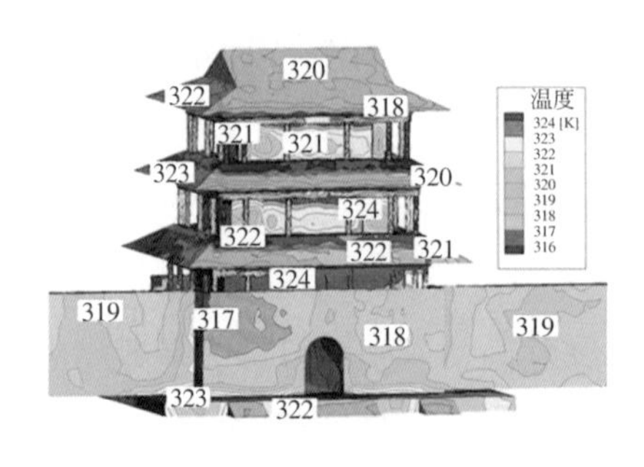

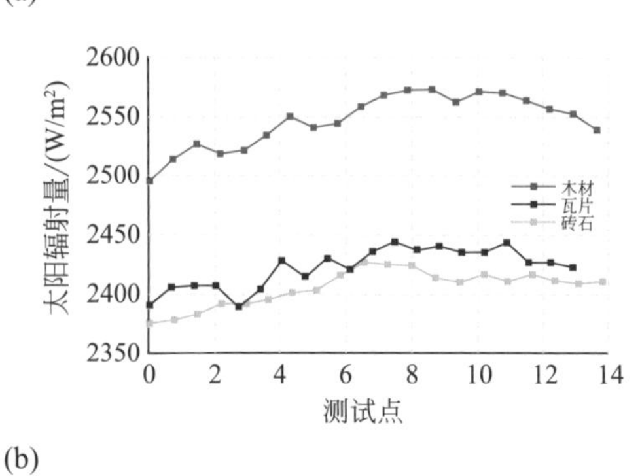

(b)

图 4-6　主要古建筑太阳辐射和温度模拟结果

（a）碑亭；（b）隆恩门；（c）隆恩殿；（d）明楼

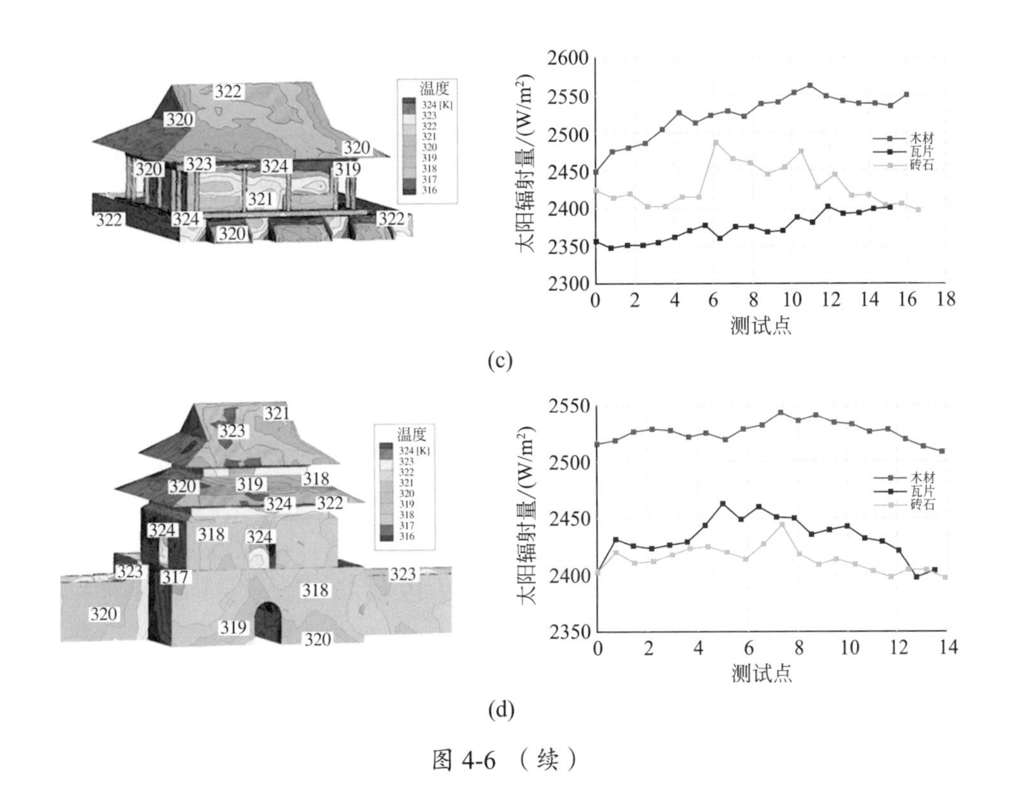

图 4-6 （续）

（2）太阳辐射量与太阳高度角有很大关系。相同材料情况下，太阳高度角越大，太阳辐射量越大。实验模拟相同材料不同位置的热环境，同样是砖石材料，结果显示，在 7 月 19 日 13 点，4 个主要古建筑南向墙面同一标高处 20 个测试点的平均值，台阶位置（倾斜角度与 13 点太阳角度形成夹角最大）的太阳辐射量比地面位置和墙体位置（倾斜角度与 13 点太阳角度形成夹角最小）都多。碑亭台阶位置比地面位置的太阳辐射量多 26.96 W/m^2，比墙体位置多 52.98 W/m^2；隆恩门台阶位置比地面位置太阳辐射量多 40.02 W/m^2，比墙体位置多 31.46 W/m^2；隆恩殿台阶位置比地面位置太阳辐射量多 64.72 W/m^2，比墙体位置多 26.03 W/m^2；明楼台阶位置比地面位置太阳辐射量多 59.24 W/m^2，比墙体位置多 131.59 W/m^2（表 4-6）。

表 4-6　古建筑相同材料（砖石）不同位置 20 个测试点的太阳辐射量和温度平均值

建筑名称	材料名称	太阳辐射 / (W/m^2)	温度 /K	建筑名称	材料名称	太阳辐射 / (W/m^2)	温度 /K
碑亭	墙体	2354.35	306.15	隆恩殿	墙体	2416.31	307.88
	台阶	2407.33	305.94		台阶	2442.34	306.70
	地面	2380.37	306.10		地面	2377.62	306.32
隆恩门	墙体	2398.86	307.11	明楼	墙体	2371.39	304.34
	台阶	2430.32	306.32		台阶	2502.98	307.60
	地面	2390.30	306.34		地面	2443.74	308.25

（3）相同位置不同材料的太阳辐射量不同，温度升高值不同。设定 4 个主要古建筑墙体同一位置，同一标高处 20 个测试点材料分别为瓦片、砖石、木材进行模拟。模拟结果显示，在 7 月 19 日 13 点，木材比瓦片的太阳辐射量和温度升高值大；瓦片比砖石的太阳辐射量和温度升高值大。在同一位置，碑亭木材比瓦片的太阳辐射量多 8.61 W/m^2，温度高 0.1℃；比砖石多 54.42 W/m^2，温度高 0.57℃；隆恩门木材比瓦片的太阳辐射量多 10.09 W/m^2，温度高 0.13℃；比砖石多 60.23 W/m^2，温度高 0.7℃；隆恩殿木材比瓦片的太阳辐射量多 13.84 W/m^2，温度高 0.2℃；比砖石多 78.90 W/m^2，温度高 1.09℃；明楼木材比瓦片的太阳辐射量多 8.21 W/m^2，温度高 0.07℃；比砖石多 52.25 W/m^2，温度高 0.54℃（表 4-7）。

表 4-7　古建筑相同位置（墙体）不同材料 20 个测试点的太阳辐射量和温度平均值

建筑名称	材料名称	太阳辐射 / (W/m^2)	温度 /K	建筑名称	材料名称	太阳辐射 / (W/m^2)	温度 /K
碑亭	瓦片	2391.70	305.65	隆恩殿	瓦片	2458.06	308.69
	砖石	2345.89	305.18		砖石	2393.00	307.80
	木材	2400.31	305.75		木材	2471.90	308.89
隆恩门	瓦片	2430.19	307.49	明楼	瓦片	2412.15	305.91
	砖石	2380.05	306.92		砖石	2368.11	305.44
	木材	2440.28	307.62		木材	2420.36	305.98

（4）一定的风速可以改善建筑太阳辐射和热环境。实验模拟 4 个主要古建筑在风速为 3 m/s、5 m/s 和 8 m/s 时的太阳辐射和热环境情况。结果显示，在 7 月 19 日 13 点，风速在 3 m/s 时，4 个古建筑的太阳辐射量平均值达到 2454.13 W/m^2，温度平均值 311.39 K（38.24℃）。风速在 5 m/s 时，4 个古建筑的太阳辐射量平均值达到 2433.51 W/m^2，温度平均值 310.66 K（37.51℃）。风速在 8 m/s 时，4 个古建筑的太阳辐射量平均值达到 2401.83 W/m^2，温度平均值 310.15 K（37℃）。相比较风速在 3 m/s 的情况，风速在 5 m/s 时，太阳辐射量降低 20.62 W/m^2，温度降低 0.73℃；风速在 8 m/s 时，降低 52.3 W/m^2，温度降低 1.24℃（表 4-8）。

表 4-8　古建筑相同位置（瓦顶）不同风速 20 个测试点的太阳辐射量和温度平均值

建筑名称	风速	太阳辐射 /（W/m^2）	温度 /K	建筑名称	风速	太阳辐射 /（W/m^2）	温度 /K
碑亭	3 m/s	2407.47	311.20	隆恩殿	3 m/s	2499.07	311.20
	5 m/s	2395.19	310.73		5 m/s	2451.67	310.33
	8 m/s	2371.95	310.37		8 m/s	2404.31	309.86
隆恩门	3 m/s	2436.91	311.53	明楼	3 m/s	2473.07	311.61
	5 m/s	2423.78	310.75		5 m/s	2463.38	310.82
	8 m/s	2393.20	310.12		8 m/s	2437.87	310.26

4.3 绿地对清福陵夏季热环境和微气候的影响

随着城市化的快速扩张发展，原来位于郊区或乡村的建筑遗产，也成为了城市内部的重要地带。城市化现象导致自然环境受到严重冲击，城市环境日益恶化，人们的生活质量逐渐降低，自然植物被已建成的建筑物和城市基础设施取而代之，从而产生了众所周知的城市热岛效应。事实上，植被在减轻热岛效应方面非常有效。绿化和植被可以相应地降低周围环境的表面温度，环境温度也可以通过植物的蒸发和蒸腾作用降低。

目前对建筑遗产的室外热环境和微气候影响的研究非常少，基于建筑遗产地区的城市化会使得这个地区夏季温度日益上升，本研究着眼于绿地与植被对环境的降温作用，通过实际测量，CFD 模拟实验分析绿地植被的降温效果。首先通过红外热像仪进行红外图像拍摄与实际测量，收集各项气象数据，作为CFD模拟设定及验证的参考。实际测量数据包括：①空气温度、黑球温度、空气湿度、风速、WBGT（wet bulb globe temperature）值。②测量绿地周边和地砖地面的热环境和微气候物理数据。③测量地砖地面热通量数据、绿地土壤热通量数据，然后，运用 CFD 模拟绿地对世界遗产热环境和微气候的影响。研究包括：①分析对比实际测量与种植绿地后的模拟结果。②分析对比种植绿地前后的模拟结果。③分析对比不同风速、空气湿度的模拟结果。④分析对比微气候实际测量与人体热舒适指标数值。

4.3.1 实地测量情况

2020 年 7 月 12 日天气晴朗，风速较小。为了研究绿地对清福陵夏季热环境和微气候的影响，项目组成员选取这一天的 10:00、11:00、12:00、13:00、14:00 共 5 个时间点，对沈阳清福陵进行了古建筑实地测量，测量仪器和测量内容如下。

（1）室外热环境测量。主要测量数据分别为：5 个时间点的空气温度、黑球温度、空气湿度、风速、WBGT 值（表 4-9）。测量地点设置在空旷处——隆恩门前，距离地面 1.6 m 处，以取得绿地周边和地砖地面的热环境和微气候物理数据。

（2）红外热成像仪测量。主要测量内容分别为绿地实时温度、地砖地面实时温度。测量地点选在碑亭前左侧绿地、碑亭前地砖地面、碑亭前右侧绿地、隆恩门前左侧绿地、隆恩门前地砖地面、隆恩门前右侧绿地、隆恩殿前左侧绿地、隆恩殿前地砖地面、隆恩殿前右侧绿地，以取得各个测量点的实时温度的红外热成像照片。

（3）地表热通量测量。主要测量内容分别为地砖地面热通量数据、绿地土壤热通量数据。将热流测定片分别放置在地砖地面上，绿地土壤下深 10 cm 处，测量不同地表吸收热通量数据。绿地表面呈现吸热状态，其所测得热通量介于 –16 ~–16.8 W/m^2，而地砖地面则是呈现放热状态，其热通量介于 90.7 ~137.9 W/m^2（表 4-10）。

表 4–9　测量仪器和参数

测量仪器	测量参数	仪器精度
黑球温度计 温湿度测量仪 WBGT 测量仪	空气温度	±0.1℃
	黑球温度	±0.1℃
	WBGT 温度指数	±0.1℃
	相对湿度	±5%RH
风速仪	风速	±3% 或 ±0.1dgt（分辨率）
热成像仪	物体温度	±2% 或 ±2℃
热通量仪	草坪热通量、砖石地面热通量	±1 W/m^2

表 4–10　实地测量数据

时间	空气温度 /℃	风速 /（m/s）	相对湿度 /%	草坪热通量 /（W/m^2）	砖石地面热通量 /（W/m^2）
10:00	26.1	3.6	68.0	–16.0	90.7
12:00	31.4	4.0	46.9	–16.8	108.9
14:00	33.7	5.0	40.1	–16.8	137.9

4.3.2　建立模型和参数设置

首先建立清福陵 16 个古建筑的简略模型（图 4-7），并确定清福陵砖石地面和草坪的位置（图 4-8）。根据实际测量以及理论研究，利用 ANSYS Fluent 软件中热通量（heat flux）设定绿地、地砖地面 2 种类型进行热环境和微气候的模拟。通过实际量测绿地、地砖地面热通量作为设定参考，并假设绿地材质吸热，即热通量设定为负值，而假设地砖则透过地面材质放热，将其热通量设定为正值。

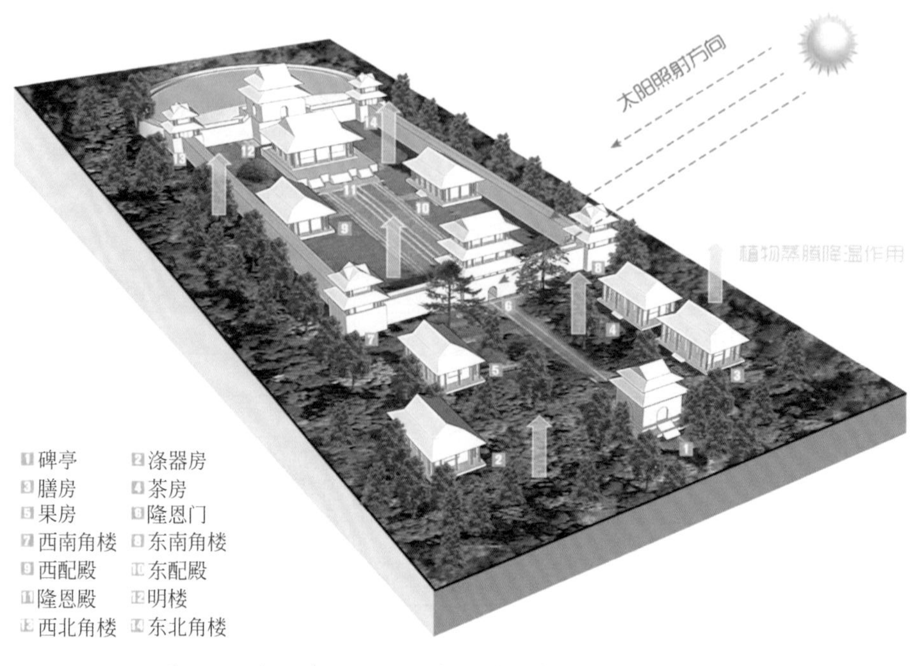

图 4-7　清福陵的主要古建筑（白色为 CFD 模拟模型）

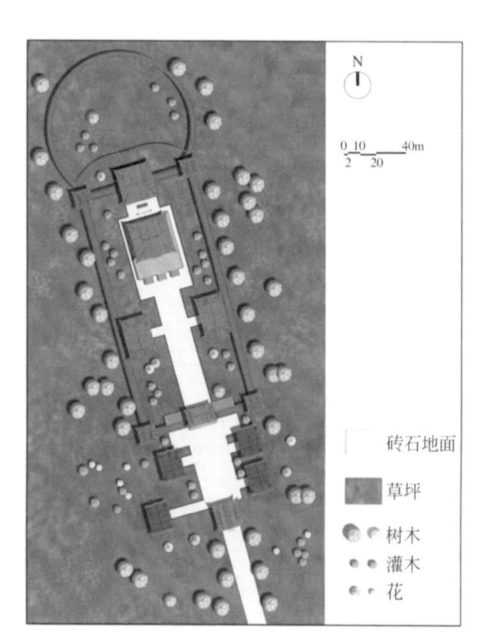

图 4-8　清福陵砖石地面和草坪的位置

1. 计算区域与边界条件设置

为了使来去气流与建筑周边环境充分作用，同时控制运算量，将计算区域设为 1200 m × 400 m × 70 m 的长方体区域。计算区域以清福陵碑亭到宝顶的古建筑及其周边环境为主。模拟计算范围入口，将其边界条件设定为速度入口（velocity inlet），出口设定为压力出口（pressure outlet），地面的边界条件设定为墙面（wall），外部计算域则以对称（symmetry）条件设置，用以假设实际大气环境条件。

2. 网格设置

本研究通过软件中 ANSYS ICEM 网格划分法，模拟清福陵的地形地貌，研究所模拟的计算区域，其网格数介于 2 350 000~2 400 000。

3. RNG k-ε 湍流模型

我们使用 RNG k-ε 湍流模型。RNG k-ε 湍流模型是由奥斯扎格（Orszag）和亚霍特（Yakhot）提出的。RNG k-ε 湍流模型虽然在形式上与标准 k-ε 模型相似，但 RNG k-ε 湍流模型更为准确和可靠，使用更广泛。湍流动能及其耗散率 ε 由以下输运方程得到：

$$\frac{\partial}{\partial t}(\rho k)+\frac{\partial}{\partial x_i}(\rho k u_i)=\frac{\partial}{\partial x_j}\left(\alpha_k \mu_{eff}\frac{\partial k}{\partial x_j}\right)+G_k+G_b-\rho\varepsilon-Y_M+S_k \tag{4-1}$$

和

$$\frac{\partial}{\partial t}(\rho\varepsilon)+\frac{\partial}{\partial x_i}(\rho\varepsilon u_i)=\frac{\partial}{\partial x_j}\left(\alpha_\varepsilon \mu_{eff}\frac{\partial \varepsilon}{\partial x_j}\right)+C_{1\varepsilon}\frac{\varepsilon}{k}(G_k+C_{3\varepsilon}G_b)-C_{2\varepsilon}\rho\frac{\varepsilon^2}{k}-R_\varepsilon+S_\varepsilon \tag{4-2}$$

式中，G_k 和 G_b 分别为平均速度梯度和浮力产生的湍流动能；Y_M 表示可压缩湍流中波动膨胀对整体耗散率的贡献；α_k 和 α_ε 分别表示 k 和 ε 的逆有效普朗特数；S_k 和 S_ε 是用户自定义的源项。

4. 风速边界层

对于不同地形地面上的风速边界层，根据以下方程定义每次模拟的进口边界条件的风速廓线：

$$U_z=U_{10}\left(\frac{z}{10}\right)^{n_p} \tag{4-3}$$

式中，U_z 为风速，风速与高度 z 有关；U_{10} 为 10 m 高度的风速（假设为 3.6 m/s、4 m/s 或 5 m/s）；n_p 是赫尔曼指数，它取决于大气的稳定性和地形的性质。城市郊区附近的地面粗糙度系数 n_p 为 0.22。

5. 物种输运方程

当我们选择求解湿度守恒方程时，ANSYS Fluent 通过求解第 i 个物种的对流 - 扩散方程来预测每个物种的局部质量分数 Y_i。该守恒方程的一般形式为

$$\frac{\partial}{\partial t}(\rho Y_i)+\nabla\cdot(\rho \boldsymbol{v} Y_i)=-\nabla\cdot \boldsymbol{j}_i+R_i+S_i \tag{4-4}$$

式中，R_i 是化学反应生成物种 i 的净速率，S_i 是分散相加上任何用户定义的源的加法生成速率。这种形式的方程将求解 N-1 种物质，其中 N 是系统中存在的流体相化学物质的总数。由于物种的质量分数必须以总和为单位，第 N 个质量分数被确定为 1 减去 N-1 个解决的质量分数的总和。为了使数值误差最小化，应选择第 N 个物种作为整体质量分数最大的物种。

6. 数值模拟方案的设定

根据实际测量收集到的物理数值，作为验证数值模拟的依据。透过各项物理数值间的相对评估，探讨绿地、地砖地面材质对于古建筑热环境的影响。具体数值模拟方案的设定见图 4-9。

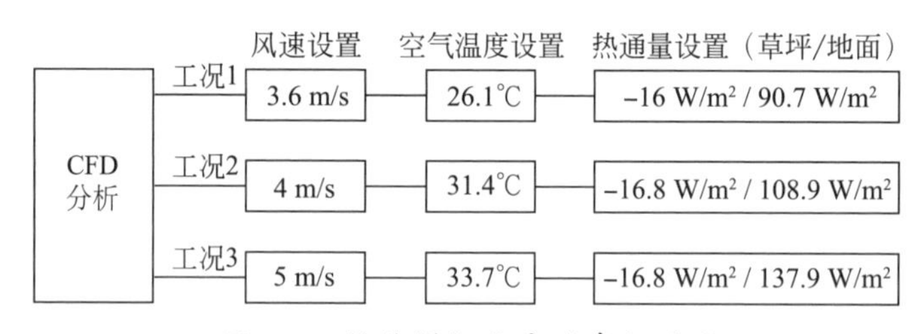

图 4-9 数值模拟方案的参数设置

表 4-11 材料的基本参数

材料	密度 / (kg/m³)	比热容 / (J/(kg · K))	热导率 / (W/(m · K))	吸收系数	折射系数
砖石地面	2344	750	1.00	0.87	0.90
墙体	1800	840	1.00	0.73	0.92
草坪	700	2310	1.20	0.00	0.20

4.3.3 实地测量结果分析

建筑遗产热环境的热量交换与分布是一个非常复杂的系统，包括山脉、河流、空气、大地等相互之间的对流、辐射和导热等各种传热过程。本研究重在研究绿化对建筑遗产夏季热环境和微气候的影响，这主要表现在风速、气温、湿度方面是怎样影响植被的降温作用的。

1. 红外热像仪实际测量与拍照

项目组在 5 个时间点对碑亭、隆恩门、隆恩殿前左右的砖石地面和草坪进行了拍照和红外成像，获得了每个测点的数据。由于空间限制，我们集中通过 14:00 最清晰的红外图像，研究了当地草坪对热环境和小气候调节的作用。

图 4-10~ 图 4-12 是采用热像仪于 14:00 拍摄的碑亭、隆恩门、隆恩殿前砖石地面及两侧草坪的照片和红外图像。空气温度受太阳辐射和地面辐射的影响。气温在 14:00 左右达到峰值。地面吸收太阳辐射后，温度也升高了。绿

(a)

(b)　(c)　(d)

图 4-10　碑亭前热环境的实地测量

（a）碑亭前实景照片；（b）碑亭前左侧草坪红外热图像（测试点 1）；（c）碑亭前砖石地面红外热图像（测试点 2）；（d）碑亭前右侧草坪红外热图像（测试点 3）

(a)

(b) (c) (d)

图 4-11　隆恩门前热环境的实地测量

（a）隆恩门前实景照片；（b）隆恩门前左侧草坪红外热图像（测试点 1）；（c）隆恩门前砖石地面红外热图像（测试点 2）；（d）隆恩门前右侧草坪红外热图像（测试点 3）

(a)

图 4-12　隆恩殿前热环境的实地测量

（a）隆恩殿前实景照片；（b）隆恩殿前左侧草坪红外热图像（测试点 1）；（c）隆恩殿前砖石地面红外热图像（测试点 2）；（d）隆恩殿前右侧草坪红外热图像（测试点 3）

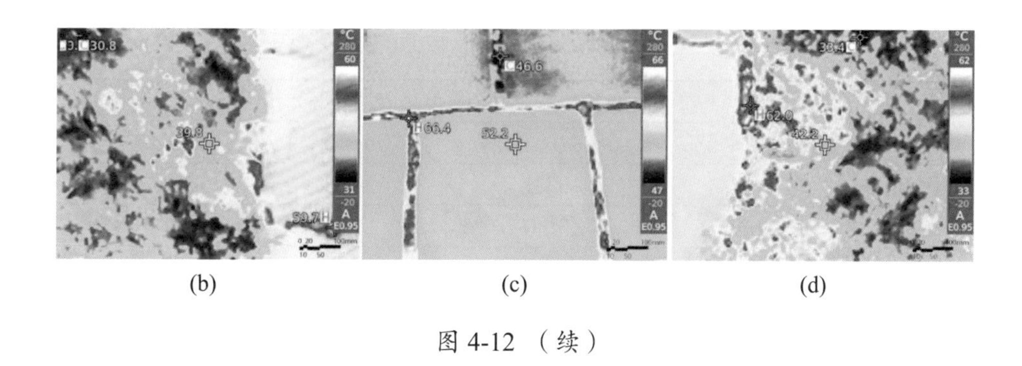

(b)　　(c)　　(d)

图 4-12 （续）

色土壤的最低温度仍然较低，说明绿色土壤可以通过蒸发冷却空气，得到较低的地表温度。但与此同时，土壤巨大的辐射吸收系数使其吸收更多的热辐射，从而导致较高的局部产热。随着温度的升高，温度变化增大。砖地不具有绿色土壤的蒸散作用，吸收辐射系数小，因此，最低和最高温度的变化不像草坪土壤的变化那么大。周围环境的绿化对砖砌地面产生影响，具有一定的降温效果。

从图 4-10~ 图 4-12 可以看出，碑亭前左草坪最低温度为 29.7℃，最高温度为 64.3℃，右草坪最低温度为 33.1℃，最高温度为 63.2℃；砖地的温度分别为 45.4℃和 61.8℃。隆恩门前左草坪最低气温为 31.3℃，最高气温为 63.0℃，右草坪最低气温为 33.4℃，最高气温为 72.7℃；砖地温度分别为 45.4℃和 63.6℃。隆恩殿前左草坪最低温度为 39.8℃，最高温度为 59.7℃，右草坪最低温度为 33.4℃，最高温度为 62.0℃；砖地的温度分别为 46.6℃和 66.4℃。

2. 实际测量与模拟结果对比

为了验证计算结果的有效性，在此引入相对误差公式

$$\delta = \frac{\varDelta}{L} \times 100\% \tag{4-5}$$

式中，δ 为 i 时刻的实测值与模拟值的相对误差；$\varDelta$ 为 i 时刻的绝对误差，即实测值与模拟值误差的绝对值；L 为 i 时刻的实测值。

各测点在各季节典型日的温度实测值与模拟值的误差结果列于表 4-12。

表 4-12　实测数值和模拟数值的相对误差

时间	各区间相对误差 δ 比值 /%			
	0%≤δ≤5%	5%<δ≤10%	10%<δ≤15%	δ>15%
10:00	26.7	33.3	33.3	6.7
12:00	40.0	30.0	26.7	3.3
14:00	53.3	36.7	6.7	3.3

图 4-13（a）是上午 10:00，碑亭、隆恩门、隆恩殿门前地面地砖、左侧绿地、右侧绿地数值模拟的温度云图及测点位置。图 4-13（c）~ 图 4-13（e）表示上午 10:00，碑亭、隆恩门、隆恩殿热环境实测与模拟（种植绿地后）的温度对比图。分别对比实测与模拟的温度曲线可知，10:00 的实测与模拟差值是 0.15~7.16℃，所占比例为 0.51%~18.8%。通过差值比较红外图像和 CFD 模拟预测温度显示的一致性，说明模拟参数选取合理，可以较为准确地反映清福陵内部温度场的分布，尤其以 14:00 的实测与模拟的差值最小，模拟数据最接近实测数据。

4.3.4　数字化分析结果与讨论

1. 种植绿地前后的模拟结果对比

图 4-13（a）~ 图 4-13（b）是上午 10:00，碑亭、隆恩门、隆恩殿的数值模拟（种植绿地前后）的温度云图及测点位置。图 4-13（c）~ 图 4-13（e）表示上午 10:00，碑亭、隆恩门、隆恩殿热环境实测与模拟（种植绿地前后）的温度对比图。分别对比种植绿地前后的模拟温度曲线可知，种植绿地后比种植绿地前，碑亭门前地面地砖温度下降了 5.30 ~ 6.67 K，减少了 9.17% ~ 11.24%；隆恩门前地面地砖温度有的测点下降了 6.0 K，减少了 11.85%，有的测点可能是由于气流漩涡的作用，温度升高了；隆恩殿前地面地砖温度下降了 9.77 ~ 18.20 K，减少了 16.86% ~ 26.45%。对比无草坪时的模拟温度曲线，有草坪时 12:00 的碑亭前地砖温度较无草坪时降低了 2.62 ~ 4.19 K，下降了 4.08% ~ 6.40%。隆恩门前地砖温度降低了 0.02 ~ 1.55 K，下降了 0.04% ~ 2.57%（图 4-14）。隆恩殿前地砖温度降低了 0.90 ~ 3.38 K，下降了 1.60% ~ 5.93%。对比无草坪时

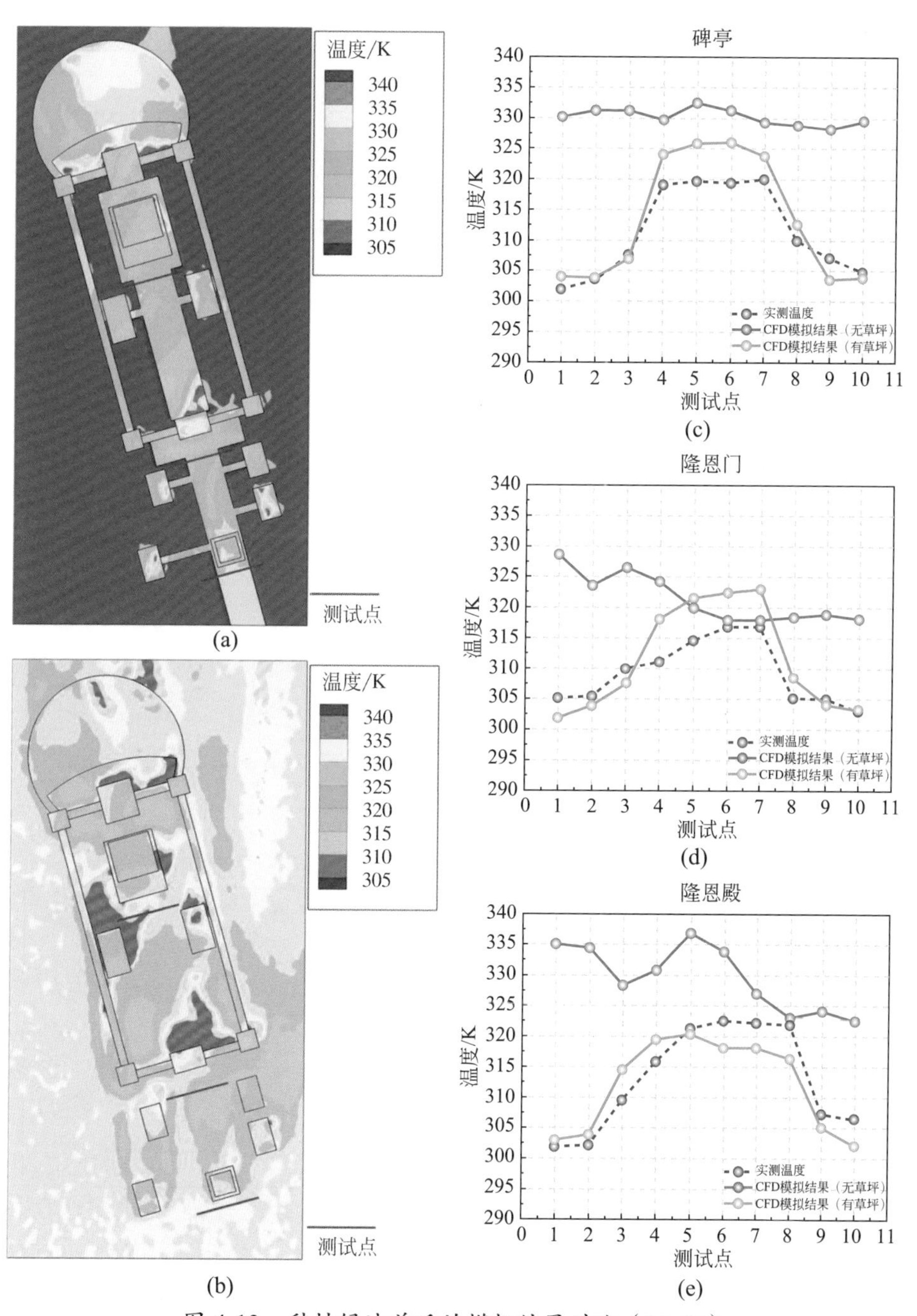

图 4-13　种植绿地前后的模拟结果对比（10:00）

（a）数值模拟温度云图和测点位置（有草坪的情况）;（b）数值模拟温度云图和测点位置（无草坪的情况）;（c）碑亭前实测温度与模拟结果对比;（d）隆恩门前实测温度与模拟结果对比;（e）隆恩殿前实测温度与模拟结果对比

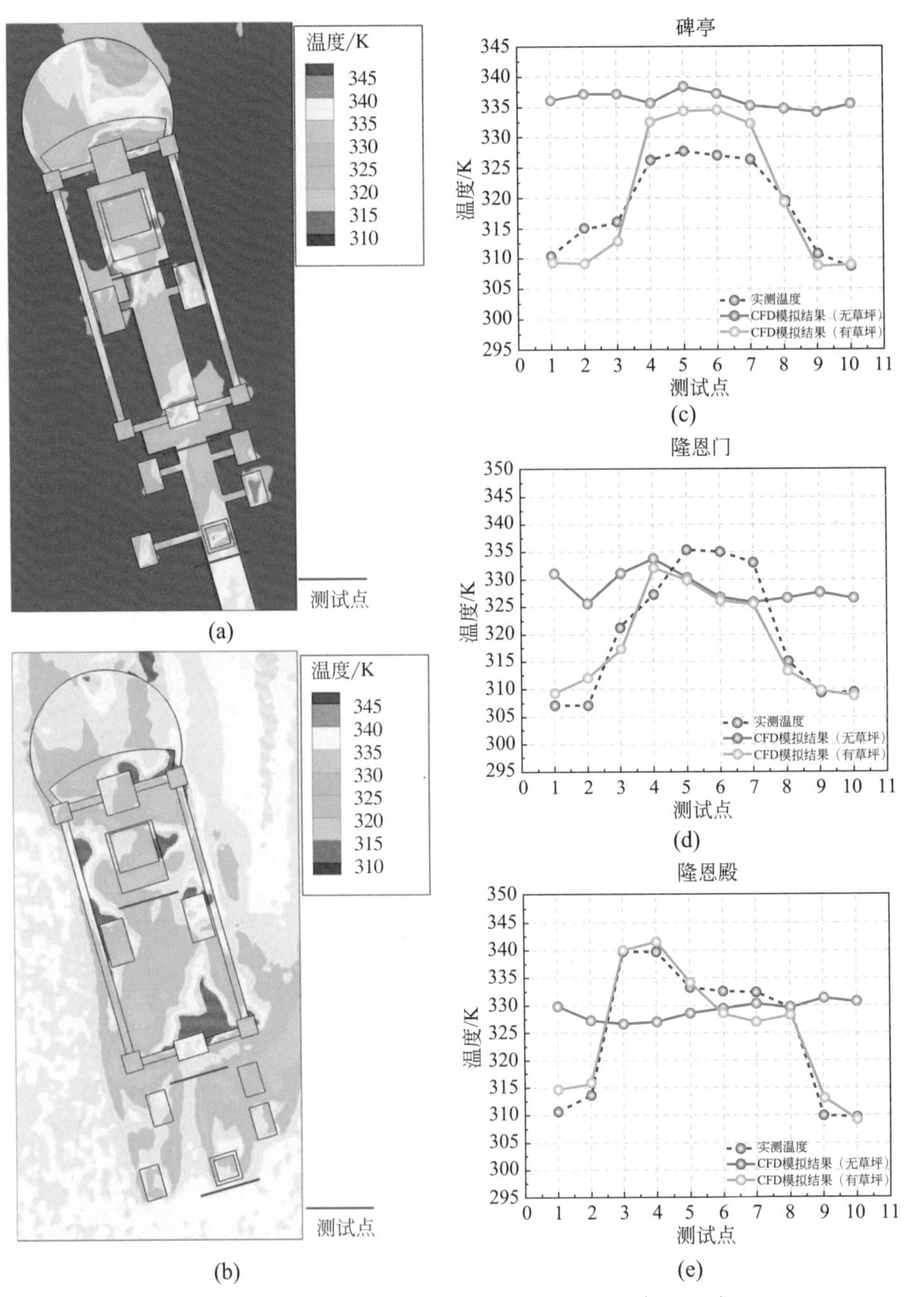

图 4-14　种植绿地前后的模拟结果对比（12:00）

（a）数值模拟温度云图和测点位置（有草坪的情况）；（b）数值模拟温度云图和测点位置（无草坪的情况）；（c）碑亭前实测温度与模拟结果对比；（d）隆恩门前实测温度与模拟结果对比；（e）隆恩殿前实测温度与模拟结果对比

的模拟温度曲线，14:00 的碑亭前砖地温度较铺设草坪前降低了 2.69 ~ 4.26 K，下降了 3.91% ~ 6.09%（图 4-15）。隆恩门前地砖温度降低了 1.56 ~ 9.40 K，下降了 2.68% ~ 14.75%。隆恩殿前地砖温度降低了 11.47 ~ 17.54 K，下降了 17.56% ~ 24.20%。由于气流涡的影响，一些测点的温度有所升高。在空气涡流中，热量不能及时被带走，导致地砖温度升高。

2. 不同风速、空气湿度的模拟结果对比

根据实际测量与模拟数据对比可知，清福陵 14:00 的实测与模拟的差值最小，模拟数据最接近实测数据。本研究改变 14:00 的风速、空气湿度，研究不同气象条件对清福陵热环境和微气候的影响。

通常，随着风速的增加，地面温度会下降。如果建筑物被其他墙壁阻挡，一些测量点可能会受到气流漩涡的影响。图 4-16（a）~ 图 4-16（c）为 14:00 的碑亭、隆恩门、隆恩殿不同风速的温度对比图。我们发现，以草坪为模拟条件，风速为 5 m/s 与风速为 4 m/s 相比，碑亭前地砖温度降低了 5.72 ~ 6.24 K，下降了 8.21% ~ 8.67%；隆恩门前地砖升温 2.37 ~ 5.83 K，上升了 4.03% ~ 9.70%；隆恩殿前地砖温度降低了 14.17 ~ 19.27 K，下降了 20.50% ~ 26.34%。与 5 m/s 风速相比，6 m/s 风速下，碑亭前地砖温度降低了 4.06 ~ 4.44 K，下降了 6.39% ~ 6.71%；隆恩门前地砖温降低了 2.35 ~ 2.65 K，下降了 4.24% ~ 4.70%；隆恩殿前地砖升温 6.10 ~ 9.53 K，上升了 11.37% ~ 17.69%。

随着空气相对湿度的增加，地面温度呈下降趋势。但如果建筑物被其他墙壁挡住，相对湿度增加时，风速会下降，地面温度会升高。图 4-16（d）~ 图 4-16（f）为 14:00 的不同相对湿度下的碑亭、隆恩门、隆恩殿温度对比图。结果表明：碑亭前，相对湿度为 40% 的地砖比相对湿度为 10% 的地砖，温度降低了 0.08 ~ 0.11 K，下降了 0.12% ~ 0.17%；隆恩门前的地砖升温 2.55 ~ 5.25 K，上升了 4.83% ~ 10.69%；隆恩殿前的地砖温度降低了 2.57 ~ 6.82 K，下降了 4.47% ~ 11.23%。当相对湿度由 40% 上升到 70%，碑亭前地砖温度降低了 0.21 ~ 0.28 K，下降了 0.34% ~ 0.43%；隆恩门前地砖升温 3.27 ~ 8.62 K，上升了 5.91% ~ 15.86%；隆恩殿前地砖升温 0.33 ~ 4.40 K，上升了 0.59% ~ 8.17%。这说明建筑前面如果有遮挡，会使得风速减小，空气湿度变大后，地面温度会升高。

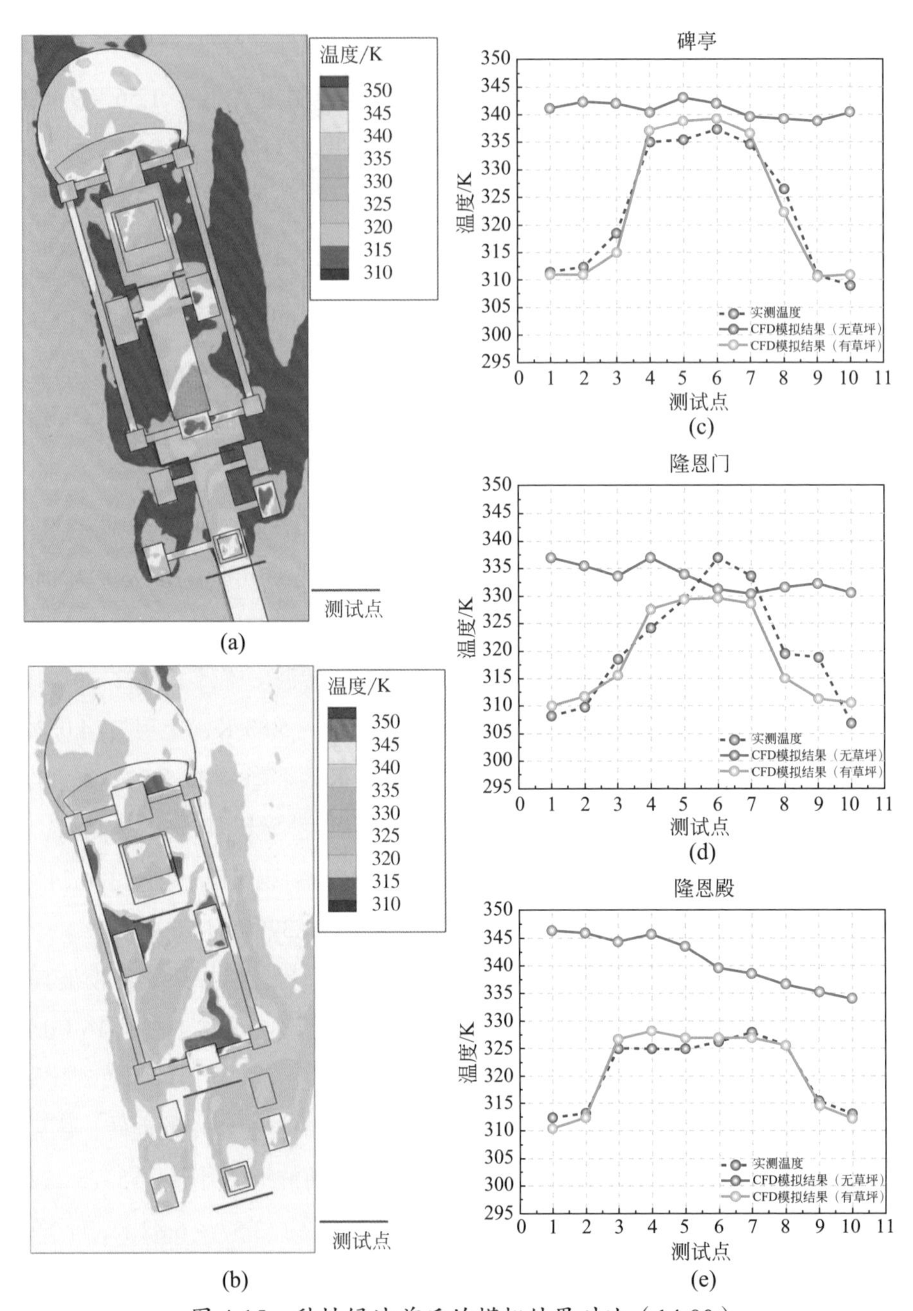

图 4-15　种植绿地前后的模拟结果对比（14:00）

（a）数值模拟温度云图和测点位置（有草坪的情况）；（b）数值模拟温度云图和测点位置（无草坪的情况）；（c）碑亭前实测温度与模拟结果对比；（d）隆恩门前实测温度与模拟结果对比；（e）隆恩殿前实测温度与模拟结果对比

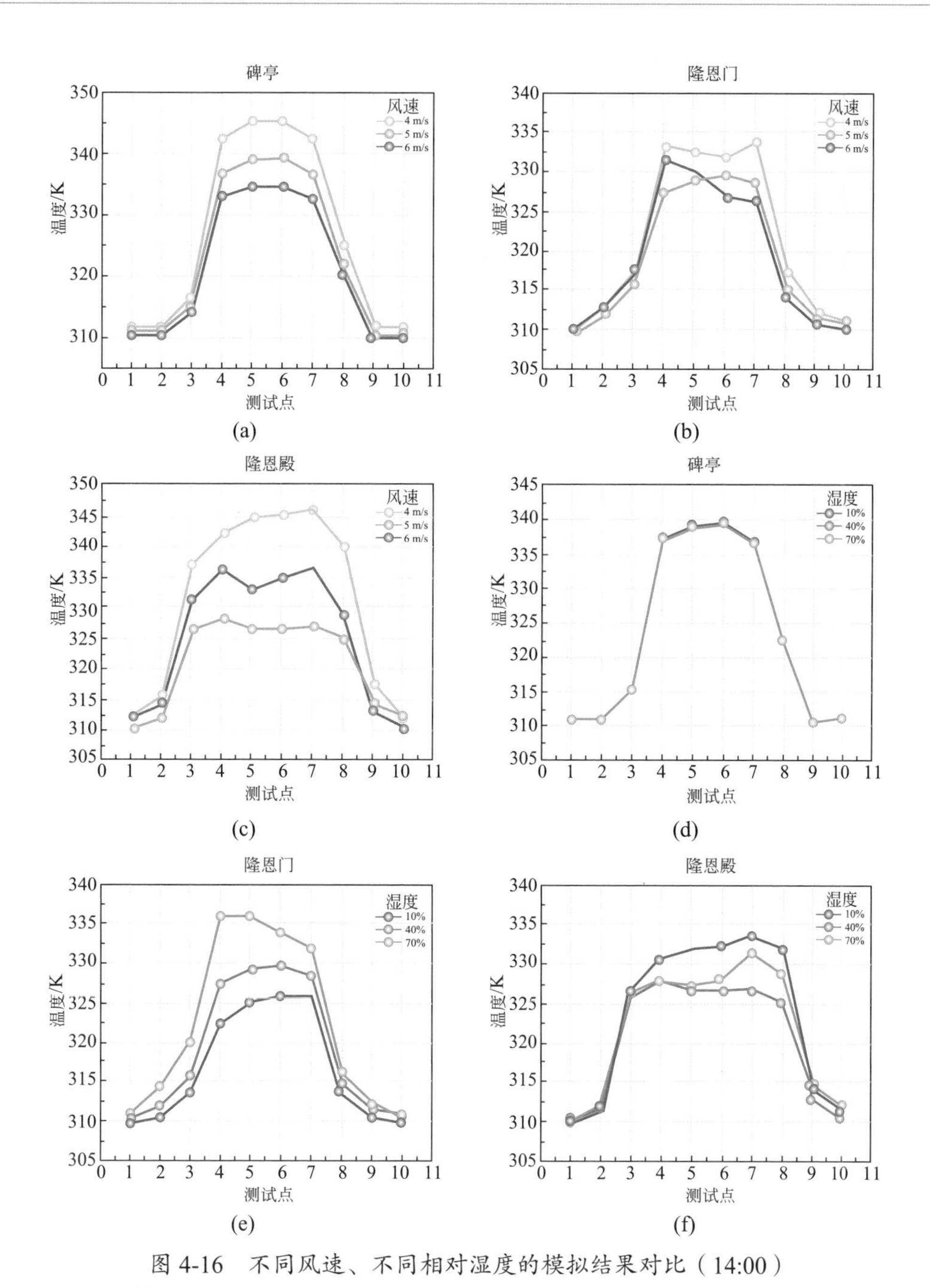

图 4-16　不同风速、不同相对湿度的模拟结果对比（14:00）

（a）碑亭前不同风速模拟结果对比；（b）隆恩门前不同风速模拟结果对比；（c）隆恩殿前不同风速模拟结果对比；（d）碑亭前不同相对湿度模拟结果对比；（e）隆恩门前不同相对湿度模拟结果对比；（f）隆恩殿前不同相对湿度模拟结果对比

3. 微气候实际测量与人体热舒适指标

温度是影响人舒适程度与身体健康的重要因素，温度过高过低都不利于人们的身心健康。在环境营造过程中，利用植被来降低空气温度，为人类提供良好适宜的温度环境，对于建筑遗产的保护和人们的生产生活是十分必要的。目前我国比较流行的室外环境评价指标主要有标准有效温度、WBGT 等。采用标准有效温度指标来评价建筑空间的舒适情况，用 WBGT 指标来衡量建筑空间内的热环境安全性。项目组成员测量 5 个时间点的空气温度、黑球温度、WBGT 值，如表 4-13 所示。

随着太阳辐射照度的增强，空气温度逐渐升高。在上午 10:00，测量得到建筑空间的黑球温度值是 27.7℃，在 25.6~30.0℃，WBGT 指标是 23.3℃，在 18.0~24.0℃，处于稍暖的热感觉区间。在中午时段 12:00，由于太阳辐射比较强烈，地面蓄积了大量的热量，黑球温度值是 36.7℃，在 34.5~37.5℃，WBGT 指标是 27.8℃，在 24.0~28.0℃，参考表 4-14 和表 4-15 的热舒适指标，处于较热的热感觉区间。在下午时段 14:00，太阳辐射最为强烈，黑球温度值是 39.6℃，大于 37.5℃，WBGT 指标是 29.7℃，在 28.0~30.0℃，参考热舒适指标，环境的热感觉为很热或炎热。

室外环境参数对人体热感觉影响比较主要的量为温度、湿度、太阳辐射与风速。根据实际测量和数值模拟各环境空间的数值，来计算考察环境的热舒适情况。数值模拟结果与实际测量数据非常接近（图 4-17）。

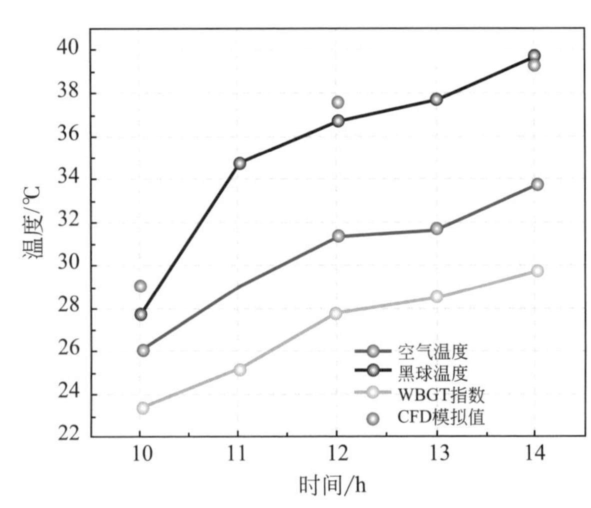

图 4-17　微气候实测数据与数值模拟结果非常接近

表 4-13　实地测量的 WBGT 和黑球温度　℃

时间	空气温度	黑球温度	WBGT 温度
10:00	26.1	27.7	23.3
11:00	29.0	34.8	25.2
12:00	31.4	36.7	27.8
13:00	31.6	37.7	28.5
14:00	33.7	39.6	29.7

表 4-14　标准有效温度指数　℃

热舒适指数	舒适	暖和	有点热	热	非常热
标准有效温度	22.2~25.6	25.6~30.0	30~34.5	34.5~37.5	≥37.5

表 4-15　WBGT 热舒适指数　℃

WBGT 热舒适指数	舒适	暖和	有点热	热	非常热
WBGT	<18.0	18.0~24.0	24.0~28.0	28.0~30.0	>30.0

4.4 不同树木绿化对清福陵夏季热环境的影响

由于清福陵世界遗产地的城市化发展，使得这个地区夏季温度日益上升，本研究着眼于不同树木绿化对热环境的降温作用，通过红外热成像仪拍摄照片与实际测量，收集气象中各项物理数据，作为 CFD 模拟设定及验证的参考。研究松树、榆树和桑树的蒸腾速率和孔隙率对古建筑的影响；研究清福陵不同位置古建筑的温度情况，同一个古建筑不同部位的温度情况。

4.4.1　清福陵红外热成像实际测量

根据 2020 年 7 月 2 日项目组成员的实地调研、测绘和勘察，沈阳清福陵的主体建筑虽然保存基本完好，但大部分古建筑有被太阳辐射及温度升高造成破坏侵蚀的现象，存在砖墙、柱子和门窗干裂起皮，瓦片、涂料、彩画褪色等病害。其中，碑亭门窗干裂起皮、门框掉漆，隆恩门楼门洞上方有多处干裂掉漆，隆恩殿前柱子有干裂起皮现象（图 4-18）。

清福陵的中轴线上的三座主要建筑——碑亭、隆恩门、隆恩殿前面都种植了不同种类的树木和绿化。碑亭前种植了松树、榆树和桑树，隆恩门前主要种植了松树，隆恩殿前主要种植了桑树和榆叶梅。草地绿化基本都是地毯草（图 4-19）。

图 4-18　清福陵古建筑的实际测量

（a）碑亭门窗开裂起皮；（b）碑亭实景照片；（c）碑亭热成像照片；（d）隆恩门砖墙干裂；（e）隆恩门实景照片；（f）隆恩门热成像照片；（g）隆恩殿前柱子干裂；（h）隆恩殿实景照片；（i）隆恩殿热成像照片

图 4-19　清福陵主要古建筑前种植树木绿化种类
（a）碑亭前；（b）隆恩门前；（c）隆恩殿前

沈阳地区 7 月是一年之中最热的一个月，每日平均气温高温在 28~29℃，极少低于 24°C 或超过 32°C。地面最高温度可以达到 63℃。7 月的平均风速为 3.64~3.86 m/s，整个 7 月的风向主要是南风。

2020 年 7 月 2 日天气晴朗，风速较低。为了研究不同树木绿化绿地对沈阳清福陵夏季热环境的影响，项目组成员选取这一天的 10:00、12:00、14:00 共三个时间点，对清福陵进行了古建筑实地测量。测量仪器（表 4-16）、测量内容和测量数据如下（表 4-17）。

表 4-16　测量仪器及测量参数

测量仪器	测量参数	仪器精度
温湿度测试仪	空气温度	空气温度（±0.1℃）
	相对湿度	相对湿度（±5%RH）
风速测量仪	风速	风速（±3% 或 ±0.1dgt（分辨率））
红外热成像仪	物体温度成像	温度（±2% 或 ±2℃）
热流密度传感器	土壤热流密度、地砖热流密度	热通量（≤3%）

表 4-17　实际测量数据

时间	空气温度 /℃	风速 /（m/s）	湿度 /%	绿地热通量 /（W/ m^2）	墙面和地面热通量 /（W/ m^2）
10:00	26.1	3.6	68.0	−16.0	90.7
12:00	31.4	4.0	46.9	−16.8	108.9
14:00	33.7	5.0	40.1	−16.8	137.9

（1）室外热环境测量。主要测量数据分别为：三个时间点的空气温度、空气湿度、风速。测量地点设置在空旷处——隆恩门前，距离地面 1.6 m 处，以取得大环境与绿地周边及地砖地面的物理数据。

（2）红外热成像仪测量。主要测量内容分别为碑亭、隆恩门、隆恩殿三个古建筑不同部位实时温度，树木绿化实时温度。

（3）地表热通量测量。主要测量内容分别为墙面和地面热通量数据、绿地土壤热通量数据。将热流测定片分别放置在墙面和地面上，绿地土壤下深 10 cm 处，测量不同地表吸收热通量数据。绿地表面呈现吸热状态，其所测得热通量介于 −16~−16.8 W/m^2，而墙面和地面则呈现放热状态，其热通量介于 90.7~137.9 W/m^2。

4.4.2　建立模型和参数设置

本研究使用 CFD 进行模拟，根据实际测量以及理论研究，利用 ANSYS Fluent 软件中热通量（Heat Flux）设定树木绿地、墙面和地面为 2 种类型进行热环境的模拟。通过实际量测绿地、墙面和地面热通量作为设定参考，并设定绿化材质吸热，即热通量设定为负值，假设建筑材料透过墙面和地面材质放热，将其热通量设定为正值。

1. 计算区域与边界条件设置

为了使来去气流与建筑周边环境充分作用，同时控制运算量，将计算区域设为 1200 m × 400 m × 70 m 的长方体区域。计算区域以清福陵碑亭到宝顶的古建筑及其周边环境为主。模拟计算范围入口，将其边界条件设定为速度入口（velocity-inlet），出口设定为压力出口（pressure-outlet），地面的边界条件设定为无滑移墙面（wall），外部计算域则以对称（symmetry）条件设置，用以假设实际大气环境条件。

2. 网格设置

本研究通过软件中 ANSYS ICEM 网格划分法，模拟清福陵的地形地貌，研究所模拟的计算区域，其网格数介于 2 350 000~2 400 000。

3. RNG k-ε 湍流模型

CFD 数值模拟选取 RNG k-ε 湍流模型。

4. 风速边界层

本研究的风速边界层同 4.3.2 节的风速边界层。

5. 数值模拟方案的设定

根据实际测量收集到的物理数值，作为验证数值模拟的依据。透过各项物理数值间的相对评估，探讨不同树木绿化对古建筑夏季热环境的影响。不同树木的蒸腾速率和孔隙率具体数值模拟方案的设定见表 4-18。

表 4-18　不同树木的蒸腾速率和孔隙率

树木	蒸腾速率 / (mmol/(m^2·s))	孔隙率	渗透性	黏滞系数	惯性阻力系数
松树	0.52	0.60	90×10^{-6}	11 111.1	64.8148
榆树	7.44	0.40	11.9×10^{-6}	84 375.0	328.1250
桑树	4.50	0.30	3.67×10^{-6}	272 222.2	907.4074

4.4.3 CFD 数值模拟结果

碑亭、隆恩门和隆恩殿是位于清福陵中轴线上的主要古建筑。碑亭位于清福陵主要建筑的最前面，四周都是树木植被；隆恩殿位于有城墙包围的方城内，只有少量树木，但建筑前面有草坪；隆恩门是方城的入口，建筑前面有树木草坪。由于三座主要建筑所处位置的不同，树木绿化对它们的影响也不同。由于篇幅限制，我们探讨最有代表性的下午 14:00，分析不同树木绿化对碑亭、隆恩门和隆恩殿古建筑热环境的影响。图 4-20（b）、图 4-21（b）、图 4-22（b）是碑亭、隆恩门、隆恩殿测试点位置（屋顶、5 m 墙面、1 m 墙面、地面）。特征点选取在测试点位置水平线上，建筑中心竖向偏东 1 m 的位置，表 4-19 是清福陵主要古建筑特征点的不同树木绿化数值模拟结果。

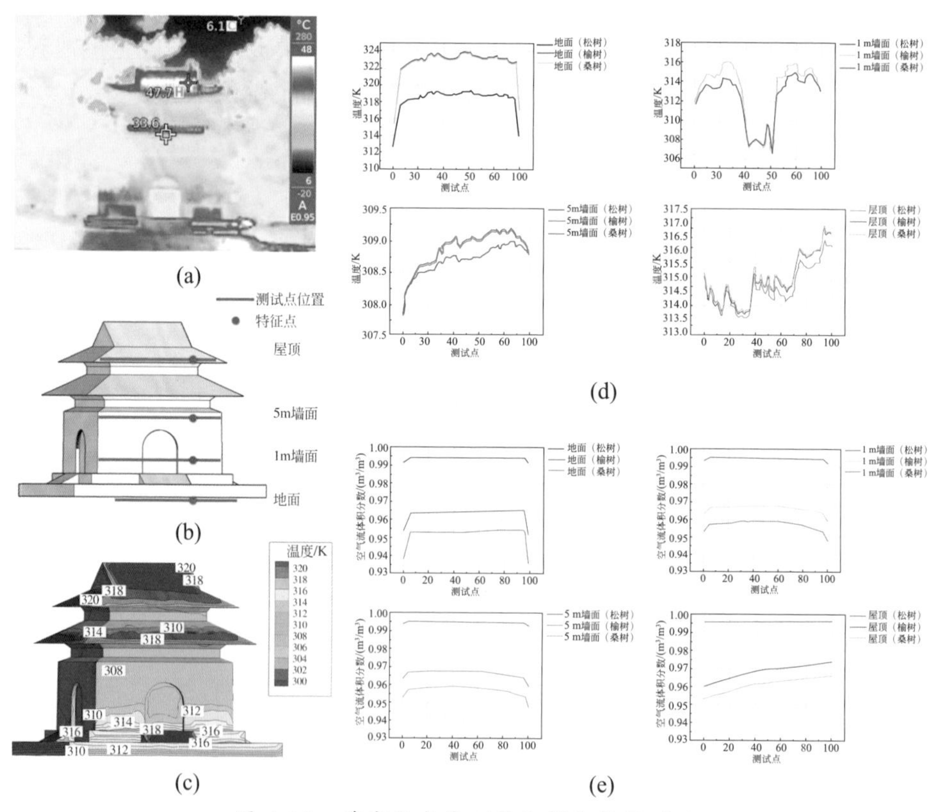

图 4-20　碑亭热成像测量与模拟结果对比

（a）碑亭热成像照片；（b）碑亭不同部位测试点位置；（c）碑亭数值模拟温度云图；（d）碑亭数值模拟温度曲线；（e）碑亭数值模拟气流体积分数曲线

表 4-19　清福陵主要古建筑不同树木绿化数值模拟结果

建筑名称及特征点位置	树木品种	温度 /K	气流 /（m^3/m^3）	建筑名称及特征点位置	树木品种	温度 /K	气流 /（m^3/m^3）
碑亭地面	桑树	323.17	0.9543	隆恩门 5m 墙面	桑树	309.51	0.9597
	榆树	323.10	0.9646		榆树	309.48	0.9701
	松树	318.85	0.9945		松树	306.03	0.9899
碑亭 1m 墙面	桑树	315.59	0.9570	隆恩门屋顶	桑树	320.82	0.9823
	榆树	315.60	0.9662		榆树	320.93	0.9851
	松树	314.50	0.9946		松树	318.27	0.9954
碑亭 5m 墙面	桑树	309.13	0.9643	隆恩殿地面	桑树	312.72	0.9312
	榆树	309.10	0.9718		榆树	317.00	0.9406
	松树	308.87	0.9955		松树	322.24	0.9855
碑亭屋顶	桑树	316.06	0.9643	隆恩殿 1m 墙面	桑树	313.29	0.9248
	榆树	315.97	0.9718		榆树	317.74	0.9323
	松树	315.60	0.9955		松树	318.39	0.9865
隆恩门地面	桑树	323.53	0.9361	隆恩殿 5m 墙面	桑树	305.23	0.9412
	榆树	323.27	0.9485		榆树	304.54	0.9571
	松树	300.86	0.9660		松树	305.87	0.9884
隆恩门 1m 墙面	桑树	313.49	0.9236	隆恩殿 屋顶	桑树	312.00	0.9383
	榆树	313.25	0.9202		榆树	322.47	0.9401
	松树	307.26	0.9797		松树	324.03	0.9892

4.4.4　热成像测量结果分析

项目组成员在 10:00、12:00、14:00 共三个时间点，对沈阳清福陵碑亭、隆恩门、隆恩殿拍摄了实景照片及红外图像，并得到了各测点的数据。通过下午 14:00 的碑亭、隆恩门和隆恩殿的红外热成像照片，可以分析不同树木绿化对古建筑热环境的影响。

图 4-20（a）、图 4-21（a）、图 4-22（a）是红外热成像仪拍摄 14:00 的清福陵碑亭、隆恩门、隆恩殿的实景照片及红外图像。如图 4-20（a）所示，碑亭屋顶温度可达 47.7℃，木结构彩画可达 33.6℃；如图 4-21（a）所示，隆恩

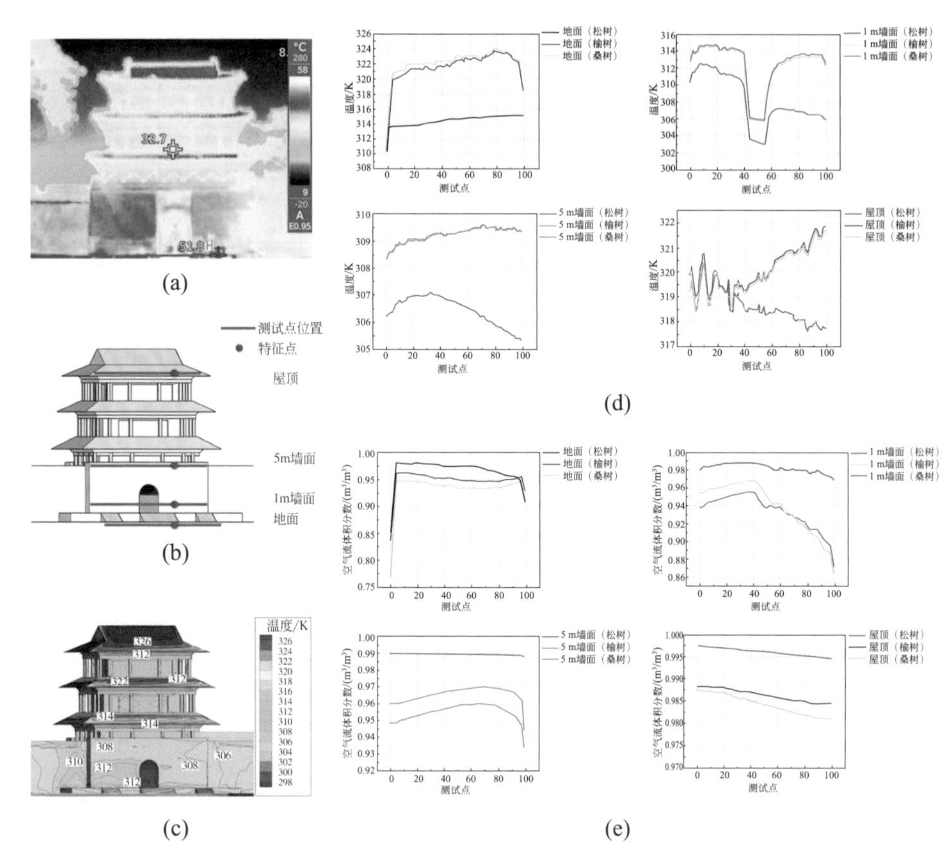

图 4-21　隆恩门热成像测量与模拟结果对比

（a）隆恩门热成像照片；（b）隆恩门不同部位测试点位置；（c）隆恩门数值模拟温度云图；（d）隆恩门数值模拟温度曲线；（e）隆恩门数值模拟气流体积分数曲线

门地面温度可达 51.8℃，木结构彩画可达 32.7℃；如图 4-22（a）所示，隆恩殿地面温度可达 55.8℃，屋顶温度可达 44.8℃。这说明空气温度受到太阳辐射和地面辐射的影响，下午 14:00 左右空气温度达到最高温度，屋顶、墙面、地面在吸收了太阳辐射后，温度也随之升高。但是周边树木绿化可以对建筑表面产生影响，有一定的降温作用。图 4-20（c）、图 4-21（c）、图 4-22（c）是碑亭、隆恩门、隆恩殿数值模拟的温度云图。红外热成像测量与模拟结果数据基本一致，说明数值模拟采用的实际测量物理数据取值合理。

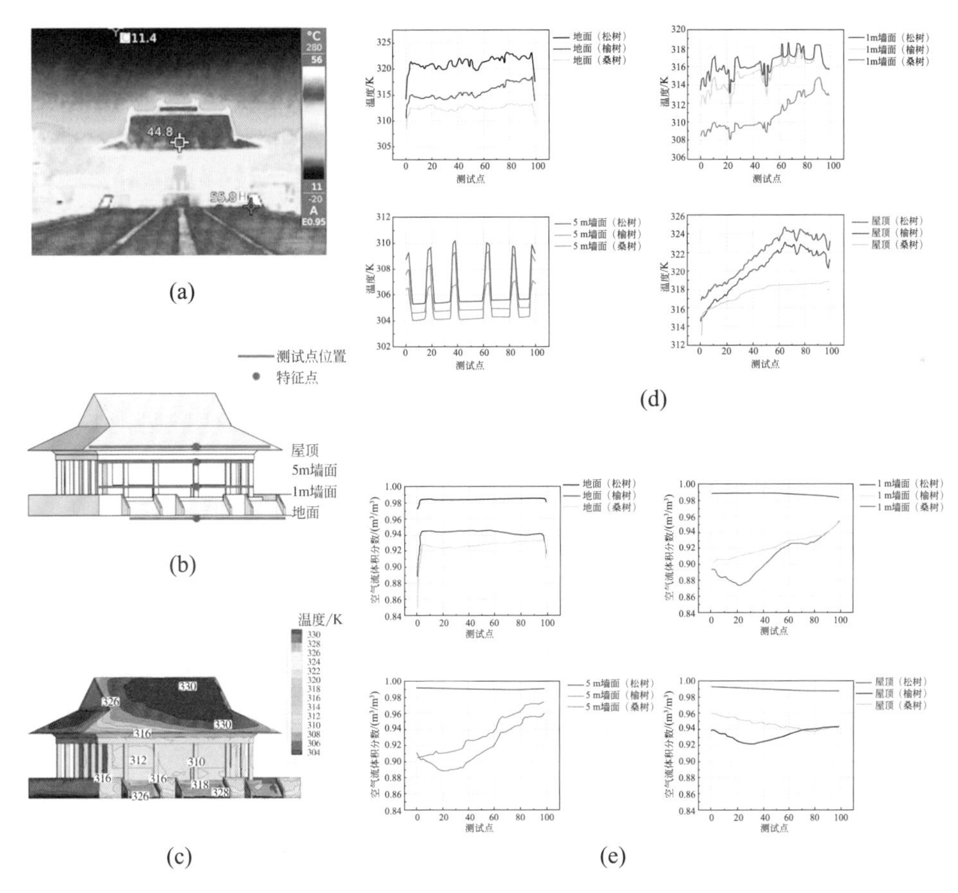

图 4-22 隆恩殿热成像测量与模拟结果对比

(a)隆恩殿热成像照片;(b)隆恩殿不同部位测试点位置;(c)隆恩殿数值模拟温度云图;(d)隆恩殿数值模拟温度曲线;(e)隆恩殿数值模拟气流体积分数曲线

4.4.5 数字化分析结果与讨论

1. 不同树木绿化的蒸腾速率结果分析

树木绿化可以通过蒸发散和蒸腾作用降低环境温度。通常情况下，植物的蒸腾速率越大，建筑遗产和周围环境的表面温度降低得也越多。图 4-20（d）、图 4-21（d）、图 4-22（d）是碑亭、隆恩门、隆恩殿在不同树木绿化影响下的温度曲线图。数值模拟通过设置榆树、桑树、松树的蒸腾速率参数（表 4-18），对比图 4-20（d）、图 4-21（d）、图 4-22（d）的温度曲线可知，榆树的蒸腾速率最大，白天由于光合作用产生较多的水蒸气，对建筑和周边环境的影响最大。在没有城墙遮挡的情况下，榆树对隆恩门地面特征点影响最大，地面特征点温度最多可降低 9.6℃，减少了 25.8%；但在有城墙遮挡的情况下，松树对隆恩殿屋顶特征点影响最大，屋顶特征点温度最多可降低 7.3℃，减少了 18.7%。

2. 不同树木绿化的孔隙率结果

树木绿化种植在建筑物前会减小风速，是由于树木的树冠和树叶疏密度引起渗透的气流减少，造成挡风效果。树木的孔隙率可以改变风速大小，通常情况下，孔隙率越大，通过气流的体积分数越大。在数值模拟中，把树木看作是多孔介质，通过设定不同树木的孔隙率等参数（表 4-18），分析空气流动带给古建筑的降温作用和植物蒸腾作用的影响。图 4-20（e）、图 4-21（e）、图 4-22（e）是碑亭、隆恩门、隆恩殿在不同树木绿化影响下的空气气流体积分数曲线图。对比图 4-20（e）~ 图 4-22（e）的空气气流体积分数曲线可知，松树的孔隙率最大，通过的空气气流最多，挡风效果最小。三座主要古建筑特征点的树木孔隙率影响最大值和最小值都出现在隆恩殿。最大值在隆恩殿距地 1 m 墙面的特征点，松树比桑树气流体积分数多 0.062 m^3/m^3，风速增加 6.25%；最小值在隆恩殿屋顶的特征点，榆树比桑树气流体积分数多 0.0018 m^3/m^3，风速增加 0.19%。

3. 清福陵不同位置古建筑的结果分析

清福陵的碑亭和隆恩门在方城城墙外，隆恩殿在城墙内。对比图 4-20（d）、图 4-21（d）、图 4-22（d）的温度曲线可知，城墙能够遮挡一部分气流，降低风速，减弱古建筑的降温效果。以松树为例，分析三个古建筑同一高度墙面温度，隆恩殿 1 m 墙面的特征点温度最高 45.2℃，气流体积分数 0.987 m^3/m^3；碑亭 1 m 墙面的特征点温度是 41.3℃，气流没有遮挡，体积分数最大，是 0.995 m^3/m^3。隆恩门前有成排松树，墙面在树木形成的阴影区域，温度最低 34.1℃，气流遮挡也最大，体积分数是 0.980 m^3/m^3。

4. 同一个古建筑的不同部位的结果分析

树木绿化对古建筑的降温影响与太阳高度角、太阳辐射量有很大关系。对比图 4-20（d）、图 4-21（d）、图 4-22（d）的温度曲线可知，通常情况下，太阳高度角越大，太阳辐射量越大。以松树为例，碑亭 5 m 墙面特征点降温最多，比地面特征点温度降低 9.98℃，减少了 21.8%；隆恩殿 5 m 墙面特征点比地面特征点降低 16.4℃，减少了 33.4%。这是因为 14:00 的古建筑地面几乎垂直太阳辐射方向，太阳辐射强度最大，温度最高；5 m 墙面与太阳辐射夹角较小，所受太阳辐射强度较小，温度较低。

4.5 清昭陵建筑遗产病害的现场勘察

清昭陵位于沈阳城的北部，因此也称“北陵”，是清朝皇家陵寝和现代园林合二为一的游览胜地。清昭陵是清朝第二代开国君主太宗皇太极以及孝端文皇后博尔济吉特氏的陵墓，还葬着关雎宫宸妃、麟趾宫贵妃、洐庆宫淑妃等。清昭陵现为国家重点文物保护单位，并于 2004 年正式被列入世界文化遗产名录。

本节以清昭陵和赫图阿拉城为例，进行辽宁前清建筑遗产的冬季冷环境数字化分析与保护研究。

4.5.1　建筑布局与各单体建筑形制

清昭陵是清初关外陵寝中最具代表性的一座帝陵，是我国现存最完整的古代帝王陵墓建筑之一。占地面积 160 000 m^2，内有隆恩殿、宝城、宝顶、月牙城、大明楼、大碑楼、方城、隆恩门、大红门、石牌坊等建筑，规模宏大，建筑雄伟，是清初“关外三陵”（福陵、昭陵、永陵）中规模最大、气势最宏伟的一座（图 4-23）。清昭陵共分三大部分，由南至北依次为：前部，从下马碑到正红门，包括华表、石狮、石牌坊、更衣厅、宰牲厅。中部，从正红门到方城，包括华表、石象生、碑楼和祭祀用房。后部，包括方城、月牙城和

图 4-23　清昭陵的古建筑

（a）碑亭；（b）隆恩殿；（c）隆恩门；（d）明楼

宝城，是陵寝的主体。园内古松参天，草木葱茏，湖水荡漾，楼殿威严，金瓦夺目，充分显示出皇家陵园的雄伟、壮丽和现代园林的清雅、秀美。

4.5.2　病害现状及形成原因分析

清昭陵建筑保存了原建筑格局，主体建筑基本完好，但现存大部分建筑年久失修，普遍存在地面、台基石材有裂缝、掉角、塌陷、缺失，台基被侵蚀，墙体、柱子掉漆，门槛磨损严重，彩画掉色，瓦顶长草，人为刻画等现象（图 4-24）。

图 4-24　清昭陵古建筑的病害现状

(a)大碑楼室内地面砖破裂;(b)茶膳房墙体底部生长苔藓植物;(c)隆恩门墙彩绘褪色;(d)隆恩殿柱子掉皮褪色;(e)大明楼门窗掉皮褪色;(f)东南角楼油饰彩画褪色

1. 正红门

现状：正红门墙体和门经过了重新粉刷，但局部仍出现墙体裂缝、脱落、掉色等现象，且门洞顶棚会有大面渗水潮湿的痕迹。在门洞周围的石材也有裂缝现象。台阶及地面石砖都有不同程度的裂缝、掉角、塌陷、缺失、凹凸不平，且角落植被覆盖现象较为严重，瓦顶更有杂草未得到修缮处理。

形成原因分析：长期日晒、雨淋，地基沉降不均匀，人为破坏，植被生长等。

2. 东跨院

现状：目前东跨院只剩院门可供分析，柱、门、墙体经过了重新粉刷，破坏不严重，只有部分划痕、污垢以及少数植物覆盖，其大木结构上的油饰彩绘破损极其严重，出现掉色、脱落、腐蚀、裂缝等现象，没有得到很好的保护及修缮。

形成原因分析：长期风吹日晒、雨淋及人为破坏。

3. 西跨院

现状：情况与东跨院相似，其彩绘的破损程度略低于东跨院，但仍能看出掉色、腐蚀、裂缝等现象。

形成原因分析：长期风吹日晒、雨淋及人为破坏。

4. 大碑楼（碑亭）

现状：室外地面有缺损，室内靠门处的地面有粉碎、分层等现象。台基有裂缝，石材缺失、掉角、有塌陷，室外台基被侵蚀。墙体无改建，室内墙体污渍严重，伴有裂缝与划痕。瓦顶横脊有贯通裂等现象，屋顶长草。门槛有破损，门框状态良好，如图 4-24（a）所示。

形成原因分析：人为损坏、受潮、自然雨水侵蚀、雨雪灰尘残留、鸟类粪便残留、自然植物生长。

5. 果房

现状：进行过修缮，建筑状态良好。地面存在破损。墙体存在少许污垢与泛白现象。柱子上有少量细裂缝和鸟类粪便残留。

形成原因分析：日晒雨淋、鸟类粪便残留。

6. 仪仗房

现状：仪仗房的墙体出现掉色、掉漆、脱皮、开裂，人为刻画等现象。瓦顶上有长草现象。油饰彩画有褪色的现象，大木结构处有个别的裂缝或严重缺失；台阶也有破损和较大的裂缝。

形成原因分析：风吹日晒、雨淋、失修、受潮。

7. 涤器房

现状：台基有石料裂开粉碎情况，墙面有涂鸦与刻字。窗框部分有破损，整体有些褪色。由于刚翻新维修过，涤器房整体状态比较新。

形成原因分析：石料干裂、人为损坏。

8. 茶膳房

现状：柱基上出现不同程度的植物覆盖，如青苔等苔藓植物。台基有裂缝，石材缺失、掉角、有塌陷，室外台基被侵蚀。墙体无改建，有后补砖石，墙体掉漆且人为刻画现象严重，如图 4-24（b）所示。

形成原因分析：人为损坏、自然雨水侵蚀、自然植物生长。

9. 隆恩门

现状：台基有多处石料裂开，并相互挤压变形，栏杆上的石狮破损，但已被用黄色胶黏合。斗拱、梁、柱外围有铁网围护，防止被鸟类破坏；外部彩绘有干裂，褪色现象。瓦顶长草，局部瓦片掉落。地面台阶有大量破损、风化现象。大木结构有腐蚀现象，泛白且褪色，如图 4-24（c）所示。隆恩门内部已不对外开放。

形成原因分析：地震晃动、石料干裂、日晒雨淋、年久失修、受潮。

10. 隆恩殿

现状：隆恩殿前的两侧台阶上后加设了新的楼梯替代台阶本身作用并对

台阶进行保护。墙体、柱子掉色、掉漆、脱皮现象十分严重。门窗的木质框架几乎全部受损。瓦顶上有长草现象。护腰石上的浮雕有破损、褪色的现象，个别的有裂缝或有严重缺失，如图 4-24（d）所示。

形成原因分析：日晒雨淋、失修、人为破坏、受潮。

11. 东配殿

现状：台基台阶处有裂缝，石材缺失、掉角、有塌陷。室外地面也有一些砖块脱落因黏附力丧失而脱落，在室外砖缝中还长出一些小草。墙体无改建，有后补砖石，室内墙体掉漆，室外墙体破损，墙体砖缝处有裂缝。瓦顶横脊有黑色物质残留，屋顶长草。门槛破损严重，门框掉漆。油饰彩画有维修的痕迹，但也有褪色、泛白的地方。

形成原因分析：人为损坏、自然雨水侵蚀、雨雪灰尘残留、自然植物生长。

12. 西配殿

现状：室外地面也有一些砖块脱落，磨损严重，黏附力丧失。墙体无改建，有后补砖石，室内墙体掉漆，室外墙体破损，墙体砖缝处有裂缝。瓦顶横脊有黑色物质残留，屋顶长草。门槛破损严重，门框掉漆，泛白。油饰彩画有维修的痕迹，但也有褪色、泛白的地方。台基台阶处有裂缝，石材缺失，掉角。

形成原因分析：人为损坏、自然雨水侵蚀、年久失修、自然植物生长、灰尘残留。

13. 东配楼

现状：东配楼的地面有裂缝，石材缺失、掉角、有塌陷。墙体掉色、泛白、结壳，出现虫眼。屋顶长草横脊残留黑色物质，个别位置掉皮脱落。木结构出现菌腐、糟朽、污垢，柱子有裂缝，表面起皮、脱落。油饰彩绘有褪色脱落现象，门窗有维修痕迹，存在污垢。

形成原因分析：日晒雨淋、失修、自然雨水侵蚀、自然植物生长、灰尘残留。

14. 西配楼

现状：西配楼的地面出现变色、存在污垢、青苔。墙体存在变色、泛白现象，表面有虫眼虫沟，有涂鸦迹象。瓦顶位置长草现象严重，真菌导致瓦片变色。木结构有菌腐、糟朽现象，存在裂缝。柱子有多处开裂，表面起皮。彩绘位置有些许褪色、脱落。门窗有维修痕迹，存在污垢。

形成原因分析：自然雨水侵蚀、自然植物生长、日晒雨淋、灰尘残留、失修、人为损坏。

15. 大明楼

现状：墙体掉色、掉漆、脱皮、出现裂缝。瓦顶上有长草现象。门洞里面的浮雕掉色严重。台基有多处石料裂开。台阶、扶手、瓦片有破损。斗拱、梁、柱外围有铁网围护，防止被鸟类破坏。内部碑石多处破损，彩绘褪色。门窗最近经历过维修，状态较好，如图 4-24（e）所示。

形成原因分析：地震晃动、石料干裂、日晒雨淋、人为损坏。

16. 东北角楼

现状：东北角楼的地面有脱落、沉降现象。墙体有污垢、涂鸦、残损。瓦顶位置出现植被生长现象，瓦片脱落，表面掉皮起皮，存在污垢。木结构出现菌腐、变色现象，柱子表面起皮，存在裂缝。油饰彩绘褪色严重，门有翻新痕迹，存在污垢。

形成原因分析：自然雨水侵蚀、自然植被生长、虫腐、日晒雨淋、灰尘残留、失修、人为损害。

17. 东南角楼

现状：东南角楼的地面存在裂缝，石材残损、掉角、结壳、泛白。墙体出现裂缝，有划痕、变色。瓦顶位置出现植被生长，瓦片脱落，表面掉皮起皮，存在污垢。木结构有菌腐、虫腐、细裂缝、裂口、变色现象。油饰彩绘褪色严重，门有翻新痕迹，存在污垢，如图 4-24（f）所示。

形成原因分析：自然雨水侵蚀、自然植被生长、虫腐、日晒雨淋、灰尘残留、失修。

18. 西北角楼

现状：墙体有严重裂缝，虽已经进行人为修缮，但不够美观。屋顶长草，有残损。柱子的柱头部分木雕缺失。挑檐下方腐蚀严重。门窗状态良好。

形成原因分析：人为损坏、自然雨水侵蚀、失修、受潮。

19. 西南角楼

现状：墙体无改建，室内墙体掉漆，室外墙体破损，墙体砖缝处有裂缝，有几处地方发现小虫洞。大木结构处由于常年受风雨侵蚀出现湿块和湿点。油饰彩画有维修的痕迹，但也有褪色、泛白的地方。室外地面磨损严重。

形成原因分析：人为损坏、自然雨水侵蚀、失修、受潮。

4.5.3 修缮设计方案的制定

根据《中华人民共和国文物保护法》关于“不改变文物原状”的文物修缮原则、《中华人民共和国文物保护法实施细则》的有关规定，修缮不应轻易以完全恢复原状或以构建表面的新旧为修缮的主要依据，还应考虑主体建筑结构是否安全，修缮时人是否会发生危险，不能破坏建筑构件本身的文物价值，整旧如旧，能粘补加固的尽量粘补加固，能小修的不大修，尽量使用原有构件，以养护为主，经修缮的部位应尽量与原有的风格一致。清昭陵古建筑的主要修缮措施如表 4-20 所示。

表 4-20　清昭陵古建筑的主要修缮措施

1. 正红门、东跨院、西跨院	
部位名称	主要修缮措施
地面、台基	修缮方法一般分为剔凿修补、局部修补、整体重做、桐油养护等。地坪修缮好以后可用桐油钻生养护，使得地坪外观一致，强度增加。对于一些地面基本完好或是地面具有文物价值，不宜修缮的，也可仅用桐油钻生养护。台基石作产生松动、位移等现象，若构件出现较大的位移、鼓出，则在勾缝前需对构件进行归案，即重新安装。对于石构件出现破碎、缺失等情况，可采用与原构件纹理、材质一致或相近的石材进行添补。对于新旧之差，一般可采用整体做新或是做旧的办法进行处理

续表

1. 正红门、东跨院、西跨院	
部位名称	**主要修缮措施**
墙体	对于墙体的局部酥碱剥落或是破损，可先将表层剔除，露出砖块坚硬部分，依据其深度不同可分别采用砖片或是砖块按现场形状裁制好镶补墙体并粘结牢固，待干后进行勾缝，使之与整体一致。若墙体产生倾斜或是裂缝，须查明其原因并排除，同时制定支护方案，然后根据具体情况或拆除重砌或是保持原样，用砂浆、素水泥浆或是高分子材料进行填充密实，然后加强观测
门窗	门扇变形，应整扇拆卸重新安装，灌胶粘牢，背面接缝处钉薄铁板加固，铁板应嵌入边框内与表面齐平。格扇心部残缺小部分时，按原来搭接方式补配粘牢，大部分残缺的，应先将格心整体卸下，补配后重新拼装。裙板雕饰残缺、边框糟朽等应按原样复制后重新安装，粘接牢固
大木结构	柱根糟朽的处理方法一般是柱根包镶或者墩接。檩条、枋子发生糟朽的，若糟朽部分不超过断面面积的 1/3 时可采用剔补的办法，即将糟朽部分剔除，将接触面刨磨光净，然后用材质相同的木料在糟朽部位粘结牢固并用铁钉固定。当檩枋断面糟朽部分超过断面面积的 1/3 时则已影响构件的受力性能，必须进行更换。当木构架各构件基本完好但整体出现倾斜、拔榫现象时，则需采取打牮拨正的办法。零星木构件破损、缺失的如斗拱的升、斗、昂、耍头，长短窗的仔料、屉心板、裙板、框料，挂落、飞罩等则修缮比较简单，只需更换整修即可。油饰一般视地仗的破坏程度而定，若仅地仗表层破坏，麻灰层尚保持完整，可仅铲除表面破坏灰层；若地仗破坏严重，局部裂缝见木基层，则必须将地仗全部铲除重做
瓦顶	人工拔除瓦顶表面杂草，将瓦垄中的积土、树叶等铲除掉，在拔草过程中如果造成和发现瓦件掀揭、松动或裂缝，应及时整修，更换破损琉璃瓦，依原规格式样补配残缺的勾头、滴水，更换脱色、残损的吻兽和脊饰，依原式样重新烧制
油饰彩绘	油饰一般视地仗的破坏程度而定，若仅地仗表层破坏，麻灰层尚保持完整，可仅铲除表面破坏灰层；若地仗破坏严重，局部裂缝见木基层，则必须将地仗全部铲除重做

续表

2. 大碑楼（碑亭）	
部位名称	主要修缮方案
地面、台基	局部修补破损的地面，破损严重的按原规格配制进行更换。替换台阶上孔洞较多的条石，清除台阶和台基地面砖石之间的杂草
墙体	刮掉局部受损的墙皮，用腻子粉和乳胶漆进行修复，清理苔藓和发黑的污渍，对污渍严重的地方进行重新粉刷，对墙面进行防腐处理，延长建筑物留存年限
大木结构	刮掉老旧的漆皮，重新地仗并粉刷。对于轻微劈裂的木构件，用腻子勾抹填实，较明显的劈裂，应用嵌补法并用耐水性胶黏剂粘结，必要时可再加铁箍固定。内部梁架潮湿部位采用干燥处理
瓦顶	人工拔除瓦顶表面杂草，对颜色黯淡的瓦片重新上色抛光。对脱落、残缺的瓦件，按原来规格式样进行烧制，重新挂瓦
油饰彩绘	清理掉原来的破旧漆面，刮掉表层的沙石灰，接着用砖面灰、血料以及麻布等材料进行地仗，再配原来的漆色进行涂刷，彩绘的重新上色，应该注重与原有图案色彩相同
3. 果房	
部位名称	主要修缮方案
地面、台基	替换坑洞较多、严重破损的地板石，用水泥和质地相近的石料修复地面，填补砖块的缺失，人工拔除地面杂草
墙体	因距离上次修缮时间未太久，所以目前保存较好，只需对墙面污渍进行清洁
大木结构	因距离上次修缮时间未太久，所以目前保存较好，只需清洁表面污垢
瓦顶	因距离上次修缮时间未太久，所以目前保存较好
油饰彩绘	因距离上次修缮时间未太久，所以目前保存较好
4. 仪仗房	
部位名称	主要修缮方案
地面、台基	归位移位的阶沿石，破损、缺失石材采用与原构件纹理、材质一致或相近的石材进行添补，替换台基上孔洞较多的条石，对于新旧之差可采用整体做新或做旧的方法进行处理，台基侧面发黑处局部酥碱，剔除掉再局部整修

续表

4. 仪仗房	
部位名称	主要修缮方案
墙体	修补砖石间裂缝，对于人为刻画的墙体，可用钻子将被刻画的砖石凿掉，然后按原墙体砖规格重新砍制，砍磨后照原样用原做法重新补砌好，里面用灰背实
门窗	按原样式替换掉破损严重的门槛，适当做旧
大木结构	因距离上次修缮时间未太久，所以目前保存较好
瓦顶	人工拔除瓦顶表面杂草，将瓦垄中的积土、树叶等铲除掉。在拔草过程中如果造成和发现瓦件脱落、松动或裂缝，应及时整修，更换破损琉璃瓦。清洗瓦顶横脊处黑色残留物
油饰彩绘	檐口屋面板补漆，斗拱上褪色严重的彩画在修复前清除掉表面的灰尘、动物粪便等，再进行清洗，对裂缝进行处理，然后对彩画渗透加固，将其补全，协色处理，最后进行表面防护。门窗、柱子破损严重的油漆铲除表面破坏灰层，重新涂漆，适当做旧
5. 涤器房	
部位名称	主要修缮方案
地面、台基	粉碎的台基不好完全修补，可用桐油钻生养护
墙体	人为刻画的墙体、划痕，可用钻子将被刻画的砖石凿掉，然后按原墙体砖规格重新砍制，砍磨后照原样用原做法重新补砌好，里面用灰背实。裂痕须查明其原因并排除，而后再进行进一步修补
门窗	窗户被刮破残损处用同材质进行修补
油饰彩绘	污损处可用同色彩绘覆盖
6. 茶膳房	
部位名称	主要修缮方案
地面、台基	同正红门、东跨院、西跨院
墙体	同正红门、东跨院、西跨院
大木结构	修复铁网，防止鸟类筑巢。采取披麻刮灰法处理地仗，然后刷漆，重新修复木构架表层。对于大木构架局部糟朽的地方，应剔除糟朽部分，用相同材质的木料进行修复

续表

7. 隆恩门	
部位名称	主要修缮方案
地面、台基	裂缝则用水泥砂浆、水泥素浆灌浆填充密实。分层处可以剔凿修补。坍塌处可拆除，下垫水泥砂浆、水泥素浆等填平，再重新安装。裂缝则用水泥砂浆、水泥素浆灌浆填充密实
墙体	破损处做旧后补，按原样式修复破损雕花。分离处在不破坏外墙原貌的前提下，在内侧采用混凝土扶壁柱法予以加固。锈黄处可用不易腐蚀的外壳罩住，以防下雨侵蚀。破损严重处可选用与原构件材质一致或相近的石材进行添补
门窗	门上被刮破残损处进行同材质修补
大木结构	内部梁架潮湿部位采用干燥处理
瓦顶	同仪仗房
油饰彩绘	门、檐下斗拱和枋间油饰将严重残毁的漆皮全部刮掉，重做地仗，依照原有图案重新上漆
8. 隆恩殿	
部位名称	主要修缮方案
地面、台基	残损、腐蚀石材采用与原构件纹理、材质一致或相近的石材进行添补，清除表面青苔。台基空隙用水泥和质地相近的石料修复、填补，对于新旧之差可采用整体做新或做旧的方法进行处理
墙体	使用墙体剔凿挖补的方法，用钻子将需要修复的砖石凿掉，按原墙体砖规格重新砍制，砍磨后照原样用原做法重新补砌。对裂缝用砂浆、素水泥浆进行填充。用砂浆、素水泥浆修补破损的浮雕，清理浮雕上的污渍
门窗	铲除龟裂的漆皮，重新上漆。门上红漆全部剔除，重新做地仗，再施红漆。补配门钉、门闩等
大木结构	刮掉老旧的漆皮，重新地仗，并重要粉刷。对于轻微劈裂的木构件，用腻子勾抹填实，较明显的劈裂，应用嵌补法并用耐水性胶黏剂粘结，必要时可再加铁箍固定
瓦顶	人工拔除瓦顶表面杂草，连根拔起，用小铲将瓦垄中的积土、树叶等铲除掉，在拔草过程中如果造成和发现瓦件脱落、松动或裂缝，应及时整修，更换破损琉璃瓦，清洗瓦顶横脊处黑色残留物。对瓦顶缺失装饰物进行补充
油饰彩绘	门、檐下斗拱和枋间油饰将严重残毁的漆皮全部刮掉，重做地仗，依照原有图案重新上漆

续表

9. 东配殿、西配殿	
部位名称	**主要修缮方案**
地面、台基	更换断裂损坏的垂带石，清除台阶间杂草。台明上有孔洞的青砖进行局部处理，损坏严重的进行更换。对殿内地面砖进行一道保护性的钻生工序
墙体	对内部受潮墙体，发黑鼓包处进行剔除，然后进行干燥处理，重新粉刷，用隔离材料将潮气与建筑主体进行隔开。对外部墙体裂缝处进行局部整修
门窗	细小裂缝可待油饰时用腻子勾抹严实。一般裂缝用干燥木条嵌补粘牢。开裂严重时，应将整扇门卸开重新安装，宽度不足部分用整板拼接，恢复原有尺寸
大木构架	清理网内的残骸，修补保护木构架的铁网，室外木柱部分糟朽，将糟朽部位剔除，将接触面刨磨光净，用相同材质的木料在糟朽部位进行粘结，或用环氧树脂配剂进行粘结。内部梁架潮湿部位采用干燥处理；糟朽处采用和室外同样的手法进行剔除、粘结；严重劈裂处用铁箍进行加固
瓦顶	对于瓦顶上的杂草，应先用小铲将杂草和瓦垄中的积土、树叶等一概铲除掉，并用水冲洗；将需要挖补的草根、琉璃瓦盖全部拆卸下来，清除底灰，然后盖瓦
油饰彩绘	室外斗拱和枋间上纹饰可简单处理，清洗灰尘，刷桐油一道油饰断白。室内梁架上纹饰，严重褪色的将油皮全部刮去，重新做地仗，重新绘制的彩画，应与时代相协调适当做旧，为防止彩画褪色可采取表面封护
10. 东配楼、西配楼	
部位名称	**主要修缮方案**
地面、台基	破损、缺失石材采用与原构件纹理、材质一致或相近的石材进行添补。人工拔除地面杂草，连根拔起
墙体	有缺失、残损的砖石可以采用与原砖石纹理、材质一致或相近的砖石进行添补。人工清洗墙面上的污垢
门窗	人工清洗门窗污垢
大木结构	梁架潮湿部位采用干燥处理。有残损的柱子可以进行重新刷漆

续表

10. 东配楼、西配楼	
部位名称	主要修缮方案
瓦顶	人工拔除瓦顶表面杂草，连根拔起，用小铲将瓦垄中的积土、树叶等铲除掉。瓦件脱落、松动或裂缝，应及时整修，更换破损琉璃瓦，清洗瓦顶横脊处黑色残留物
油饰彩绘	铲除油饰表面的破坏灰层，重做地仗，依照原有图案重新上漆
11. 大明楼	
部位名称	主要修缮措施
地面、台基	对于破损严重的台阶可选用与原构件纹理、材质一致或相近的石材进行添补，对于新旧之差可采用整体做新或做旧的方法进行处理。裂缝则用水泥砂浆、水泥素浆灌浆填充密实。对于高植物用小铲连根挖除
墙体	将表层剔除，露出砖块坚硬部分，再重新粉刷饰红。脱落处选用与原构件纹理、材质一致或相近的石材进行添补。不影响整体结构安全性的部位可保持原样，用桐油钻生养护
门窗	门环制作与其形制相同的进行修补，门上被刮破残损处进行同材质修补
大木结构	同正红门、东跨院、西跨院
瓦顶	人工拔除瓦顶表面杂草，将瓦垄中的积土、树叶等铲除掉，在拔草过程中如果造成和发现瓦件脱落、松动或裂缝，应及时整修，更换破损琉璃瓦
油饰彩绘	油饰一般只需按原工艺配制施工即可。如新影响其整体风貌时，完全可以保持其原貌，无须修复。屋顶彩绘脱离需排查是否屋顶有漏水现象
12. 角楼	
部位名称	主要修缮方案
地面、台基	有裂缝、残损、缺失石材采用与原构件纹理、材质一致或相近的石材进行添补。有凹陷、泛白处可以采用剔凿修补、局部修补、整体重做、桐油养护等方法。桐油钻生养护可以使得地坪外观一致，强度增强

续表

12. 角楼	
部位名称	主要修缮方案
墙体	有缺失、残损的砖石可以采用与原砖石纹理、材质一致或相近的砖石进行添补。污垢处在不破坏原砖墙的前提下将污垢去除。上次维修补砌痕迹粗糙，可用钻子将被刻画的砖石凿掉，然后按原墙体砖规格重新砍制，砍磨后照原样用原做法重新补砌好，里面用灰背实
门窗	因距离上次修缮时间未太久，所以目前保存较好，仅需人工清洗门窗污垢
大木结构	梁架潮湿部位采用干燥处理。对于糟朽、变形的檐檩进行剔除、修补加固，整修劈裂的斗拱，按原规格式样，更换糟朽严重的大额枋，并对丢失的额枋进行补充
瓦顶	上次维修补砌痕迹粗糙，应先人工拔除瓦顶表面杂草，将瓦垄中的积土、树叶等铲除掉。瓦件脱落、松动或裂缝，应及时整修，更换破损琉璃瓦，清洗瓦顶横脊处黑色残留物
油饰彩绘	清理掉原来的破旧漆面，刮掉表层的沙石灰，接着用砖面灰、血料以及麻布等材料进行地仗，再配原来的漆色进行涂刷，彩绘的重新上色应该注重与原有图案色彩相同

4.6 冬季寒潮降雪对清昭陵（隆恩门）侵蚀的数字化分析

沈阳冬季的寒潮是由比较频繁的、大规模的强冷空气活动带来的，寒潮带来剧烈降温的同时可能伴有大风、雨、雪等，这些都会造成对建筑遗产的侵蚀（图 4-25）。寒冷地区的气候造成古建筑材料在冬季会经过多次冷冻和热膨胀过程。经过这些过程，古建筑材料物理性质会发生改变。寒潮降雪被认为是北方重大的气候环境威胁，冻害过程的主要因素是水的存在。水通过毛细作用渗入建筑材料中，在冷冻过程中，存储在微孔中的水体积膨胀。在解冻阶段，水流通过断裂微孔提高了对建筑的损害程度。建筑材料在缓慢的冻结过程中会吸收水分，产生冻胀作用力，引起古建筑的裂缝起皮、破损剥落等侵蚀现象。

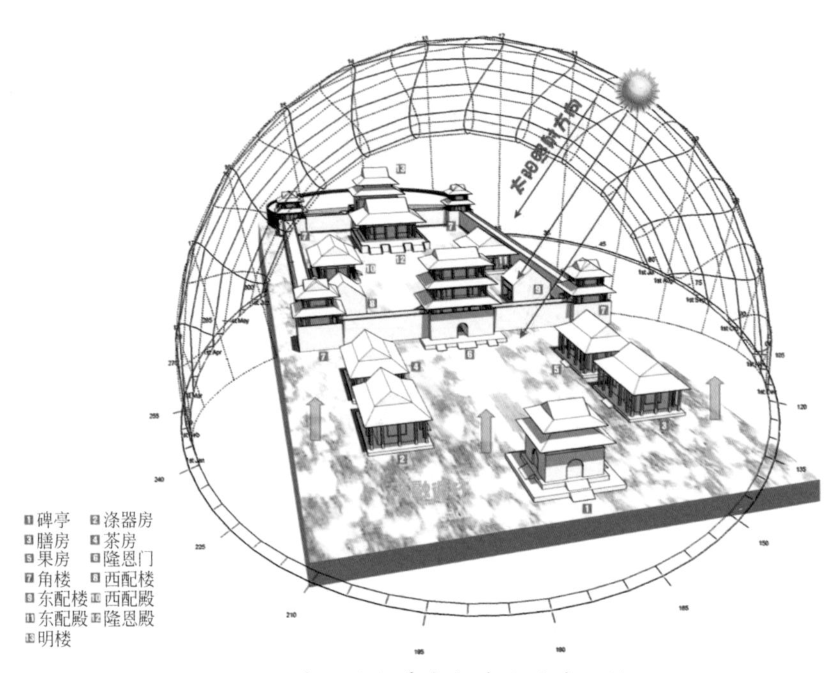

图 4-25　清昭陵冬季寒潮降雪的冻融循环

因此，如果没有采取必要的预防措施，遭到冻害后的建筑材料将会失去其原有的物理特征，紧接着建筑遗产由于风化作用将会被进一步破坏。

在冬季寒潮降雪过后，作者通过实地勘察和红外热成像仪拍照测试，将结果作为 CFD 数字化分析的参数设定及验证，运用 CFD 数字化模拟冬季白天太阳辐射和夜间水分冻结对古建筑的影响，希望可以为建筑遗产的冬季病害和侵蚀研究提供参考。

4.6.1　清昭陵（隆恩门）现存情况与实际测量

沈阳 1 月份是一年中最冷的月份，根据沈阳市的典型气象全年逐时气象数据可知，日平均气温为 –26.9~–4.5℃，日最低气温达到 –32.9℃。1 月的日太阳总辐射量平均值为 6.92 MJ/m^2，最大值可以达到 9.95 MJ/m^2（图 4-26）。

项目组成员选取寒潮后的 16 日这一天的 10:00，使用热成像仪对沈阳清昭陵进行了古建筑实地勘测。勘察发现，沈阳清昭陵的大部分古建筑普遍存在多次冻融和热膨胀循环造成的破坏侵蚀现象。其中，隆恩门券脸石、腰线石、

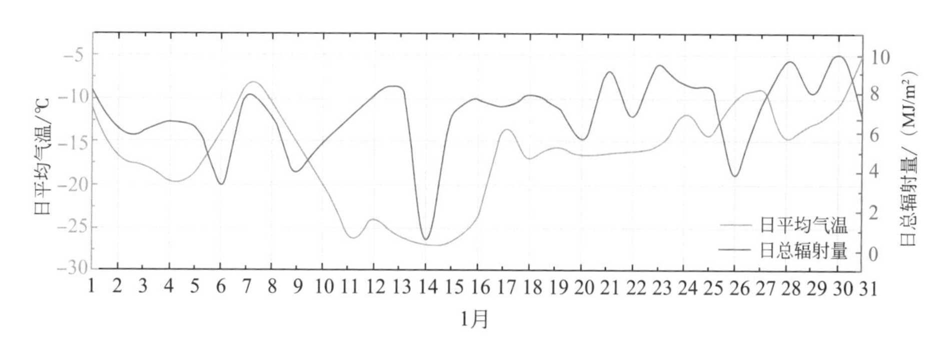

图 4-26　沈阳 1 月份日平均气温和太阳日总辐射图（典型气象年）

图 4-27　寒潮后隆恩门的实际测量

（a）隆恩门实景照片；（b）腰线石病害实景照片；（c）腰线石红外热成像照片；（d）墙体积雪病害实景照片；（e）墙体积雪红外热成像照片；（f）券脸石和门洞病害实景照片；（g）券脸石和门洞红外热成像照片；（h）基座病害实景照片；（i）基座红外热成像照片

角柱石上纹饰起皮掉色严重，基座和墙体上有积雪正在融化（图 4-27），隆恩门楼二层柱子有多处掉漆脱落，斗拱劈裂。隆恩门为昭陵方城的大门，是我们这次的重点勘察对象。

项目组成员使用黑球温湿度测试仪、风速测量仪等仪器（表 4-21）对室外环境进行了现场测量，测量地点设置在空旷处——隆恩殿前，距离地面 1.6 m 处，对室外环境进行了现场测量，测量结果如表 4-22 所示。使用感应式木材含水量测量仪进行柱子和门窗木材、砖石墙体的含水量测试（表 4-23）。

表 4-21　测量仪器及测量参数

测量仪器	测量参数	仪器精度
黑球温湿度测试仪	空气温度	空气温度（±0.1℃）
	相对湿度	相对湿度（±5%RH）
风速测量仪	风速	风速（±3% 或 ±0.1dgt）
红外线热感成像测温仪	物体温度成像	温度（±2% 或 ±2℃）
水分含水量测试仪	建筑材料水分含量	±2.5%RH（5%~95%RH）（测量深度 5 cm 以下）

表 4-22　室外环境测量数据

时间	温度 /℃	湿度 /%	风速 /（m/s）
上午 10:00	−16	40	3
晚上 24:00~ 次日凌晨 5:00	−28.6	94	5

表 4-23　隆恩门建筑材料的含水量

建筑名称	建筑材料	含水量 /%		
		南面	北面	侧面
隆恩门	木材	7.5	8.4	6.9
	砖石	11.3	15.0	13.3

4.6.2　建立模型和参数设置

本研究以计算流体动力学（CFD）理论为基础，对清昭陵主要古建筑进行冬季白天太阳辐射和夜晚结冰的数字化模拟分析。

1. 计算区域与边界条件设置

为了使来去气流与建筑主体模型充分作用，同时控制运算量，作者将计算区域设为 1200 m × 400 m × 70 m 的长方体区域。网格数设置为 3 230 000。边界条件设定为速度入口（velocity-inlet），出口设定为压力出口（pressure-outlet）。

2. RNG *k*-*ε* 湍流模型

CFD 数字化模拟选取 RNG *k*-*ε* 湍流模型。

3. 数字化模拟方案的设定

数字化模拟实验加载沈阳地理数据，选取太阳辐射模型，辐射日期定义为沈阳地区典型气象年（以近 30 年的月平均值为依据，从近 10 年的数据中选取一年中各月接近 30 年平均值）。设置 3 种不同古建筑材料（瓦片、砖石、木材）的密度、比热容、导热系数（表 4-24）。

表 4-24　清昭陵材料热工参数

建筑位置	材料	干密度 / （kg/m^3）	比热容 / （J/（kg · K））	导热系数 / （W/（m · K））
屋顶	瓦片	1300	1189	0.65
墙体 基座 台阶	砖石	1800	1050	0.81
木构架 彩画 门窗 柱子	木材	700	2510	0.17

4.6.3　扫描电镜 SEM 分析

我们把在现场收集的隆恩门自然剥落的 1 cm × 2 cm 小块砖石，放入 20℃（± 2℃）的蒸馏水中浸泡 48 h 后取出，立即将试件放入冷冻箱，温度为 –20℃（± 2℃），冷冻 4 h。再将试件放入流动水中融化 4 h，这样为一个循环，共进行 3 个循环。采用扫描电子显微镜，进行石块冻融前后的微观结构观测和图像摄取。每个试件随机选取 3 个有代表性的区域摄取不同倍数（200 倍、500 倍、1000 倍、2000 倍）的图像。

通过比较试件冻融前后的 100 μm 的 SEM 微观形貌照片，我们发现试件受冻后，内部的孔隙总量增多、孔隙直径增大，材料内部结构变得疏松（图 4-28）。通过 10 μm 的 SEM 微观形貌照片，可以看到试件呈现更多的碎屑

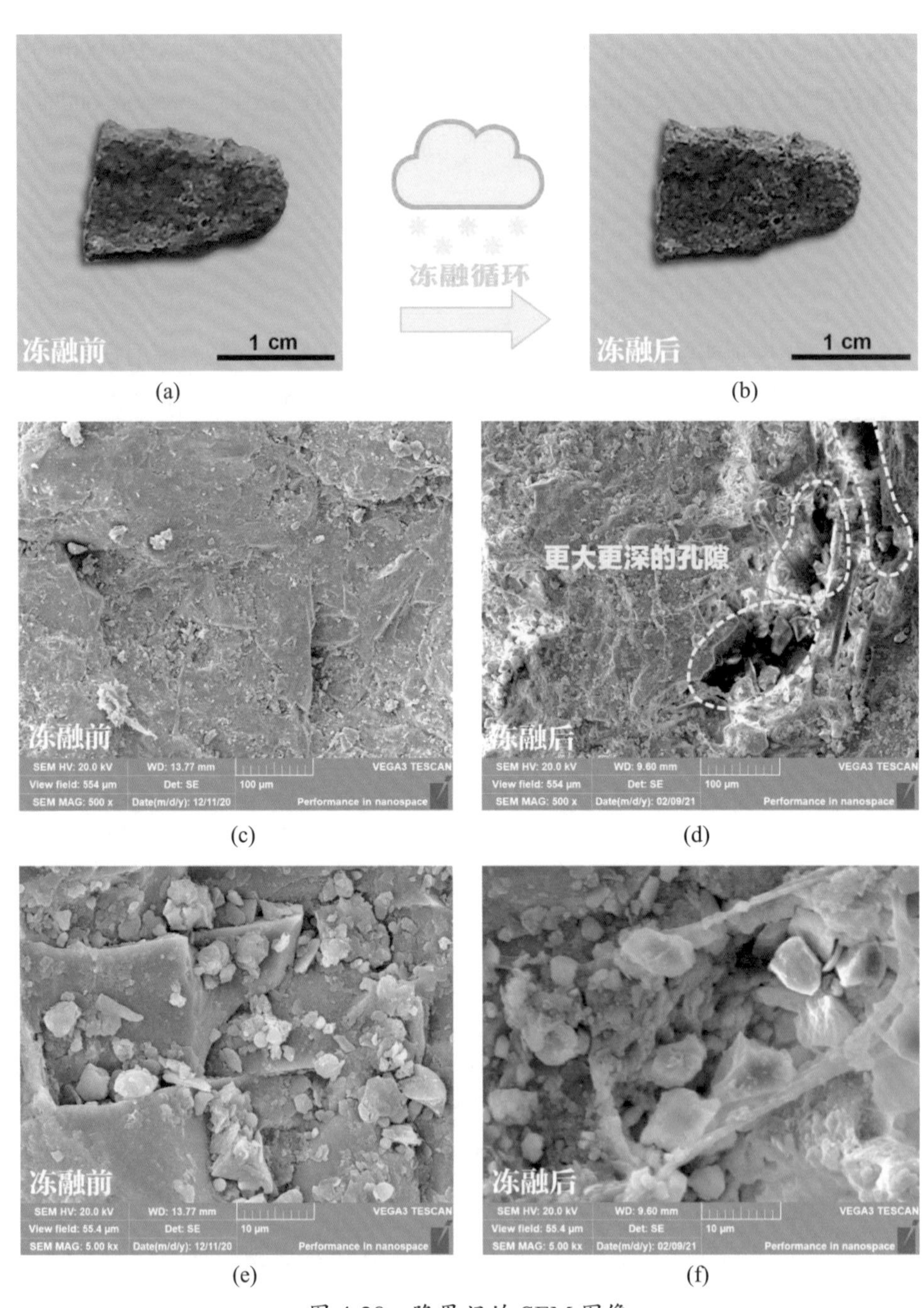

图 4-28　隆恩门的 SEM 图像

(a) 试件冻融前照片;(b) 试件冻融后照片;(c) 试件冻融前 100 μm SEM 图像;(d) 试件冻融后 100 μm SEM 图像;(e) 试件冻融前 10 μm SEM 图像;(f) 试件冻融后 10 μm SEM 图像

颗粒和小团聚体。孔隙率所占体积百分比在经历冻融循环后增加，平均孔径在经历冻融循环后增大。

4.6.4　实地热成像测量分析

1. 建筑遗产表面温度升高与太阳辐射量（辐射热）、周围环境对流换热、建筑自身导热系数都密切相关

冬季的白天虽然是 0℃以下，但建筑遗产在太阳直射的情况下，表面温度能够升高到 0℃以上，造成积雪的融化，融化后的水分渗入建筑构件，使

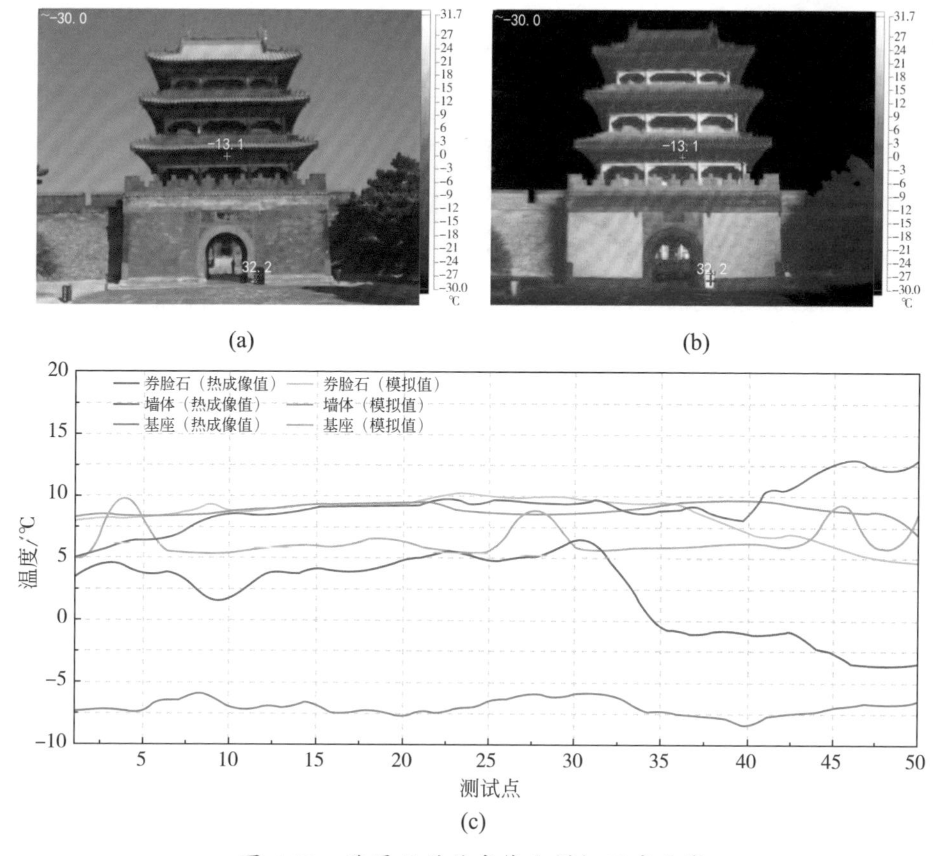

图 4-29　隆恩门的热成像和模拟温度曲线

(a)隆恩门冬季寒潮降雪过后实景照片；(b)隆恩门冬季寒潮降雪过后红外热成像照片；(c)隆恩门三个测试位置（牌匾、墙体、基座）的热谱图和 CFD 模拟温度曲线

建筑材料的含水量提高。图 4-29（a）、（b）是隆恩门冬季寒潮降雪过后实景照片和红外热成像照片，图 4-29（c）是隆恩门三个测试位置（券脸石、墙体、基座）的热成像和 CFD 模拟温度曲线。通过图 4-29（c）可以看出，券脸石的温度在 –3.6~6.7℃，墙体的温度在 –8.7~13.2℃，彩画枋的温度在 –8.7~ –5.7℃。这三个建筑构件在热成像测量时，有的部分已经形成裂缝、破损和材料剥落，构件的温度产生较大的波动，形成测量低温区域，所以在热谱图中显示出较大的温度差。墙体热成像测试点温度曲线波动较小，基本与模拟曲线一致。从图 4-29（a）可以看到，基座上有积雪，并已经开始有融化现象，所以热成像测试点温度较低，都是 0℃以下。

2. 冻害区热成像图与温度对比

如图 4-30 所示，可以看到隆恩门以冻害形式出现的温度场分布。图中黄色为高温面，紫色为低温阴影区，中温区为橙色。酥碱损伤区测试点温度范围为 –8.4~1.6℃，酥碱位置与相邻无酥碱位置温差 4.1~8.9℃，如图 4-30（c）所示。粘结物损失区域的测点温度范围为 11.4~18.3℃，粘结物损失位置与相邻无附着损失位置的温差为 2.9~4.0℃，如图 4-30（f）所示。侵蚀区各测点温度变化范围为 12.8~19.2℃，侵蚀部位与邻近非侵蚀部位温差为 1.2~5.8℃，如图 4-30（i）所示。裂缝区域试验点温度变化范围为 –12.3~2.0℃，裂缝位置与

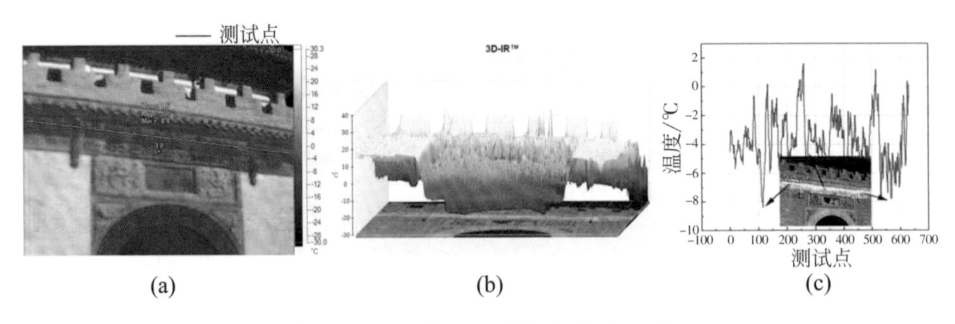

图 4-30　隆恩门的病害热成像分析

（a）酥碱的热成像温度分布图；（b）酥碱的三维迭代重建图像（3D-IR）；（c）酥碱的测点温度曲线；（d）粘结物损失的热成像温度分布图；（e）粘结物损失的三维迭代重建图像（3D-IR）；（f）粘结物损失的测点温度曲线；（g）侵蚀的热成像温度分布图；（h）侵蚀的三维迭代重建图像（3D-IR）；（i）侵蚀的测点温度曲线；（j）裂缝的热成像温度分布图；（k）裂缝的三维迭代重建图像（3D-IR）；（l）裂缝的测点温度曲线

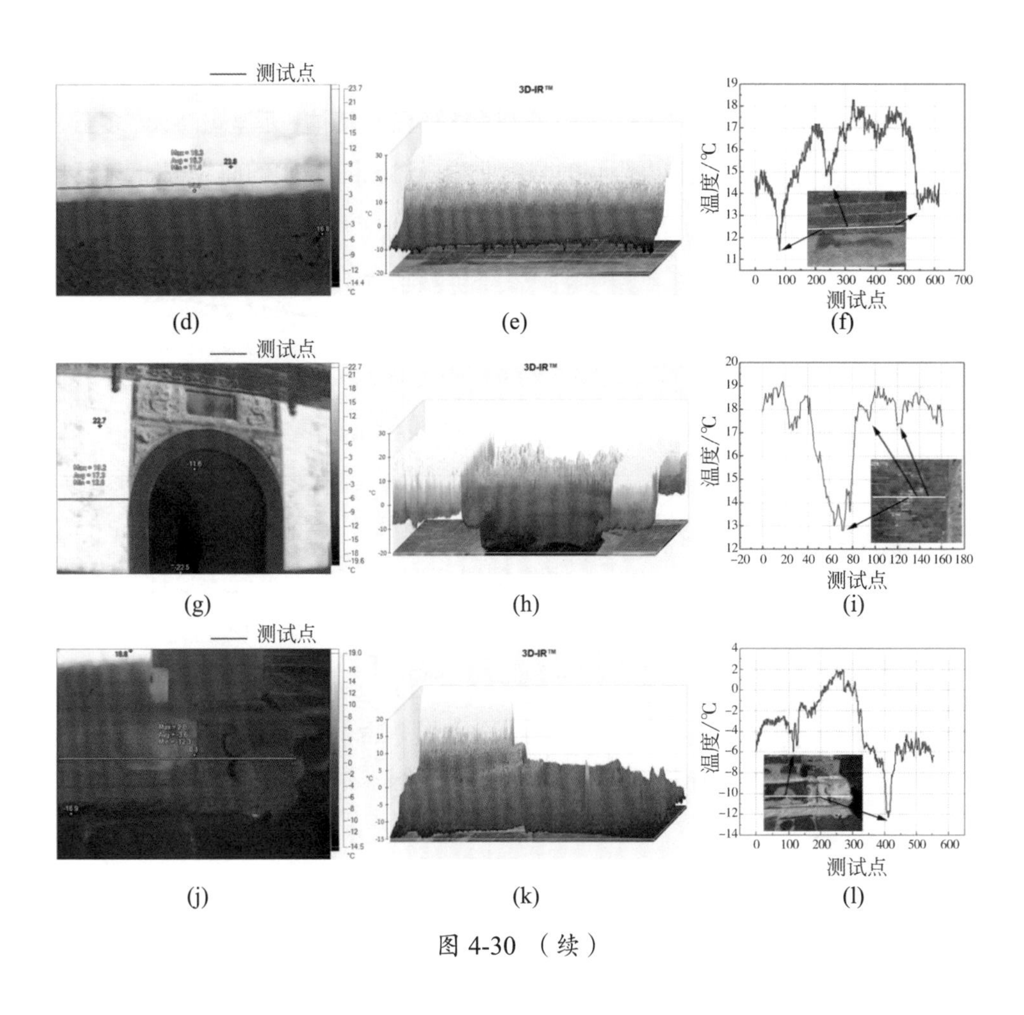

图 4-30 （续）

相邻无裂缝位置温差为 3.0~6.4℃，如图 4-30（l）所示。

4.6.5　数字化结果对比与分析

1. 白天太阳辐射模拟结果分析

冬季寒潮降雪过后，白天的太阳辐射强度越大，建筑温度升高越多，冻害现象越严重，对建筑遗产造成的破坏侵蚀越大。实验将 1 月 16 日的天气设定为晴天、多云和阴天三种情况，对比古建筑构件 20 个测试点接收太阳辐射和表面温度的数据，发现建筑构件的位置不同，温度降低数值也不同。

图 4-31（d）、（g）、（j）是隆恩门不同天气情况（晴天、多云、阴天）的温度云图，图 4-31（b）、（c）、（e）、（f）、（h）、（i）分别是券脸石、墙体、基座（晴天、多云、阴天）的 CFD 模拟温度和太阳辐射强度曲线。对比图 4-31 的曲线可知，晴天

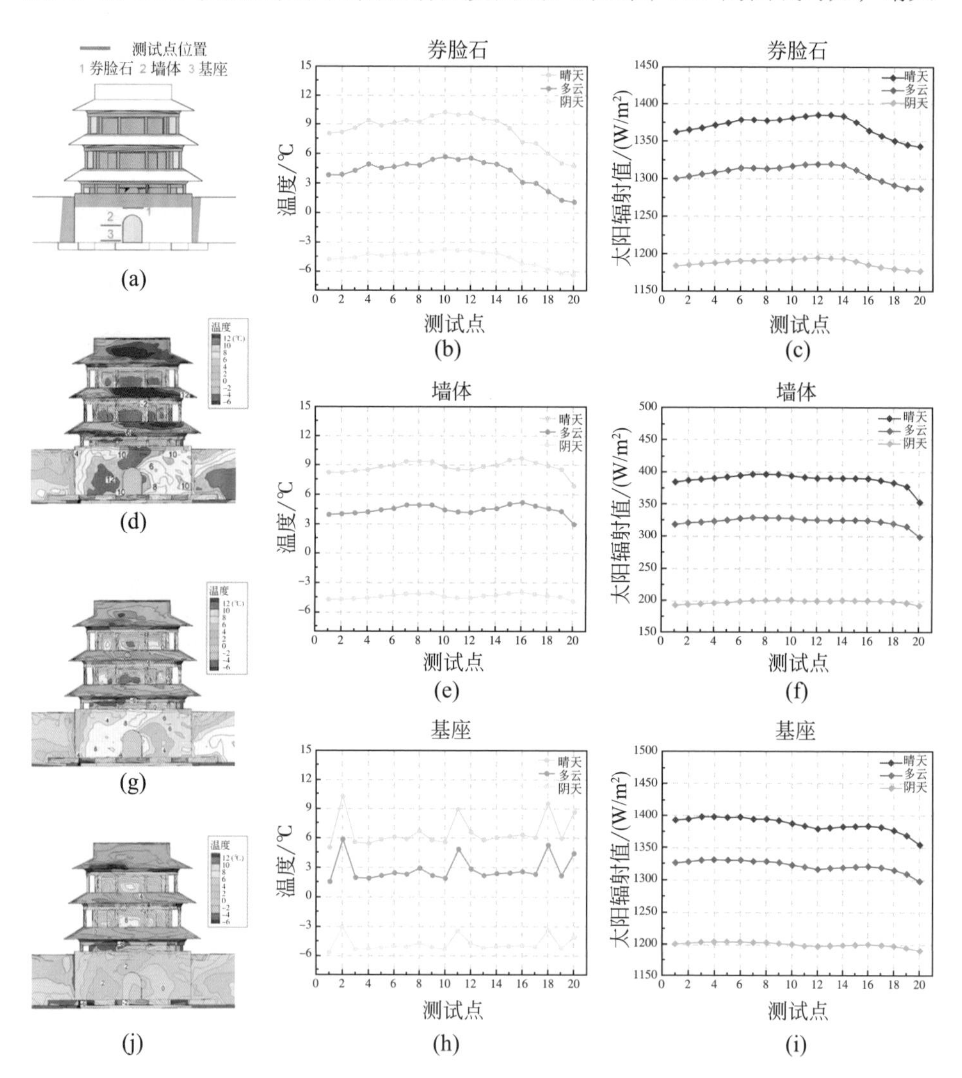

图 4-31　隆恩门不同天气情况（晴天、多云、阴天）的 CFD 模拟分析

（a）隆恩门测试位置（牌匾、墙体、基座）；（b）牌匾的温度曲线；（c）牌匾的太阳辐射强度曲线；（d）隆恩门晴天的温度云图；（e）墙体的温度曲线；（f）墙体的太阳辐射强度曲线；（g）隆恩门多云的温度云图；（h）基座的温度曲线；（i）基座的太阳辐射强度曲线；（j）隆恩门阴天的温度云图

情况下，这三个建筑构件中，基座接收太阳辐射的最大值是 1354~1397 W/m^2，温度是 5.0~10.3℃；多云情况下，太阳辐射比晴天减少 57~66 W/m^2，温度降低 1.1~4.4℃；阴天情况下，太阳辐射比晴天减少 166~194 W/m^2，温度降低 10.7~13.4℃。券脸石接收太阳辐射的最小值是 1628~1769 W/m^2，温度是 19.0~32.4℃；多云情况下，太阳辐射比晴天减少 57~66 W/m^2，温度降低 3.7~4.6℃；阴天情况下，太阳辐射比晴天减少 167~191 W/m^2，温度降低 11.2~14.1℃。墙体接收太阳辐射值是 1354~1396 W/m^2，温度是 6.9~9.7℃；多云情况下，太阳辐射比晴天减少 55~67 W/m^2，温度降低 3.9~4.5℃；阴天情况下，太阳辐射比晴天减少 162~196 W/m^2，温度降低 11.9~13.7℃。

2. 夜间降温结冰过程模拟结果分析

夜间温度降低到 0℃以下，建筑构件内的水分会结冰。白天到夜间温度的变化使水分在“液态水—固态冰—液态水”的过程中循环往复，从而形成冻融循环，进而产生表观形变、病害以及不同程度的破损现象。隆恩门一层建筑材料主要是砖石，砖石是多孔结构，白天迁移到砖石内部的水分，夜间会冻结。图 4-32（a）是液相体积分数变化曲线，图 4-32（b）是温度变化曲线，图 4-32（c）是 1 ~ 5 h 的液相体积分数云图。通过图 4-32 可以看出，在砖石厚度 20 mm 的位置，水分从 0℃开始结冰，到 3100 s，温度是 0℃，液相体积分数下降到 0.8；随着时间的增加到 1.85 h 左右（6700 s），温度是 –2℃，液相体积分数下降到 0.3，这个阶段液体相变为固体相的速度较快；时间增加到 3.1 h 左右（11 300 s），温度降为 –5℃，孔隙内的水分全部结冰，水的体积分数为零，这个阶段，水冰相变过程比前一个小时速度平稳。3.1 ~ 5 h（18 000 s），都是固相冰状态。在冻结过程中，水分向建筑材料中迁移并发生相态变化，体积增大 9%。所以水和冰在物态变化过程中，体积产生膨胀和收缩，造成内部孔隙直径增大，强大的膨胀应力对建筑材料造成不可逆的破坏，日复一日，循环往复，轻者可使材料脆化，形成细小裂纹，影响建筑构件的耐久性，重者可使材料崩解，墙体开裂，最终影响建筑整体结构的安全性。

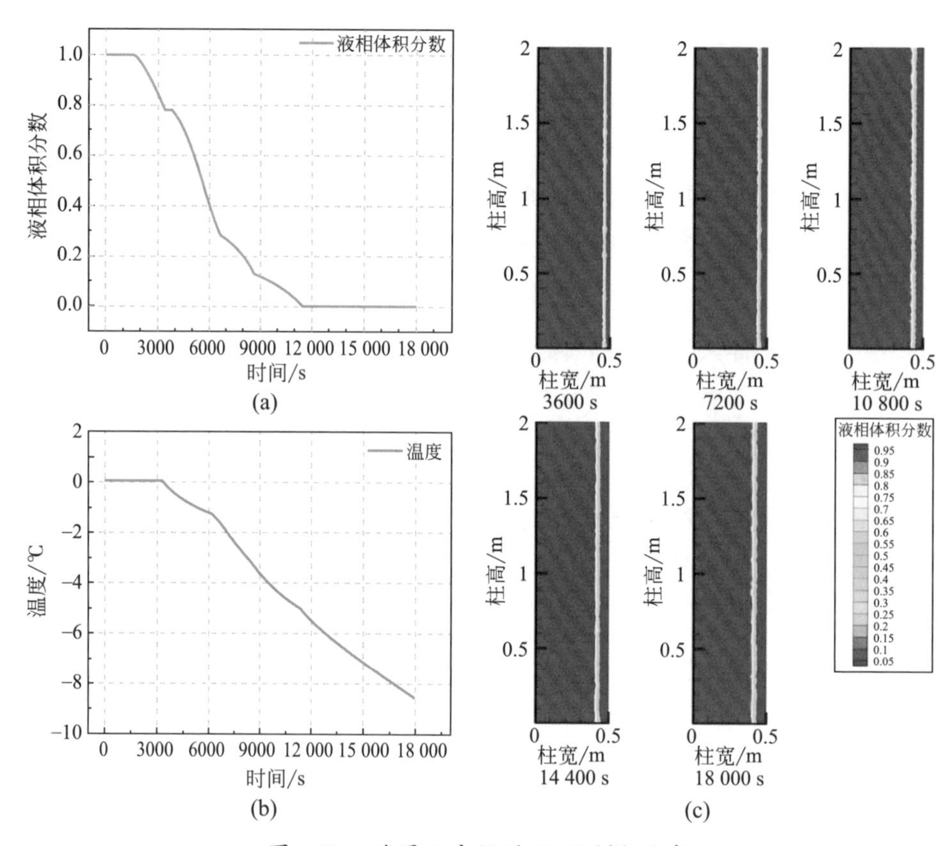

图 4-32　隆恩门夜间的 CFD 模拟分析

（a）液相体积分数随时间变化曲线；（b）温度随时间变化曲线；（c）1 ~ 5 h（3600~18 000 s）的液相体积分数云图

4.7 冬季寒潮降雪对清昭陵（隆恩殿）侵蚀的数字化分析

中国的古建筑大多是木结构，国内外关于木结构建筑冻融现象的研究较少，大多以石材为主。木结构建筑受太阳辐射后发生的温度变化较大。木构件表面涂有油漆或装饰彩画时，由于其各自的膨胀系数的不同，其受温度变化的形变量与木材之前的差异性将会导致油漆的开裂、彩画的破损。加之受雨雪等自然气候的影响，极易使水分侵蚀加剧，促进建筑冻害的发生与劣化，最终导致木质疏松变形而使承载力下降。

4.7.1 清昭陵（隆恩殿）现存情况与实际测量

项目组成员选取寒潮后的 2021 年 1 月 16 日这一天的 10:00，使用热成像仪对沈阳清昭陵进行了古建筑实地勘察测量和拍照。勘察发现，隆恩殿木结构的柱子起皮剥落、木门外表皮掉落严重，露出内部材料，底部缺失，瓦顶和砖墙涂料掉漆（图 4-33）。隆恩殿为清昭陵的陵寝正殿，是祭祀的中心场所，也是我们这次的重点勘察对象。我们在现场地面收集掉落的殿前柱外表皮材料，送到材料实验室进行电镜扫描和 X 射线能谱分析（energy dispersive spectrometer，EDS）和元素分析。项目组成员还使用黑球温湿度测试仪、风

图 4-33 寒潮后隆恩殿的实际测量

（a）隆恩殿实景照片；（b）彩画枋病害实景照片；（c）彩画枋红外热成像照片；（d）窗框积雪病害实景照片；（e）窗框积雪红外热成像照片；（f）门前柱病害实景照片；（g）门前柱红外热成像照片；（h）殿前柱病害实景照片；（i）殿前柱红外热成像照片

速测量仪对室外环境进行了现场测量，测量地点设置在空旷处——隆恩殿前，距离地面 1.6 m 处。使用感应式木材含水量测量仪进行柱子和门窗木材、砖石墙体的含水量测试（表 4-25）。

表 4-25　隆恩殿建筑材料的含水量

建筑名称	建筑材料	含水量 /%		
		南面	北面	侧面
隆恩殿	木材	8.0	9.9	8.6
	砖石	11.2	13.2	10.9

4.7.2　建立模型和参数设置

本研究以计算流体动力学（CFD）理论为基础，利用 ANSYS Fluent 软件，对清昭陵主要古建筑进行冬季白天太阳辐射模拟实验。根据项目组成员的实地测绘图纸，首先建立古建筑的简略模型（图 4-25）。为了将运算量控制在切实可行的范围内，仅提取建筑模型的重要信息，过滤掉屋顶起伏、栏杆雕饰等较为微观的建筑信息。

1. 太阳辐射模型

为了使来去气流与建筑主体模型充分作用，实验同时控制运算量，实验将计算区域设为 1200 m × 400 m × 70 m 的长方体区域。黏性模型（viscous model）设置中选用 RNG k-ε 模型。辐射模型选择离散坐标（discrete ordinate，DO）模型，选择太阳光线追踪（solar ray tracing）选项，加载沈阳地理坐标数据（东经 122°25'~123°48'，北纬 41°12'~43°02'），辐射日期定义为沈阳地区标准气象年冬季的 1 月 16 日 10:00，室外温度根据实测气温，设置 3 种不同古建筑材料（瓦片、砖石、木材）的密度、比热容、导热系数（表 4-22）。模拟不同天气（晴天、多云、阴天）情况下，清昭陵古建筑的太阳辐射和温度升高情况。

西南风入口边界条件设定为速度入口（velocity inlet），出口设定为压力出口（pressure outlet），地面的边界条件设定为墙面（wall），外部计算域则以对称（symmetry）条件设置，用以假设实际大气环境条件。

2. 网格设置

网格系统设定为以有限体积法为基础的数值计算法，计算区域区分为适当的网格，针对每个网格质量、动量及能量条件进行运算。本研究通过软件中 ANSYS ICEM 网格划分法，模拟清昭陵的地形地貌，研究所模拟的计算区域，其网格数约为 3 230 000，局部加密。

3. 凝固 / 融化模型

建立隆恩殿殿前柱的二维模型，高 3 m，直径 0.5 m。选用 RNG k-ε 湍流模型。辐射模型选择凝固融化模型，孔隙率设定 0.1，材料颗粒直径设定为 0.8 mm。室外天气情况根据中国天气网 24 点到次日凌晨 5 点数据设定，网格数设为 4819，局部加密。边界条件设定 3 边为绝热壁面，1 边为墙面（wall）。实验瞬态计算 5 h（18 000 s），模拟夜间建筑材料内部水分受温度影响而结冰的现象。

4.7.3　实验结果分析

1. 扫描电镜 SEM 分析

古建筑柱子外表皮是油漆层，内部木材与外层油漆之间是灰浆和麻做成的，主要用于固定外层油漆材料，同时也可以起到保护内层木材的作用。为了研究柱子外表皮材料剥落的原因，我们把在现场收集的木片，放在盛满雪的容器内，进行 3 次冷冻融化循环实验。木片经过 3 次冻融循环后，肉眼就能看到材料表面，由于冰水的体积不同造成的起气泡膨胀现象，如图 4-34（a）、（b）所示。

采用 SEM 和 EDS 实验方法，可以从定性分析和定量分析相结合的角度，从微观层次揭示材料组成、形貌及孔隙结构特性。我们把木片裁剪成 2 cm × 2 cm 的试件，采用扫描电子显微镜，进行木片冻融前后的微观结构观测和图像摄取。每个试件随机选取 3 个有代表性的区域摄取不同倍数（200 倍、500 倍、1000 倍、2000 倍）的图像。

(a) (b) (c) (d) (e) (f)

图 4-34　隆恩殿的 SEM 图像

（a）试件冻融前照片；（b）试件冻融后照片；（c）试件冻融前 100 μm SEM 图像；（d）试件冻融后 100 μm SEM 图像；（e）试件冻融前 10 μm SEM 图像；（f）试件冻融后 10 μm SEM 图像

通过比较试件冻融前后的 100 μm 的 SEM 微观形貌照片，我们发现试件受冻后，内部的孔隙总量增多、孔隙直径增大，材料内部结构变得疏松，如图 4-34（c)、(d）所示。在温度是零下的情况下，试件内自由水结冰体积膨胀，温度大于 0℃后，冰融化成水后体积减小，就会产生气泡。水在结冰的过程中，会在材料内部的孔隙中产生冻胀应力，使材料产生更大更深的孔隙。通过 10 μm 的 SEM 微观形貌照片，可以看到材料上面的裂纹，如图 4-34（e)、(f）所示，试件呈现出更多的碎屑颗粒和小团聚体。造成这种现象是因为木片经过冻融循环后，冰晶及冷生构造的生长产生一定的冻胀力，细碎屑受到挤压破碎，细碎屑破碎产生的部分微碎屑胶凝在集成体上。

2. EDS 能谱分析

EDS 是分析试件元素种类的，利用不同元素的 X 射线光子特征能量不同进行成分分析。从图 4-35 可以看出试件冻融前后中各元素的质量百分比和原子百分比。木片中的 C、O、Si 含量比较高，说明木片是主要含有灰浆的古建筑木材与油漆的中间层材料。Si 和 O 是灰浆的主要元素，C 和 O 是木材的主要元素。冻融后灰浆 Si 元素含量减少 1%，C 元素含量增加 7.2%，O 元素含量增加 2.4%，说明试件冻融后孔隙更大更深，材料的细碎屑增多，试件颗粒的连结作用减弱，致使颗粒间距离增大。其他 Mg、Al、Ca 等金属元素未见

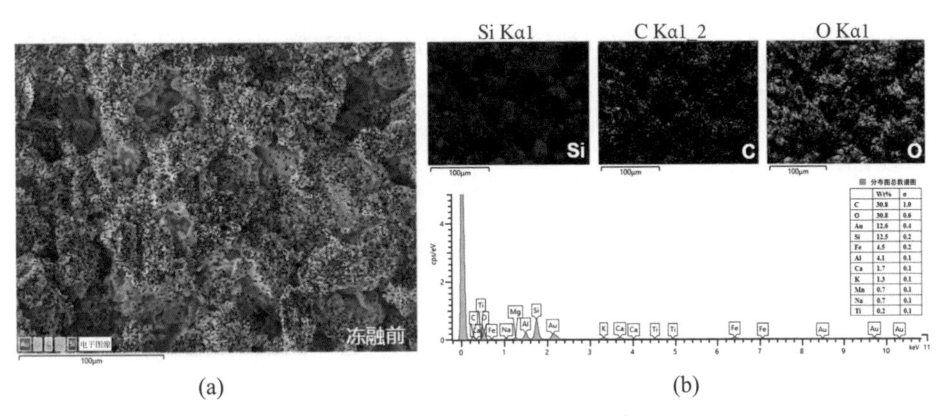

图 4-35　隆恩殿的 EDS 图像

（a）冻融前 EDS 分层图像；（b）冻融前元素分布；（c）冻融前 EDS 分层图像；（d）冻融前元素分布

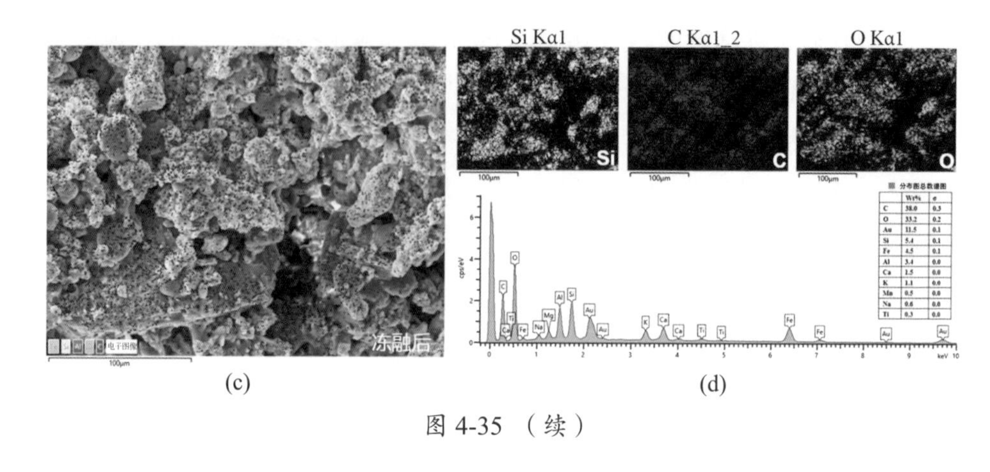

	Wt%	σ
C	38.0	0.3
O	33.2	0.2
Au	11.5	0.1
Si	5.4	0.1
Fe	4.5	0.1
Al	3.4	0.0
Ca	1.5	0.0
K	1.1	0.0
Mn	0.5	0.0
Na	0.6	0.0
Ti	0.3	0.0

(c) (d)

图 4-35 （续）

有太大变化，说明空气污染物不是造成木片剥落的主要原因。

4.7.4 实地热成像测量分析

1. 测试构件的热成像和 CFD 模拟温度曲线对比

建筑遗产表面温度升高与太阳辐射量（辐射热）、周围环境对流换热、建筑自身导热系数都密切相关。冬季白天的气温虽然是 0℃以下，但建筑遗产在太阳直射的情况下，表面温度能够升高到 0℃以上，造成积雪的融化，融化后的水分渗入建筑构件，使建筑材料的含水量提高。1 月 16 日，是沈阳寒潮降雪过后的第二天，我们通过热成像仪现场测量，得到隆恩殿 10:00 的建筑表面温度热谱图（图 4-36）。

图 4-36（a）、（b）是隆恩殿冬季寒潮降雪过后实景照片和红外热成像图，图 4-36（a）是隆恩殿四个测试位置（殿前柱、门前柱、彩画枋、窗框），图 4-36（c）是隆恩殿四个测试构件（殿前柱、门前柱、彩画枋、窗框）的热成像和 CFD 模拟温度曲线。通过图 4-36 可以看出，殿前柱的温度在 17.3~27℃，门前柱的温度在 –10.3~17.9℃，彩画枋的温度在 –9.8~10.2℃，窗框的温度在 19.3~33.5℃。这四个建筑构件在热成像测量时，有的部分已经形成裂缝、破损和材料剥落，温度产生较大的波动，形成测量低温区域，所以在热谱图中显示出较大的温度差。殿前柱和窗框测试点温度曲线

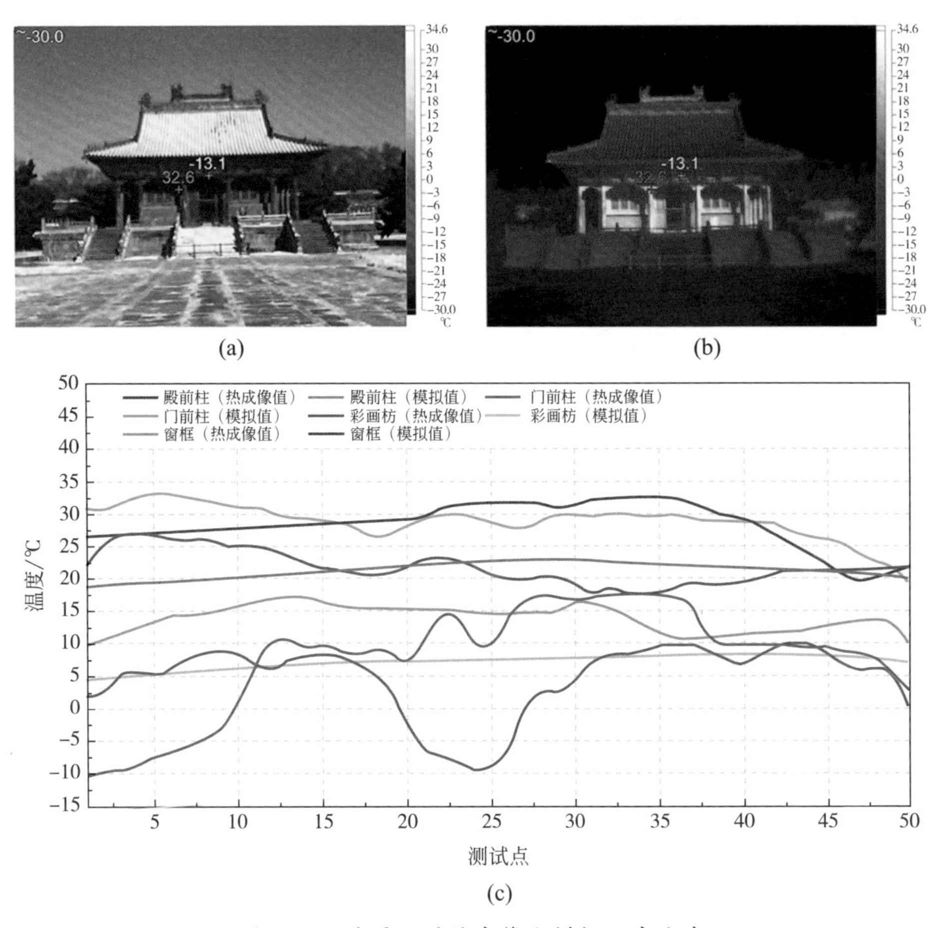

图 4-36　隆恩殿的热成像和模拟温度曲线

（a）隆恩殿冬季寒潮降雪过后实景照片；（b）隆恩殿冬季寒潮降雪过后红外热成像照片；（c）隆恩殿三个测试位置（殿前柱、门前柱、彩画枋、窗框）的热谱图和 CFD 模拟温度曲线

波动较小，基本与模拟曲线线性相关一致。门前柱上半部分被屋顶遮挡，测试点温度较低。彩画枋中间温度较低，是因为热成像测量的时候，经过了屋顶上面的斗拱的阴影区域。

我们把现场测量的热谱图和 CFD 模拟图做对比，使用统计分析法的皮尔逊（Pearson）相关系数进行相关性分析，去掉测量时其他构件的阴影造成的明显误差值，最后得到殿前柱的皮尔逊（Pearson）相关系数为 0.83，彩画枋的皮尔逊（Pearson）相关系数为 0.55。热成像仪的测量结果与 CFD 模拟结果比较相近，CFD 数值模拟可以作为研究古建筑冻融现象的一种方法。

2. 冻害区的热成像图与温度对比

红外热成像反射的温度场反映了建筑表面不同位置能量损失的状态。因此，根据红外热成像反射的温度场，可以判断建筑材料热物理性能较弱的冻害区域。图 4-37 为隆恩殿冻害现象的温度场分布及三维迭代重建图像。图中黄色是高温面，紫色是低温背光，中间温度是橙色。剥落涂料冻害区测试点温度变化范围为 –8.9 ~ 19.7℃，剥落涂料位置与相邻未剥落位置温差为 0.4 ~ 0.9℃，如图 4-37（c）所示。起泡涂料涂层区域测试点温度变化范围为 11.7 ~ 41.2℃，起泡涂料位置与相邻非起泡位置的温差为 12.4 ~ 13.8℃，如图 4-37（f）所示。剥落区域测试点温度变化范围为 –11.2 ~ 23.8℃，剥落位置与相邻未剥落位置温差为 4.5 ~ 6.1℃，如图 4-37（i）所示。裂缝区域试验点温度变化范围为 –5.3 ~ 27.0℃，裂缝位置与相邻无裂缝位置温差为 0.7 ~ 1.8℃，如图 4-37（l）所示。由于木材与油漆层的 F-T 深度较大，木材完全暴露在外，木材吸收的水分较多，含水率增加，起泡涂料损伤的温度差最大，冻害部位的温度明显低于未冻害部位的温度。

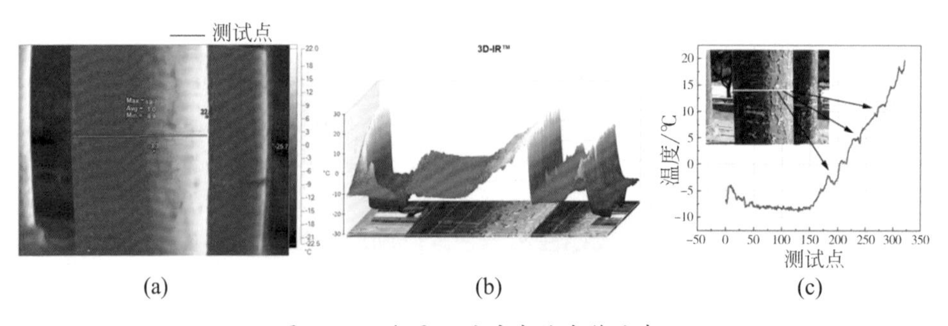

图 4-37　隆恩殿的病害热成像分析

（a）风化的热成像温度分布图；（b）风化的三维迭代重建图像（3D-IR）；（c）风化的测点温度曲线，（d）粘结物损失的热成像温度分布图；（e）粘结物损失的三维迭代重建图像（3D-IR）；（f）粘结物损失的测点温度曲线；（g）侵蚀的热成像温度分布图；（h）侵蚀的三维迭代重建图像（3D-IR）；（i）侵蚀的测点温度曲线；（j）裂缝的热成像温度分布图；（k）裂缝的三维迭代重建图像（3D-IR）；（l）裂缝的测点温度曲线

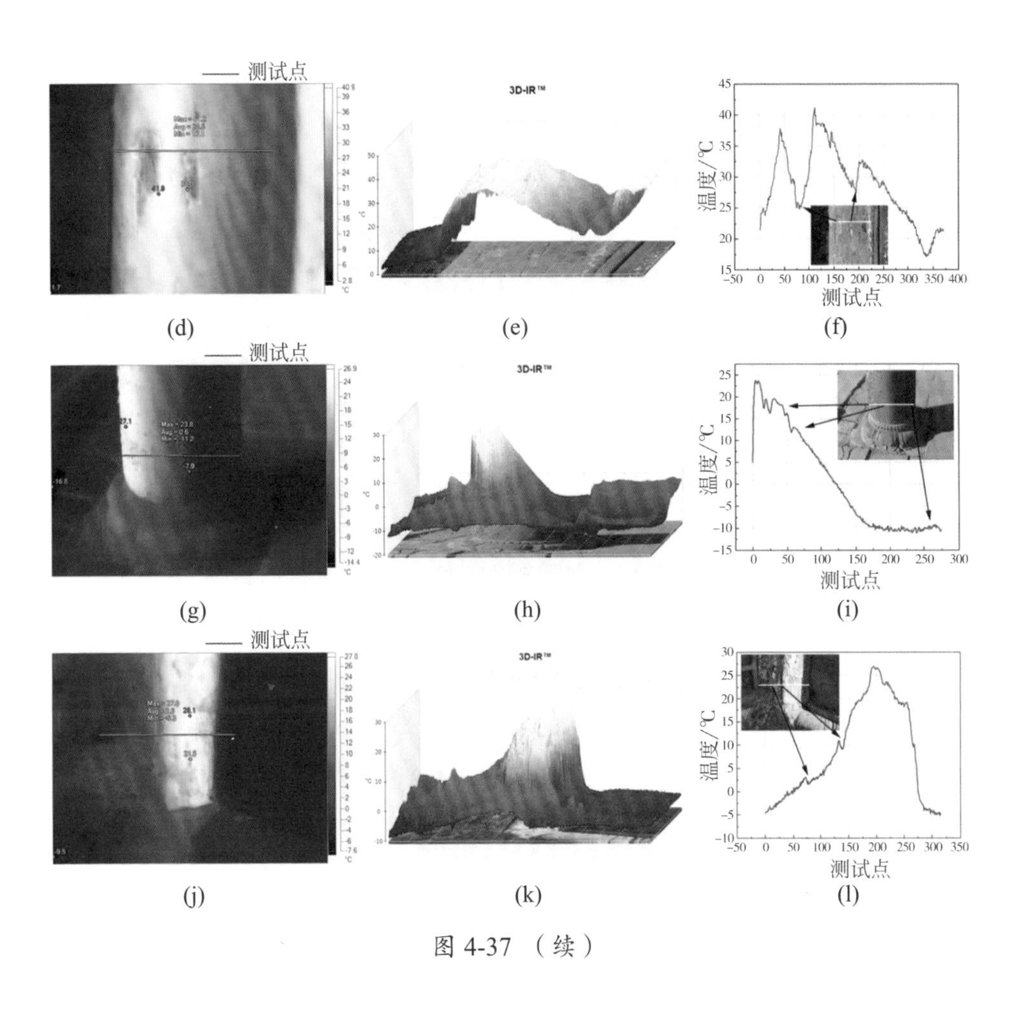

图 4-37 （续）

4.7.5　数字化结果对比与分析

1. 白天太阳辐射模拟结果分析

冬季寒潮降雪过后，白天的太阳辐射强度越大，建筑温度升高越多，冻融现象越明显，对建筑遗产造成的破坏侵蚀越大。古建筑的立面材料接受阳光的热辐射不同，空气在阳光充足时升温，受寒冷气流影响时降温，因此，古建筑材料在太阳辐射值不同的情况下，间接承受热空气的影响也不同。设定 1 月 16 日的天气是晴天、多云和阴天三种情况，对比古建筑构件 20 个测试点接收太阳辐射和表面温度数据，发现建筑构件的位置不同，温度降低数值也不同。太阳高度角越大，太阳辐射量越大。在晴天情况下，接收太阳辐射值越高的建筑构件，在多云或者阴天情况下，接收的太阳辐射值大量减少，温度降低越大。

图 4-38（d）、（g）、（j）是隆恩殿不同天气情况（晴天、多云、阴天）的温度云图。图 4-38（b）、（c）、（e）、（f）、（h）、（i）、（k）、（l）是殿前柱、门前柱、彩画枋、窗框（晴天、多云、阴天）的 CFD 模拟温度和太阳辐射强度曲线。对比图 4-38 的曲线可知，晴天情况下，这四个建筑构件中，窗框与太阳入射方向形成的夹角最大，表面接收太阳辐射值也最大，是 1628~1769 W/m^2，温度是 19.0~32.4℃；多云情况下，太阳辐射比晴天减少 72~120 W/m^2，温度降低 3.2~6.9℃；阴天情况下，太阳辐射比晴天减少 247~343 W/m^2，温度降低 11.9~21.6℃。晴天情况下，彩画枋在屋顶的阴影区域，表面的太阳辐射值最小，1469~1531 W/m^2，温度是 4.6~8.6℃；多云情况下，太阳辐射比晴天减少 46~53 W/m^2，温度降低 1.1~1.3℃；阴天情况下，太阳辐射比晴天减少 136~156 W/m^2，温度降低 3.2~3.8℃。建筑材料位置对太阳热辐射的吸收量及承受力的不同，会出现不同程度的热胀冷缩特性，使材料内部的膨胀与收缩应力发生变化，建筑温度升高越多，冻融现象越明显。

2. 夜间降温结冰过程模拟结果分析

夜间温度降低到 0℃以下，建筑构件内的水分会结冰。白天至夜间温度的变化使水分在“液态水—固态冰—液态水”的过程中循环往复，从而形成冻融循环。同时，建筑材料内部孔隙中的水分也会随着温度的变化而出现迁移、挥发、冷凝、冻结及融化等现象，对建筑材料的微观构造产生破坏，使其发生物理性能的破损及机械性能的降低，进而产生表观形变、病害及不同程度的破损现象。

殿前柱的内层材料主要是木材。木材是一种毛细管多孔结构，白天迁移到木材内部的水分，夜间会冻结。根据之前扫描电镜测得的数据显示，试件的孔隙率为 3.414%，通过实验模拟夜间殿前柱内部水分冻结成冰的 5 h 的过程，

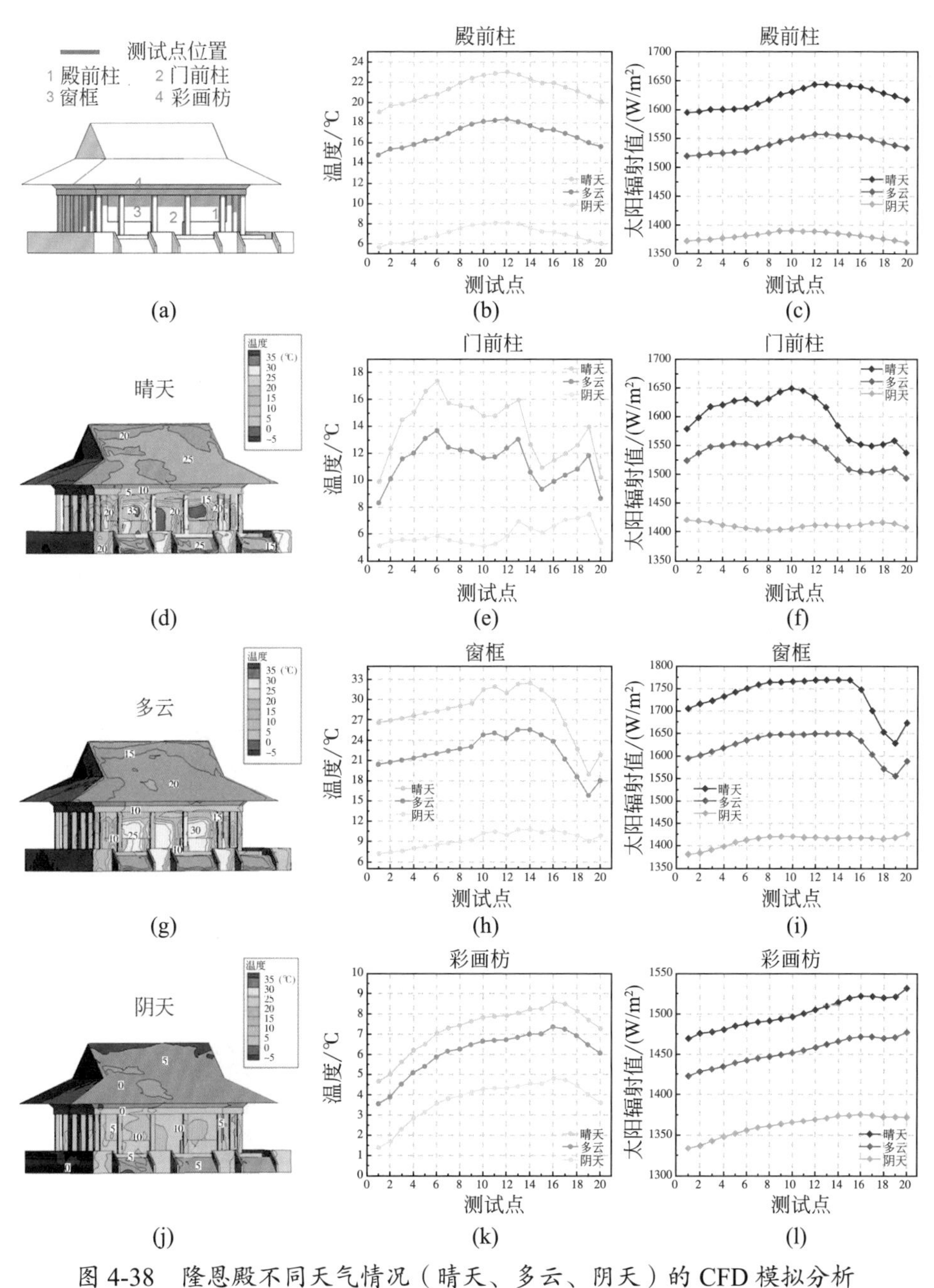

图4-38　隆恩殿不同天气情况（晴天、多云、阴天）的CFD模拟分析

（a）隆恩殿测试位置（殿前柱、门前柱、窗框、彩画枋）；（b）殿前柱的温度曲线；（c）殿前柱的太阳辐射强度曲线；（d）隆恩殿晴天的温度云图；（e）门前柱的温度曲线；（f）门前柱的太阳辐射强度曲线；（g）隆恩殿多云的温度云图；（h）窗框的温度曲线；（i）窗框的太阳辐射强度曲线；（j）隆恩殿阴天的温度云图；（k）彩画枋的温度曲线；（l）彩画枋的太阳辐射强度曲线

殿前柱表面温度在 0℃或 0℃以下的时候，内层材料是由材料颗粒、冰（胶结冰和冰夹层）、未冻水（薄膜结合水和液态水）、气体（水汽和空气）组成的非均质多相材料。图 4-39（a）是液相体积分数变化曲线，图 4-39（b）是温度变化曲线，图 4-39（c）是 1 ~ 5 h 的液相体积分数云图。通过图 4-39 可以看出，在油漆层和灰浆层厚度 10 mm 的位置，水分从 0℃开始结冰，到 500 s，温度是 0℃，水分体积分数下降到 0.8；随着时间的增加到 1 h 左右（3600 s），温度是 −3℃，水分体积分数下降到 0.3，这个阶段液体相变为固体相的速度较快；时间增加到 3.33 h（12 000 s），温度降为 −9℃，孔隙内的水分全部结冰，水的体积分数为 0，这个阶段，水冰相变过程比前一个小时速度平稳。3.33 ~ 5 h

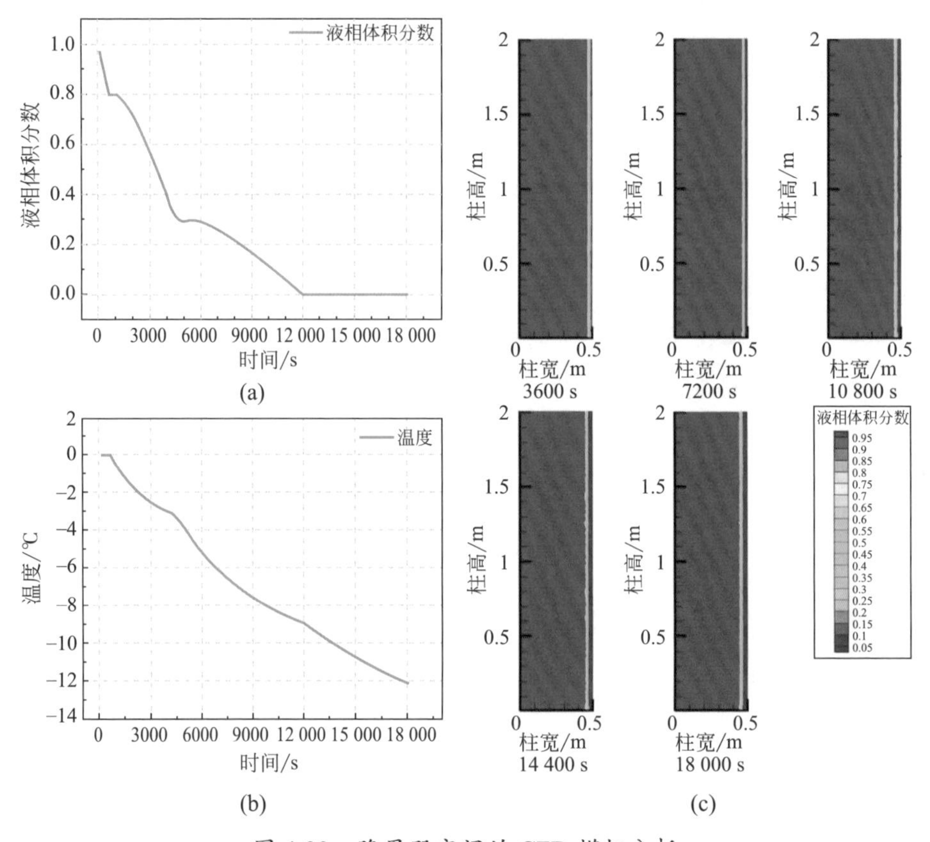

图 4-39　隆恩殿夜间的 CFD 模拟分析

（a）液相体积分数随时间变化曲线;（b）温度随时间变化曲线;（c）1 ~ 5 h（3600~18 000 s）的液相体积分数云图

（18 000 s），都是固相冰状态。

在冻结过程中，水分向建筑材料中迁移并发生相态变化，体积增大 9%。所以水和冰在物态变化过程中，体积产生膨胀和收缩，造成材料内部的孔隙总量增多、孔隙直径增大，导致材料内部结构疏松。冻融循环形成强大的膨胀应力，对建筑材料造成不可逆的破坏，日复一日，循环往复，轻者可使材料脆化，形成细小裂纹，影响建筑构件的耐久性，重者可使材料崩解，墙体开裂，最终影响建筑整体结构的安全性。

4.8 赫图阿拉城冬季外环境分析与绿化营造策略

赫图阿拉城位于辽宁省抚顺市新宾满族自治县永陵镇，是全国重点文物保护单位。“赫图阿拉”是满语，汉意为横岗，即平顶小山岗。赫图阿拉城是一座拥有 400 余年历史的古城，始建于明万历三十一年（1603 年）。明万历四十四年（1616 年）正月初一，努尔哈赤于此“黄衣称朕”，建立了大金政权，史称后金。后金天聪八年（1634 年），赫图阿拉城被皇太极尊称为“天眷兴京”。赫图阿拉城是后金开国的第一都城，也是中国历史上最后一座山城式都城，更是迄今保存最完善的女真族山城，是后金政治、经济、军事、文化、外交的中心，被视为清王朝发祥之地。

东北地区冬季气候寒冷，加上冷风侵蚀和日照不足，极易造成古建筑损坏。为了更好地保护古建筑，本研究通过建立赫图阿拉城三维计算机模型，运用生态建筑大师软件（Ecotect Analysis）作为研究工具，以永陵镇冬季气候条件为出发点，对城内 6 个古建筑院落冬季风环境和日累积太阳辐射量进行了模拟，并进行了结果分析，提出 6 个古建筑院落的绿化营造策略。数值模拟可以为古建筑的保护研究提供直观和可靠的科学依据。

4.8.1 赫图阿拉城现存情况与气候条件

赫图阿拉城总体布局分内外两城，城垣由土、石、木杂筑而成。内城主要有汗宫大衙门、正白旗衙门、汗王井、关帝庙、满族民居、塔克世故居、八旗衙门、文庙、昭忠祠、刘公祠、启运书院、城隍庙等一大批古建筑及遗址。外城主要遗址有驸马府、铠甲制造场、弓矢制造场、仓廒区等。外城外还有显佑宫、地藏寺等古建筑。赫图阿拉城在研究清前史、艺术、社会、文化、经济等方面具有无可替代的价值。

赫图阿拉城毁于日俄战争，城内古建筑遭到了严重的破坏和损毁，加上近 4 个世纪的风雨洗礼，如今仅内、外城城墙有部分残存，城门遗迹尚清晰可辨，其余建筑已荡然无存。我们今天看到的赫图阿拉城是我国政府于 1999 年投资重新复建的。近年来，政府更是逐年投放资金，对赫图阿拉城进行管理和修缮，使这座古老的城池逐渐恢复了历史原貌。赫图阿拉城恢复历史原貌的建筑共有 6 处，分别是汗宫大衙门、塔克世故居、正白旗衙门、文庙、关帝庙、启运书院。城内的整体景观较好，保存下来的古榆树和新铺的草坪使整座城池显得既有历史遗韵又有现代气息。但 6 处古建筑院落内地面大部分是地砖铺地，绿化种植量明显不够，不利于古建筑的保护，尤其不利于抵抗东北地区冬季严寒天气对古建筑形成的侵蚀破坏（图 4-40）。

永陵镇位于辽宁省东部山区，属抚顺市新宾满族自治县管辖，地理坐标：东经 124º41'~125º05', 北纬 40º31'~41º50'。永陵镇属于北温带大陆性季风气候，夏季的主导风向多为东南风，冬季的主导风向多为西北风。季节性温差大是我国东北地区气候的特点之一，永陵镇的年平均温度为 4.3℃，7 月份最高气温可达 32℃，1 月份最冷时气温可降至 –38℃。永陵镇气候的基本特征是：具有寒冷而漫长的冬季，温暖、湿润而短促的夏季。东北地区北临北半球冬季的寒极——东西伯利亚，冬季强大的冷空气南下，这里盛行的寒冷干燥的西北风，使之成为同纬度各地中最寒冷的地区，与同纬度的其他地区相比温度一般低 15℃左右。日照是自然气候形成的主要因素，也是建筑外部热环境的主要因素。太阳辐射对人们的生产和生活具有不可缺少的作用，阳光不仅是重要的能量来源，还对人们的身心健康有积极影响。因此，赫图阿拉城冬季

(a)　(b)　(c)　(d)　(e)　(f)

图 4-40　赫图阿拉城现状

(a) 汗官大衙门;(b) 塔克世故居;(c) 正白旗衙门;(d) 文庙;(e) 关帝庙;(f) 启运书院

外环境分析就要从两个方面考虑：一个是冬季主要风向和较大风速下的风环境，一个是冬季日累积太阳辐射量。

由于永陵镇缺乏必要的气象数据，在本次模拟中，我们一方面采用与永陵镇距离相近，气候相似的沈阳市的典型气象年逐时气象数据 CSWD，作为 Ecotect 软件对赫图阿拉城古建筑模拟分析的基础气象数据库；另一方面，我们采用中国气象局采集的新宾县 2017 年全年的逐时气象数据，中国气象局 2016 年下半年采集的新宾县的气象数据（包括气压、风速、风向、气温、相对湿度、降雨量），作为辅助参考气象数据。

4.8.2 Ecotect 模型的建立

本研究运用 Ecotect 软件对赫图阿拉城 6 处古建筑进行冬季外环境模拟实验。首先根据 2016 年 4 月到 7 月项目组成员的前期实地测绘图纸，在 Ecotect 软件中建立汗宫大衙门、塔克世故居、正白旗衙门、文庙、关帝庙、启运书院的简略模型，如图 4-41（a）、（d）、（g）、（j）、（m）、（p）所示。因为实验

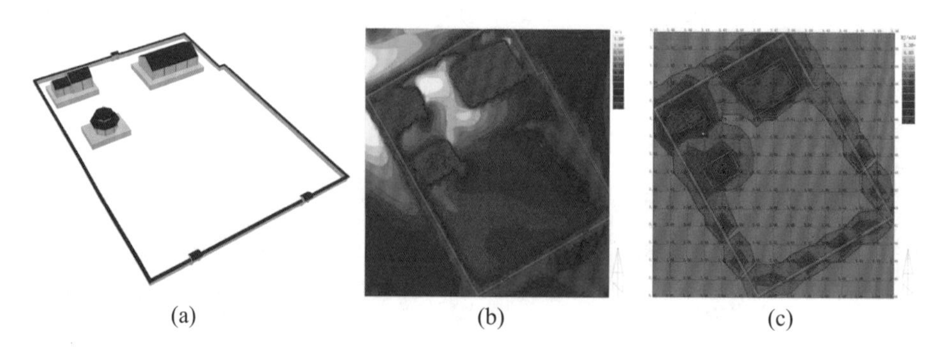

图 4-41　赫图阿拉城主要建筑冬季风环境和日累积太阳辐射量数值图

（a）汗宫大衙门简略模型；（b）汗宫大衙门冬季风环境图；（c）汗宫大衙门冬季日累积太阳辐射量数值图；（d）塔克世故居简略模型；（e）塔克世故居冬季风环境图；（f）塔克世故居冬季日累积太阳辐射量数值图；（g）正白旗衙门简略模型；（h）正白旗衙门冬季风环境图；（i）正白旗衙门冬季日累积太阳辐射量数值图；（j）文庙简略模型；（k）文庙冬季风环境图；（l）文庙冬季日累积太阳辐射量数值图；（m）关帝庙简略模型；（n）关帝庙冬季风环境图；（o）关帝庙冬季日累积太阳辐射量数值图；（p）启运书院简略模型；（q）启运书院冬季风环境图；（r）启运书院冬季日累积太阳辐射量数值图

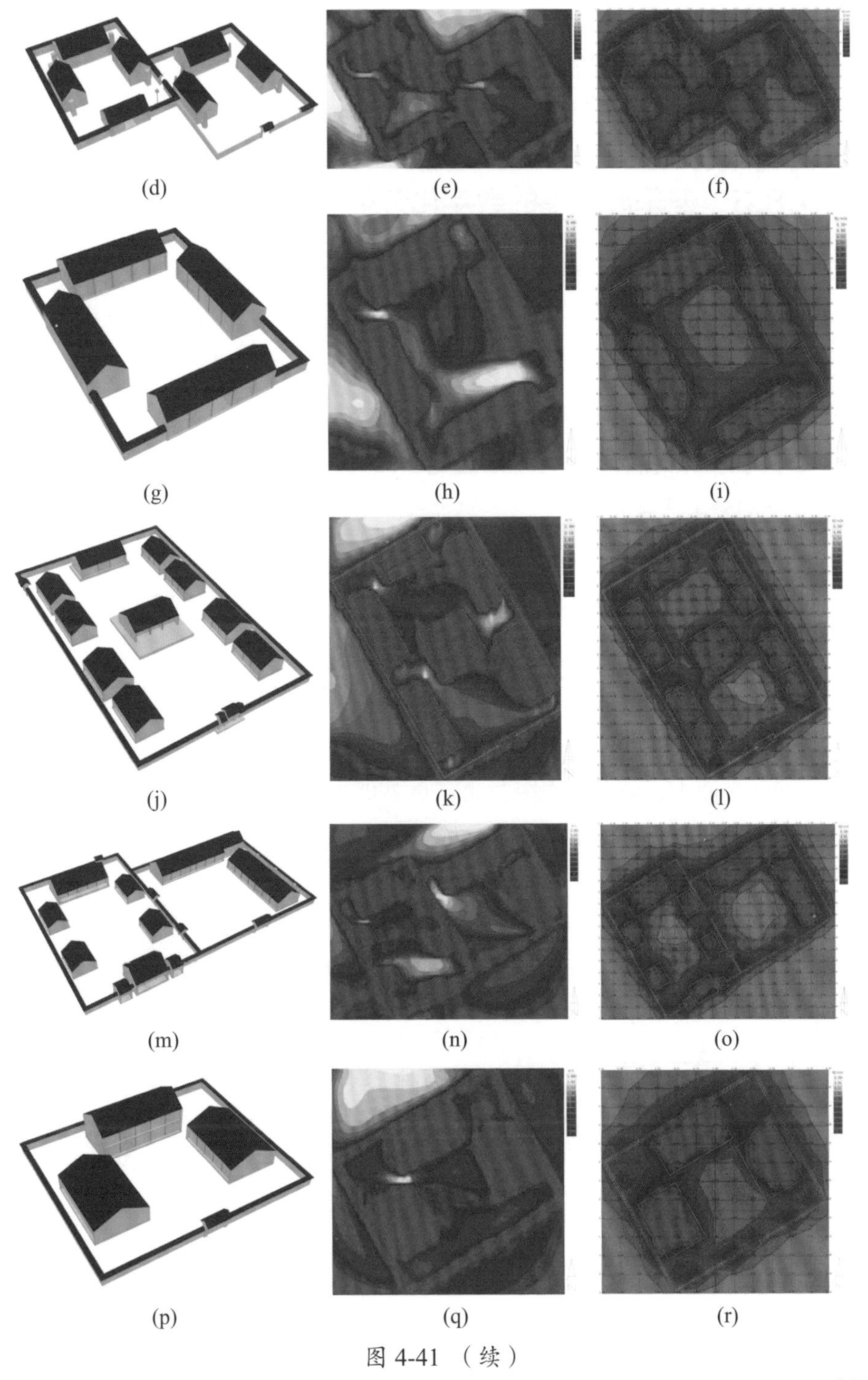

图 4-41 （续）

是模拟古建筑外环境，又要考虑将运算量控制在切实可行的范围内，因此模型仅提取古建筑屋顶、墙面、台基、院内建筑布局和院墙等重要信息，过滤掉门窗、柱子、屋顶起伏和其他较为微观的建筑信息。

4.8.3 冬季风环境的数字化分析

赫图阿拉城冬季风环境模拟实验是运用 Ecotect 关于计算流体动力学（CFD）的插件 winair4，对赫图阿拉城冬季最冷的西北风风环境予以分析。因为沈阳市典型气象年逐时气象数据（CSWD）关于新宾县风速和风向的气象数据较少，而且沈阳的地形地貌与新宾县也有较大差别，不足以反映新宾县风速和风向的实际情况，所以实验选用中国气象局提供的新宾县气象站（台站代码：54353）采集的 2017 年冬季两个时间段（1 月 1 日—3 月 31 日、11 月 1 日—12 月 31 日）的西北风，共 942 个极大风速、极大风速的风向（角度）的逐时气象数据，借助 SPSS 软件进行探索性描述分析，探讨新宾县 2017 年冬季极大风速、极大风速的风向（角度）的平均数据。

通过 winair 4 风环境的模拟实验，得出赫图阿拉城 6 处古建筑院落内冬季风环境图，如图 4-41（b）、（e）、（h）、（k）、（n）、（q）所示。在古建筑院落地面的水平面上，外界环境中西北方向 290º 的风在 4.9 m/s 的时候，相当于 3 级风的水平。实验结果分析如表 4-26、图 4-42 所示。

表 4-26 赫图阿拉城冬季风环境模拟实验结果分析

序号	古建筑名称	风速最大区	风速较大区	风速平缓区
1	汗宫大衙门	在汗王寝宫西侧与萨满神堂东侧中间地带，风速达到最大值 1.2 m/s	在汗王寝宫西侧、萨满神堂东南侧与汗宫大衙门东北侧中间地带，风速达到 1.08 m/s	在汗王寝宫南侧和东北角、汗宫大衙门北侧和南侧到院墙、萨满神堂南侧，风速接近 1 m/s

续表

序号	古建筑名称	风速最大区	风速较大区	风速平缓区
2	塔克世故居	在塔克世故居正房西南角与西厢房东北角、觉昌安故居正房西南角与西厢房东北角，风速达到最大值 1.6 m/s	在塔克世故居门房北侧，风速达到 1.4 m/s	在塔克世故居正房两侧与西厢房东侧、觉昌安故居正房西侧和西厢房东侧与南侧，风速接近 1 m/s
3	正白旗衙门	在正房西南角与西厢房东北角夹角地带、门房东北侧，风速达到最大值 2.4 m/s	在正房东侧、门房西北角与西厢房东南角、西厢房东侧，风速达到 1.9 m/s	在东厢房西侧院落的中间地带，风速接近 1.4 m/s
4	文庙	在崇圣祠西南角与西厢房东北角夹角地带、大成殿东西两侧，风速达到最大值 2.4 m/s	在崇圣祠东侧、棂星门与东西厢房中间地带、一进院落中间地带，风速达到 1.4 m/s	在二进院落中间地带，风速接近 1 m/s
5	关帝庙	在西院普觉寺大雄宝殿西南角与西厢房东北角夹角地带、山门和钟楼中间院落地带、东院念佛堂西侧，风速达到最大值 1.8 m/s	在东院念佛堂南侧，风速达到 1.4 m/s	在东院念佛堂东南侧、西院普觉寺大雄宝殿西侧，风速接近 1.1 m/s
6	启运书院	在正房西南角与西厢房东北角夹角地带，风速达到最大值 1.8 m/s	在正房西侧，风速达到 1.26 m/s	在正房东侧、东西厢房南侧、正房与东厢房中间院落地带，风速接近 1 m/s

6 处古建筑院落内其他地带的风速基本稳定在 0.6 m/s 以内，对古建筑的影响不太明显。

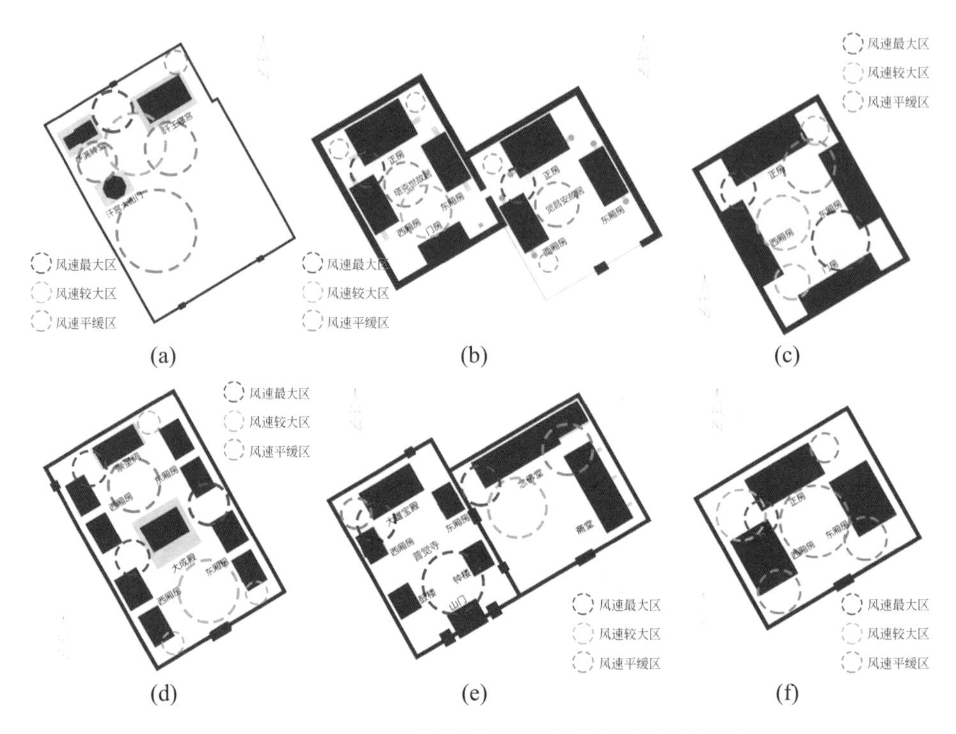

图 4-42　赫图阿拉城冬季风环境模拟结果分析图

（a）汗宫大衙门；（b）塔克世故居；（c）正白旗衙门；（d）文庙；（e）关帝庙；（f）启运书院

4.8.4　冬季日照与太阳辐射的数字化分析

赫图阿拉城冬季太阳辐射量模拟实验，是运用 Ecotect 软件的太阳辐射模拟计算模块，对赫图阿拉城冬季太阳辐射环境予以分析，由于新宾县气象站缺乏太阳辐射量的气象数据，本实验选取与新宾县太阳辐射量相似的沈阳市的典型气象年逐时气象数据 CSWD，冬季 11 月 1 日到第二年 3 月 31 日、上午 8 点到下午 4 点的日累积太阳辐射量的完整数据进行模拟计算，得出赫图阿拉城 6 处古建筑院落内冬季日累积太阳辐射量数值图，如图 4-41（c）、（f）、（i）、（l）、（o）、（r）所示。

在模拟的结果中选取院落地面的日累积太阳辐射量数值来进行分析。太阳辐射量数值单位 MJ/（m^2·d），J 是能量焦耳的单位，MJ 是能量兆焦的单位；m^2 是面积单位，d 是一天的时间，指的就是每天 1 m^2 地面上接收的太阳辐射量。

实验结果分析如表 4-27、图 4-43 所示。

表 4-27　赫图阿拉城冬季日累积太阳辐射量模拟实验结果分析

序号	古建筑名称	太阳辐射量最低区	太阳辐射量较低区	太阳辐射量较高区
1	汗宫大衙门	在萨满神堂西侧和汗王寝宫北侧太阳辐射量数值最低，只有 0.33 MJ/（$m^2 \cdot d$）	在汗宫大衙门、萨满神堂北侧和汗王寝宫东侧太阳辐射量数值达到 1.5 MJ/（$m^2 \cdot d$）	在三个建筑连接地带和院墙两侧，太阳辐射量数值接近 3 MJ/（$m^2 \cdot d$）
2	塔克世故居	在觉昌安故居东西两厢房北侧、塔克世故居东厢房北侧和门房东西两侧太阳辐射量数值最低，只有 0.33 MJ/（$m^2 \cdot d$）	在塔克世故居正房和东西厢房连接地带、觉昌安故居正房和东西厢房连接地带太阳辐射量数值达到 1.5 MJ/（$m^2 \cdot d$）	在觉昌安故居、塔克世故居院落地面和院墙两侧，太阳辐射量数值接近 3 MJ/（$m^2 \cdot d$）
3	正白旗衙门	在东厢房北侧、西厢房北侧太阳辐射量数值最低，只有 0.33 MJ/（$m^2 \cdot d$）	在正房、东厢房、西厢房、门房连接地带和院墙两侧太阳辐射量数值达到 1.5 MJ/（$m^2 \cdot d$）	在正房、东厢房、西厢房、门房中间的院落地面太阳辐射量数值接近 3 MJ/（$m^2 \cdot d$）
4	文庙	在崇圣祠北侧、四个西厢房西侧和四个东厢房东侧，太阳辐射量数值最低，只有 0.33 MJ/（$m^2 \cdot d$）	在棂星门北侧、四个西厢房连接地带和一进、二进院落两个东厢房连接地带，太阳辐射量数值达到 1.5 MJ/（$m^2 \cdot d$）	在一进院落地面、二进院落地面，太阳辐射量数值接近 3 MJ/（$m^2 \cdot d$）
5	关帝庙	在西院普觉寺大雄宝殿北侧和东西厢房北侧、东院念佛堂东侧和斋堂北侧太阳辐射量数值最低，只有 0.33 MJ/（$m^2 \cdot d$）	在西院普觉寺大雄宝殿和东西厢房、鼓楼连接地带、山门东西两侧、东院斋堂东侧院落地带太阳辐射量数值达到 1.5 MJ/（$m^2 \cdot d$）	在西院普觉寺山门和鼓楼、钟楼连接地带、东院念佛堂和斋堂院落地带，太阳辐射量数值接近 3 MJ/（$m^2 \cdot d$）

续表

序号	古建筑名称	太阳辐射量最低区	太阳辐射量较低区	太阳辐射量较高区
6	启运书院	在正房北侧、西厢房西侧和东厢房北侧，太阳辐射量数值最低，只有 0.33 MJ/（$m^2 \cdot d$）	在正房和东西厢房连接地带，太阳辐射量数值达到 1.5 MJ/（$m^2 \cdot d$）	在三座建筑与院墙连接地带，太阳辐射量数值接近 3 MJ/（$m^2 \cdot d$）

6 处古建筑院落内其他地带的太阳辐射量数值基本稳定在 3.5 MJ/（$m^2 \cdot d$）左右，对古建筑的影响不太明显。

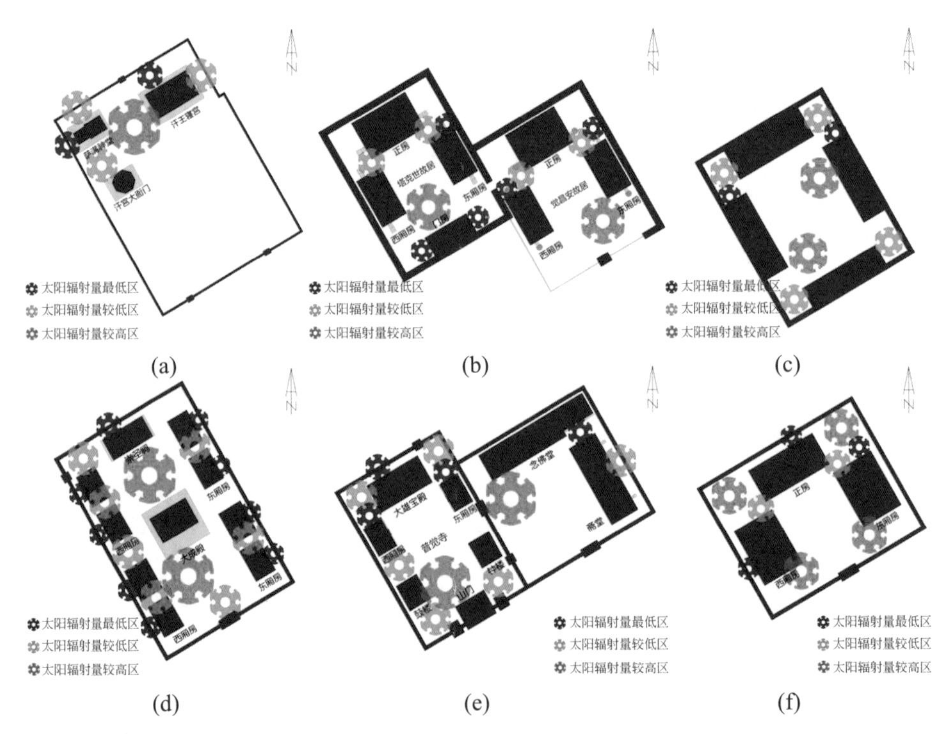

图 4-43　赫图阿拉城冬季日累积太阳辐射量模拟结果分析图

（a）汗宫大衙门；（b）塔克世故居；（c）正白旗衙门；（d）文庙；（e）关帝庙；（f）启运书院

4.8.5　绿化营造策略

针对东北地区冬季的气候特点，绿化的作用主要体现在抵抗寒风和保温上。古建筑冬季保护的外部环境绿化营造策略，是要结合当地冬季的气候特征以及当地的植物种类，充分利用当地的植物进行布局（图 4-44）。因为当地的植物对自然环境有适应性，因此能起到更好的调节气候的作用。具体的绿化营造策略如下。

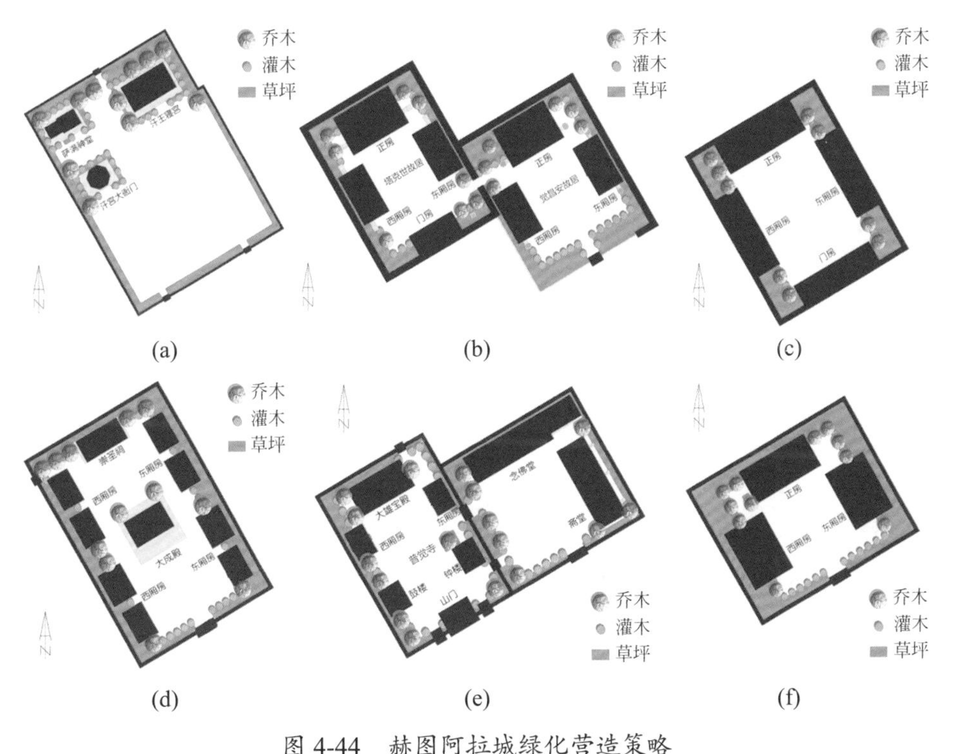

图 4-44　赫图阿拉城绿化营造策略

(a) 汗宫大衙门；(b) 塔克世故居；(c) 正白旗衙门；(d) 文庙；(e) 关帝庙；(f) 启运书院

（1）加入绿植。在风速达到最大值，太阳辐射量最低的院落地面种植树木，可有效降低风速和保温。绿化可以起到减低气流速度的作用。当气流通过树丛时，由于与树干、树枝和树叶产生摩擦，消耗了能量，风速为之锐减。实验证明，在树高的 5~10 倍的距离范围内，防风的效果最佳。在庭院中种植树木不仅可以在冬季抵挡寒风，亦可调节古建筑周边微气候，并有美化环境等作用。

（2）对于冬季来说，在风速达到最大值的地方布置成排的挡风屏障，通过成排的植物和墙体，对北面的寒风进行遮挡。研究表明，风在通过植物时会迅速减慢，大约能减少 48% 的风能，并能提供 4 倍于树木高度的挡风区域。

（3）乔木和灌木相结合。在古建筑周边寒冷地带布置高大乔木和灌木，在较寒冷地带布置低矮灌木，不遮挡视线。高度不同的灌木和乔木配合可以将低处的气流偏转吹向远离古建筑的上空，这样利于偏转冬季西北面的寒风，可以有效地减小冷空气对古建筑的影响。

（4）基于太阳辐射来说，在冬季，铺有草坪的地面温度比裸露的地面温度高 4℃左右。树木较多的地方，由于树木能降低风速，减弱冷空气的入侵，树木内及其背向风的一面温度可高出 1~2℃。

（5）永陵镇处于北温带，冬季较长，大部分的喜温湿气候的植物在这里不能生长，这里的优势树种有杨桦类、柞树类、落叶松、胡桃楸、红松、槭树类等。由于落叶乔木在冬季落叶，挡风能力降低，推荐使用松、柏等常绿乔木。

总之，在研究过程中，运用数值模拟的方法分析古建筑与院落环境之间的关系，通过合理的绿化规划、树种选择及科学的种植手段，绿化古建筑周边环境，使植物发挥特有的生态功能，可以改善东北地区冬季气候对古建筑的破坏，达到更好的保护古建筑及其历史环境的目的。

4.9 本章小结

本章介绍了沈阳清福陵、沈阳清昭陵病害现状及形成原因的现场勘察成果。对清福陵进行了夏季太阳辐射和热环境数字化分析、研究绿地对清福陵夏季热环境和微气候的影响、不同树木绿化对清福陵夏季热环境的影响，对清昭陵隆恩门、隆恩殿冬季寒潮降雪的侵蚀进行了数字化分析，并对赫图阿拉城冬季外环境与绿化营造策略进行了分析，得到以下结论。

1. 清福陵夏季太阳辐射和热环境数字化分析

（1）通过实际量测，太阳辐射和热环境能够对沈阳清福陵建筑遗产造成破坏侵蚀。高温可能造成建筑材料的老化降解、褪色、变色、热胀冷缩、干裂起皮或卷曲变形。

（2）根据计算流体动力学（CFD）数值模拟结果，太阳辐射量与太阳高度角有很大关系。相同材料情况下，太阳高度角越大，太阳辐射量越大。

（3）相同位置不同材料的太阳辐射量不同，温度升高值不同。

（4）风速的提高可以改善建筑太阳辐射和热环境。

（5）实际量测和数值模拟结果在建筑构件无遮挡的情况下数据接近，模拟数据可以作为参考。CFD 模拟研究可以为建筑遗产的预防性保护提供新的方法和思路。

2. 绿地对清福陵夏季热环境和微气候的影响

（1）绿地土壤可以通过蒸发冷却空气，从而得到相对较低的表面温度，但同时由于土壤的吸收辐射系数大，会吸收更多的热辐射，局部产生较高的温度。周边环境绿化会对地面地砖产生影响，有一定的降温作用。

（2）通过差值比较红外图像和 CFD 模拟预测温度显示的一致性，说明模拟参数选取合理，可以较为准确地反应清福陵内部温度场的分布。

（3）通常情况下，风速变大，地面温度会下降；空气湿度越大，地面温度越低，建筑前面如果有遮挡，会使得风速减小，地面温度会升高；空气湿度变大，地面温度会升高。

（4）室外环境参数对人体热感觉影响比较大的量为温度、湿度、太阳辐射与风速。实际测量数据和数值模拟结果非常接近。

3. 不同树木绿化对清福陵夏季热环境的影响

（1）周边树木绿化可以对建筑表面产生影响，有一定的降温作用。

（2）树木绿化可以通过蒸发散和蒸腾作用降低环境温度。通常情况下，植物的蒸腾速率越大，建筑遗产和周围环境的表面温度降低也越多。树木的孔隙率可以改变风速大小，通常情况下，孔隙率越大，通过气流的体积分数越大。

（3）树木绿化对古建筑的降温影响与太阳高度角有很大关系。通常情况下，太阳高度角越大，太阳辐射量越大，温度升高越多。如果古建筑受到城墙的遮挡，风速会减小，树木绿化对古建筑及周边环境的降温效果会减弱。

4. 冬季寒潮降雪对清昭陵（隆恩门、隆恩殿）侵蚀的数字化分析

（1）建筑遗产在太阳直射的情况下，表面温度能够升高到 0℃以上，使积雪融化，融化后的水分渗入建筑构件，使建筑材料的含水量提高。

（2）隆恩门砖石试件和隆恩殿殿前柱油漆层和灰浆层试件在受冻后，内部的孔隙总量增多，孔隙直径增大，材料内部结构变得疏松，试件呈现更多的碎屑颗粒和小团聚体。材料孔隙率在经历冻融循环后增加，平均孔径在经历冻融循环后增大。

（3）建筑构件的位置与太阳高度夹角越大，太阳辐射量越大，温度升高数值也越大。建筑材料对太阳热辐射的吸收量及承受力的不同，会出现不同程度的热胀冷缩特性，使材料内部的膨胀与收缩应力发生变化，建筑温度升高越多，冻融现象越明显。

（4）夜间建筑构件内的水分会结冰。水和冰在物态变化过程中，体积产生膨胀和收缩，造成材料内部的孔隙总量增多、孔隙直径增大，导致材料内部结构疏松。

5. 赫图阿拉城冬季外环境分析与绿化营造策略

（1）结合当地冬季的气候特征，进行冬季风环境模拟结果分析，得到赫图阿拉城 6 处古建筑院落内冬季主要风向和较大风速下的风环境图。冬季风速达到最大值的地方，风速基本稳定，对古建筑的影响不太明显。

（2）通过冬季日照与太阳辐射模拟结果分析，得到赫图阿拉城 6 处古建筑院落内冬季日累积太阳辐射量数值图。冬季太阳辐射量数值最低的地方，太阳辐射量数值基本稳定，对古建筑的影响不太明显。

（3）针对东北地区冬季的气候特点，绿化的作用主要体现在抵抗寒风和保温上。在风速达到最大值的地方布置成排的挡风屏障，通过成排的植物和墙体，对北面的寒风进行遮挡。铺有草坪的地面可以提高裸露地面的温度。在树种的选择上，应优先选择东北地区适应冬季的优势树种松、柏等常绿乔木。

第5章 建筑遗产区域生态环境的数字化分析

建筑遗产赖以生存的区域生态环境是影响建筑遗产整体保护最重要的外部因素。在当前城市经济高质量发展背景下，遗产地城市化进程具有高度的时空动态性，基于稀疏时相进行的建筑遗产区域遥感监测不能详尽表征遗产地区域生态环境变化情况，连续性监测可客观、精准地获取人为扰动较为频繁的城市范围内建筑遗产区域生态环境信息，对研究建筑遗产区域整体保护和传承具有重要的现实意义。

5.1 建筑遗产区域生态环境

5.1.1 基本概念

建筑是人类文明发展进步的历史见证，不仅具有居住属性，而且还是人类精神文化的载体，是人类发展系统中不可分割的有机组成部分，不同时代的建筑遗产反映了人类文明与历史活动的足迹，也承载着人类数千年的历史文化。在2014年公布的建筑学名词中，狭义的遗产地是指世界遗产的核心区与缓冲区所共同包括的范围，如本研究中以世界文化遗产——“一宫两陵”（沈阳故宫、清昭陵、清福陵）为核心的前清建筑遗产群。广义的遗产地泛指各类遗产所在地区或区域，本研究为区别于狭义的遗产地，引入建筑遗产区域指代建筑遗产所在地区或区域，并根据影响半径将研究区域限定为沈阳市中心城区。

建筑遗产区域生态环境。早在1933年，国际现代建筑会议（international

congresses of modern architecture, CIAM）发表的《雅典宪章》就已提出在保护建筑遗产结构、特征不受破坏的同时，建筑遗产所属的城市外部空间也应得到尊重，尤其是建筑遗产周围的环境应当特别重视。此外，宪章还提及了大气环境、生活环境等技术性或社会性问题。联合国教育、科学及文化组织大会第十九届会议通过的《关于历史地区的保护及其当代作用的建议》提出"历史地区及其周边环境"保护概念。其"环境"指影响观察历史地区动态、静态方法的，自然或人工的环境。意大利古迹修复专家古斯塔沃·乔万诺尼（Gustavo Giovannoni），阐明了建筑遗产与城市空间及其环境氛围的关系。1985年3月，欧洲理事会通过的《欧洲建筑遗产保护公约》强调了建筑遗产与自然环境的关联性和有机联系，关注到建筑遗产与自然环境不可分离的整体关系（朱光亚，2019）。1999年，ICOMOS第十二届大会上通过的《乡土建筑遗产宪章》采用了建成遗产的概念，更有利于关注其环境特性。

城市化是衡量区域经济、社会、文化等发展水平的重要特征。城市化进程在促进经济发展、社会进步与文化繁荣的同时，对区域生态环境也产生显著影响。从生态价值视角出发对建筑遗产进行开发利用保护，将环境、城市、建筑、生态融合的理念作为保护开发利用历史建筑遗产的基本原则。从生态价值视角出发，恢复历史建筑遗产当初的土壤、植物、供水系统，对已经破坏的生态系统要结合周边区域环境进行最大限度的恢复。对现存的生态系统要进行必要的改造升级，在原有生态系统基础上打造更符合生态可持续发展的保护开发利用理念，进而创造出具有生命力的可持续发展生态循环系统。

5.1.2 构成要素

建筑遗产区域生态环境基本要素由地形地貌、河流水系、景观植被、建筑本体等构成。

1. 地形地貌

沈阳市在地貌单元上处于辽东山地与下辽河平原过渡地带，地貌形态由东北部的低山丘陵区过渡到山前波状倾斜平原区，中西部为广阔平坦的下辽河平原，其间地貌形态多样，地形高差变化较大。平均海拔高程约 40 m，最高点为法库县内的八虎山，海拔高程 447.2 m，最低点为辽中县于家房镇的上顶子村，海拔高程仅有 5.3 m。纵观全市，地势为东北高西南低，平原区约占全市总面积的 60%。

将沈阳前清建筑遗产分布图与高程图叠加得到研究区数字高程模型（digital elevation model，DEM）图。图 5-1（a）表示基于高程变化的沈阳前清建筑遗产区域分布特征：清福陵高程为 80 m 左右，其他建筑遗产皆分布在 40~50 m 高程内。结合中心城区现状可知，建筑遗产主要分布在平原地区，地势较低，符合古代建筑的选址特点。

利用 ArcGIS 10.5 提取研究区 DEM 数据中的坡度数据，结合区域坡度特点，共划分四个坡度级别。图 5-1（b）表示基于坡度变化的沈阳前清建筑遗产区域分布特征：清福陵坡度级别为 7°~10°，其他建筑遗产皆分布在 2°~ 5° 坡度内。结合中心城区现状可知，建筑遗产主要分布在坡度较为平缓区域，地质灾害发生较少。

利用 ArcGIS 10.5 提取研究区 DEM 数据中的坡向数据。图 5-1（c）表示基于坡向变化的沈阳前清建筑遗产区域分布特征：除清福陵、清昭陵分布于南坡外，其他遗产区域集中分布于无明显坡向变化的平坦地区。

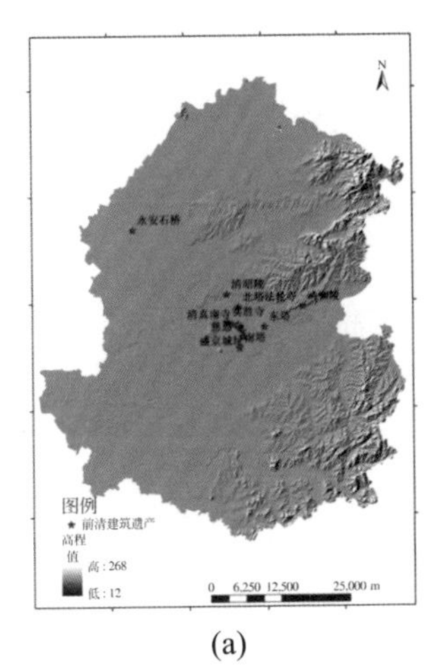

(a)

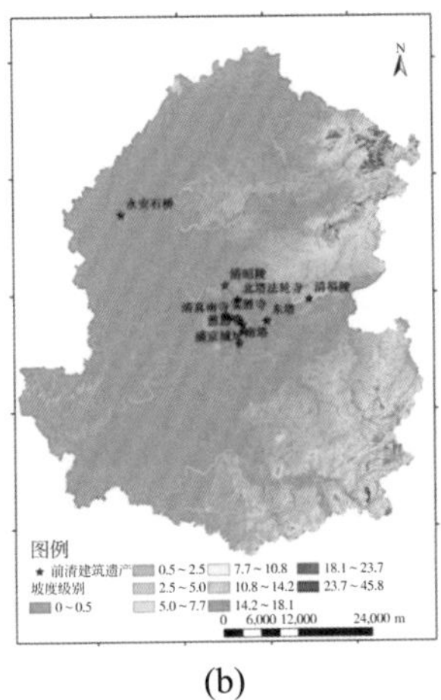

(b)

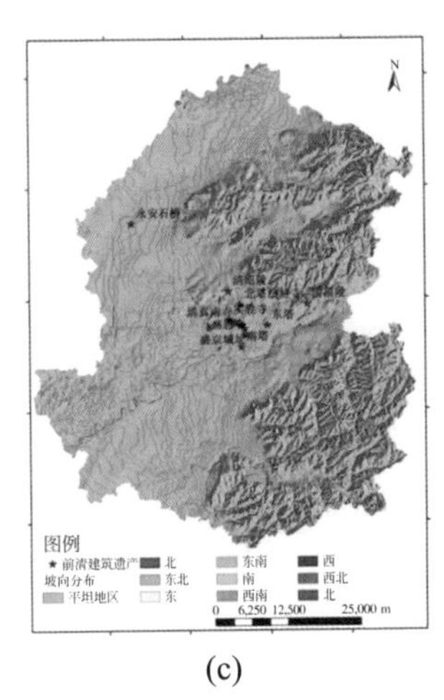

(c)

图 5-1　研究区地形地貌空间分布情况

（a）DEM；（b）坡度；（c）坡向

2. 河流水系

沈阳市以浑河为界，浑河以北由哈达岭东北向西南楔入城市，浑河以南由千山东南向西北楔入城市，形成“东山”格局。以辽河为界，辽河以北秀水河、柳河、绕阳河自北向南汇入辽河；辽河、蒲河、浑河自东向西汇集于城市西部地区，形成“西水”格局。

图 5-2 表示沈阳前清建筑遗产区域基于水系分布的特征：前清建筑遗产整体呈现距河流较近分布的状态，这与清代古建筑选址多基于“风水文化”的思想十分贴近，沈阳前清建筑遗产所在区域卉物丰茂、面水背山、气势环抱。

3. 景观植被

沈阳市属华北植物区系与长白植物区系的近分界处，是华北暖温带落叶阔叶林地带的一部分。沈阳市中心城区景观植被集中分布在南、北运河绿色廊道及两侧形成的绿地斑块群中，二环路的东南、南段植被分布较少。

图 5-3 表示沈阳前清建筑遗产区域基于景观植被分布的特征：清福陵、清昭陵所在区域植被覆盖度较高，其余建筑遗产多分布于中部植被覆盖度低的建成区。

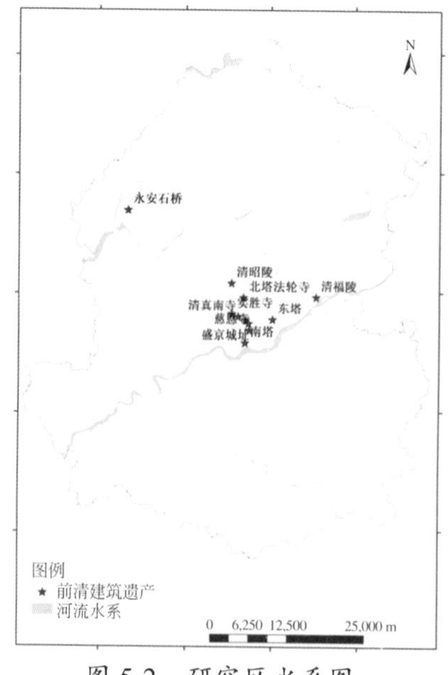

图 5-2　研究区水系图

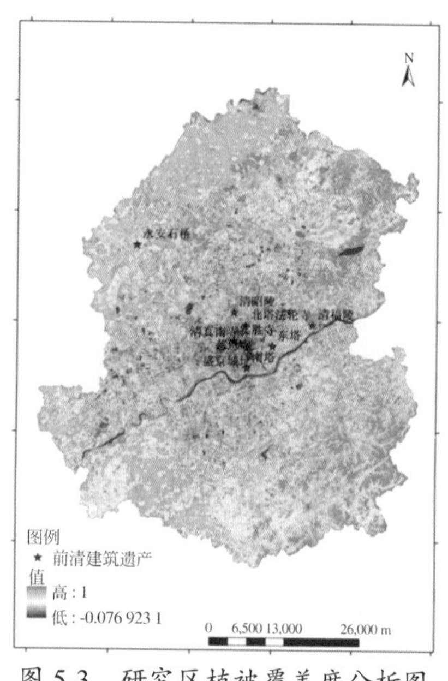

图 5-3　研究区植被覆盖度分析图

4. 建筑本体

沈阳市作为辽宁省内现存前清建筑遗产最多的城市，共有 12 处前清建筑遗产，其中沈阳市中心城区内有 11 处，新民市有 1 处（见表 5-1）。

表 5-1 沈阳前清建筑遗产调查统计表

编号	遗产名称	始建时间	遗产类型	主题相关	目前保护级别	保存现状
1	沈阳故宫	1625 年	古建筑	前清建城	世界遗产	保存完整
2	清福陵	1629 年	古墓葬	前清建陵	世界遗产	保存完整
3	清昭陵	1643 年	古墓葬	前清建陵	世界遗产	保存完整
4	实胜寺	1636 年	古建筑	前清宗教	省级文物保护单位	整体保存较好
5	慈恩寺	1628 年	古建筑	前清宗教	省级文物保护单位	整体保存较好
6	永安石桥	1641 年	古建筑	前清建城	省级文物保护单位	破损严重
7	清真南寺	1627 年	古建筑	前清宗教	省级文物保护单位	整体保存较好
8	北塔法轮寺	1643 年	古建筑	前清宗教	省级文物保护单位	整体保存较好
9	南塔	1643 年	古建筑	前清宗教	省级文物保护单位	仅存南塔，广慈寺已无存
10	东塔	1643 年	古建筑	前清宗教	省级文物保护单位	仅存东塔，永光寺已无存
11	清柳条边遗址——沈阳段	1638 年	古遗址	前清建城	省级文物保护单位	仅存遗址
12	盛京城址	1625 年	古建筑	前清建城	市级文物保护单位	仅保留有部分原城墙城砖

从目前遗产保护级别和本体保存现状来看，现状保存完整的建筑遗产有 3 处，为保护级别较高的世界文化遗产；现状保存较好的有 4 处，现状保存不完整的有 4 处，仅存遗址的有 1 处，皆为省市级文物保护单位。

5.1.3 遥感表征

1. 遥感

遥感（remote sensing）在20世纪60年代开始被广泛使用，其前身为航空摄影测量。目前，航空摄影测量和航天遥感统称为遥感。随着科技的发展，遥感技术所涉及的内容及解决问题的范畴是不同的，因此在概念上有所不同。通常所称遥感即远距离不接触物体而取得信息的一种探测技术，它是借助平台、传感器，通过电磁波、力场、声波、地震波等记录各物体的特征，进而应用物理方法、数学模型进行处理，用地学分析方法进一步提取各种用户所需信息的一种学科。

广义的遥感是指从远处探测、感知物体或事物的技术，具体来讲，遥感是指不直接接触物体本身，从远处通过仪器（传感器）探测和接收来自目标物体的信息（如电场、磁场、电磁波、地震波等信息），经过信息传输、加工处理及分析解译，识别物体和现象的属性及其空间分布等特征与变化规律的理论和技术。

狭义的遥感是指对地观测，即从空中和地面的不同工作平台上（如高塔、气球、飞机、火箭、人造地球卫星、宇宙飞船、航天飞机等）通过传感器对地球表面地物的电磁波反射或发射信息进行探测，并经传输、处理和判读分析，对地球的资源与环境进行探测和监测的综合性技术。与广义遥感相比，狭义遥感概念强调对地物反射、发射和散射电磁波特性的记录、表达和应用。当前，遥感形成了一个从地面到空中乃至外层空间，从数据收集、信息处理到判读分析和应用的综合体系，能够对全球进行多层次、多视角、多领域的观测，成为获取地球资源与环境信息的重要手段。

地物各种信息之所以能被记录下来，是因为地物的波谱特性。因此，遥感基础之一是研究地物的波谱特性。新型的空间遥感器每天向地球发回大量的探测数据，从而使人们能从宇宙空间高度上，宏观、短周期、快速地观察，研究地球上及空间自然现象及变化。正因如此，遥感技术广泛地应用于各种资源调查勘测、测绘成图、城市环境规划、环境保护、森林资源与环境调查、农业区划和估产、灾害预报和评估、土地规划、线路勘测、水利、气象观测和预报、文物保护等方面。

综上所述，遥感是一门综合性的边缘学科，它以各种信息为研究对象，采集各种空间数据信息，并对这些信息综合处理、分析、然后广泛应用于各种生产领域。

2. 环境遥感

遥感技术在环境领域的应用，目前主要体现在大尺度的宏观环境质量监测。环境遥感是利用多种遥感技术，对自然与社会环境的动态变化进行监测或做出评价与预报的统称。由于人口的增长与资源的开发、利用，自然与社会环境日益变化，利用遥感多时相、周期短的特点，可以迅速为环境监测、评价和预报提供可靠依据。环境遥感通过摄影和扫描两种方法获得与环境相关的遥感图像。遥感技术在大气环境质量、水体环境质量和植被生态监测等方面都有比较广泛的应用。

大气环境遥感。卫星遥感可在瞬间获取区域地表的大气信息，用于大气污染调查，可避免大气污染时空易变性所产生的误差，并便于动态监测。大气环境遥感主要应用在气溶胶、臭氧、城市热岛、沙尘暴和酸沉降等方面的监测研究之中。

水体环境遥感。水色遥感的目的是试图从传感器接收的辐射中分离出水体后向散射部分，并据此提取水体的组分信息。水体环境遥感的任务是通过对遥感影像的分析，获得水体的分布、泥沙、叶绿素、有机质等的状况和水深、水温等要素信息，从而对一个地区的水资源和水环境等做出评价。目前，水质参数的反演研究主要还是基于统计关系的定量反演或定性反映水污染状况。

土壤遥感。土壤是覆盖地球表面的具有生产力的资源，与环境问题息息相关，如流域非点源污染、沙尘暴等。地球的岩石圈、水圈、大气圈和生物圈与土壤相互影响，相互作用。土壤遥感的任务是通过遥感影像的解译，识别和划分出土壤类型，制作土壤图，分析土壤的分布规律。

综观遥感技术在环境领域的应用，环境遥感作为环境科学和遥感科学的交叉学科成为研究热点之一。目前，环境遥感已经成为全球性、区域（流域）

性乃至城市层面的环境问题研究的重要手段，为环境规划和环境系统研究提供了强有力的技术支持。

3. 生态环境遥感

生态环境遥感主要是利用遥感技术定量获取环境问题和生态状况等专题信息，对生态环境现状及其变化特征进行分析判断，有效支撑生态环境管理和科学决策的一门交叉学科。目前开展的研究工作多集中于以下方向：

植被生态遥感。植被生态表征是遥感的重要应用领域。植被是生态环境的重要组成因子，也是反映区域生态环境的指示标志之一，同时也是土壤、水文等要素的解译标志。植被解译的目的是在遥感影像上有效地确定植被的分布、类型、长势等信息，以及对植被的生物量做出估算，因而，它可以为环境监测、生物多样性保护及世界文化遗产整体保护等提供信息服务。

土地利用 / 覆被变化。土地利用 / 覆被变化是区域生态环境评价和规划的基础。同时，土地利用 / 土地覆被变化（land-use and land-cover change，LUCC）是目前全球变化研究的重要部分，是全球环境变化的重要研究方向和核心主题。国际上加强了对 LUCC 在全球环境变化中的研究工作，使之成为目前全球变化研究的前沿和热点课题。监测和测量土地利用 / 覆被变化过程是进一步分析土地利用 / 覆被变化机制并模拟和评价其不同生态环境影响所不可缺少的基础。

城市生态环境遥感。城市生态环境遥感主要内容包括：城市土地利用现状研究及分析；城市绿化系统分析及规划；城市环境污染调查环境监测；城市气候研究、城市热岛效应研究；城市交通、建设、工业、公共设施现状及分析；城市结构、边缘发展动态分析等。当前研究的问题包括城市热岛效应、城市大气污染、城市水污染、固体废弃物、热污染等。

1）城市热岛效应与热环境遥感

城市热岛效应是现代城市人口密集、工业集中形成的市区温度高于郊区的小气候现象。由于热岛的热动力作用，形成从郊区吹向市区的局地风，把从市区扩散到郊区的污染空气又送回市区，使有害气体和烟尘在市区滞留时间增长，加剧了城市污染。红外遥感图像反映了地物辐射温度的差异，可为研究城市热岛效应提供依据。

2）城市大气污染遥感监测

城市大气污染物的主要来源是固定工业排放源排出的烟尘，机动车尾气和裸土地面、建筑工地、建材堆场等的扬尘以及人流车流等引起的再次扬尘。城市大气污染遥感调查主要是通过遥感手段调查大气污染源分布、污染源周围的扩散条件、污染物的扩散影响范围等。烟尘扩散及影响范围调查主要是围绕烟和城市道路形成的烟气废气由点到面的逐步扩散进行的，这些烟气往往导致影像模糊不清，只能够从遥感影像上进行目视判断。如何建立大气污染程度对光谱特征的影响，确定其与影像特征的关联是亟待解决的问题。

3）城市规划遥感

遥感技术在城市规划中的应用主要体现在获取城市绿地、工业区与工业类型、工业用地住房分析、交通分析等需要的现状和历史信息，具体可参看相关类型的遥感分析与应用。近年来，城市遥感发展非常迅速，特别是随着数字城市的建立、城市空间数据基础设施的建立与应用，以及高空间分辨率卫星遥感的发展，为城市提供了持续不断的信息源，进一步推动了城市遥感的发展。

4）建筑遗产区域生态环境遥感表征

建筑遗产赋存的区域生态环境是建筑遗产整体保护最重要的影响因素。快速、准确、客观地了解人为扰动较为频繁的城市范围内建筑遗产区域的生态环境状况，对研究建筑遗产区域整体保护和传承具有重要的现实意义。通过遥感技术监测建筑遗产区域生态环境变化是实现建筑遗产可持续保护这一复杂命题的重要途径。

建筑遗产区域生态环境构成要素主要包括建筑遗产本体、遗产区域内道路、水体、植被等。建筑遗产区域的遥感影像特征由建筑本体顶部的波谱特性所决定，其遥感影像特征主要表现在：建筑遗产顶部的反射率较高，与遗产本身的建造材料有关；因遗产本体高矮差异，表面粗糙度不同，雷达回波强度（雷达图像上各种地物的灰度值）各异，其热辐射能力也不同。道路的光谱特征同样与构成材料有关，主要由水泥、沥青、土质等决定，三者波段反射率变化趋于一致。道路也具有较好的热辐射能力，在热红外图像上能得到体现。区域内水体与植被的光谱特征与天然水体、植被一致。除上述光谱特征外，建筑遗产区域不同地物还表现出不同的形状、纹理等特征，可以作为遥感信息提取和分类的判别依据。

 建筑遗产地生态环境特征

2015 年国家环境保护部颁布实施的《生态环境状况评价技术规范》（HJ 192—2015）采用城市热岛比例指数作为评价城市环境质量指数的指标之一，评价城市发展过程中的环境质量变化；同时采用绿地覆盖率作为评价城市生态建设指数的指标之一，评价城市生态建设情况。本研究参考《生态环境状况评价技术规范》（HJ 192—2015），应用空间信息技术对沈阳前清建筑遗产地长期监测的遥感影像数据进行处理，采用完全基于遥感信息的归一化植被指数（normalized difference vegetation index，NDVI）、地表湿度（wet）、地表干度（normalized differential build-up and bare soil index，NDBSI）、地表温度（land surface temperature，LST）四项指标反演结果，可视化表征建筑遗产区域外部生态环境状况连续与渐变过程。

5.2.1 植被指数

对于植被较敏感的可见光和近红外波段反射光谱信息的相应植被指数是基于地表植被覆盖状况与植物长势情况的函数，可直观地反映建筑遗产区域因城市扩张等因素导致的植被变化情况。通过计算归一化植被指数避免植被信息提取时遥感影像中像元的不确定性。归一化植被指数（NDVI），又称标准化植被指数，指近红外波段值与可见光红外波段值之差与两波段值之和的比值。一般地，NDVI 值介于 0~1，数值越高，植被覆盖、长势等状况越好。图 5-4 表征了近 25 年沈阳前清建筑遗产地 NDVI 空间分布情况，其中深色区域代表 NDVI 高值区，浅色区域代表 NDVI 低值区。

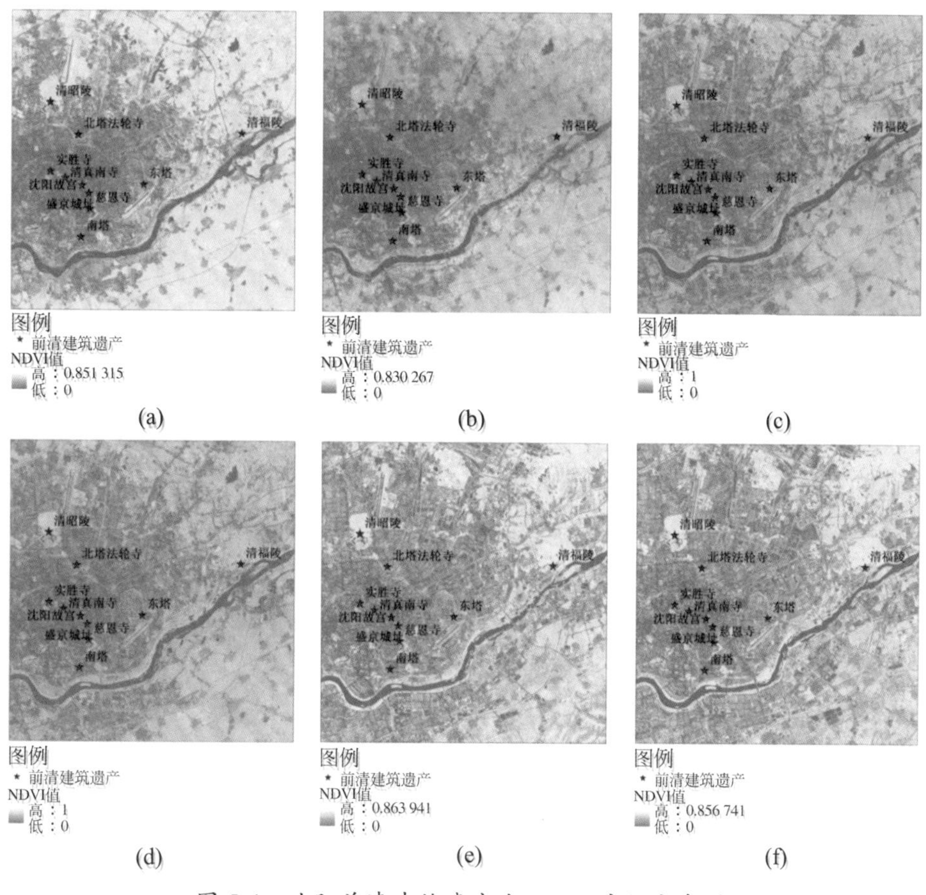

图 5-4　沈阳前清建筑遗产地 NDVI 空间分布图

（a）1995 年；（b）2002 年；（c）2006 年；（d）2010 年；（e）2014 年；（f）2019 年

5.2.2　地表湿度

地表湿度已被广泛地应用于生态监测中，建筑遗产区域的水分调节、环境净化、创建和提升水文化景观，避免产生城市内涝和太阳热辐射等功能采用该指标计算。基于遥感技术，采用缨帽变换能够很好地反演地表湿度，并有效去除冗余数据，因此采用缨帽变换中的湿度分量 Wet 来计算湿度指标。一般地，Wet 值介于 0~1，数值越高，地表湿度越高。图 5-5 表征了近 25 年沈阳前清建筑遗产地 Wet 空间分布情况，其中蓝色区域为地表湿度高值区，

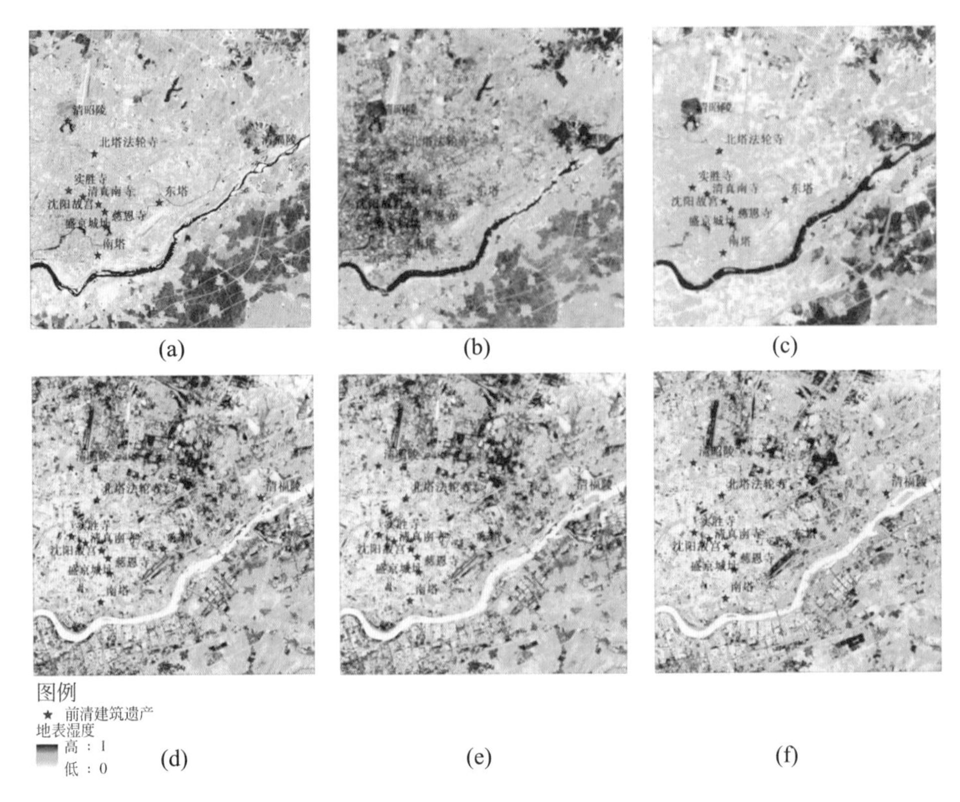

图 5-5　沈阳前清建筑遗产地 Wet 空间分布图

（a）1995 年；（b）2002 年；（c）2006 年；（d）2010 年；（e）2014 年；（f）2019 年

绿色区域为地表湿度低值区。

5.2.3　地表干度

代表地表干度指标的建筑指数选择的是建筑指数（index-based built-up index，IBI），但建筑遗产区域环境中，还有相当一部分的裸土，它们同样造成地表的“干化”，因此干度指标 NDBSI 由建筑指数 IBI 和土壤指数（soil index，SI）合成。一般地，NDBSI 值介于 0~1，数值越高，地表干度越高，图 5-6 表征了近 25 年沈阳前清建筑遗产地 NDBSI 空间分布情况，其中绿色区域为地表干度低值区，浅粉色区域为地表干度高值区。

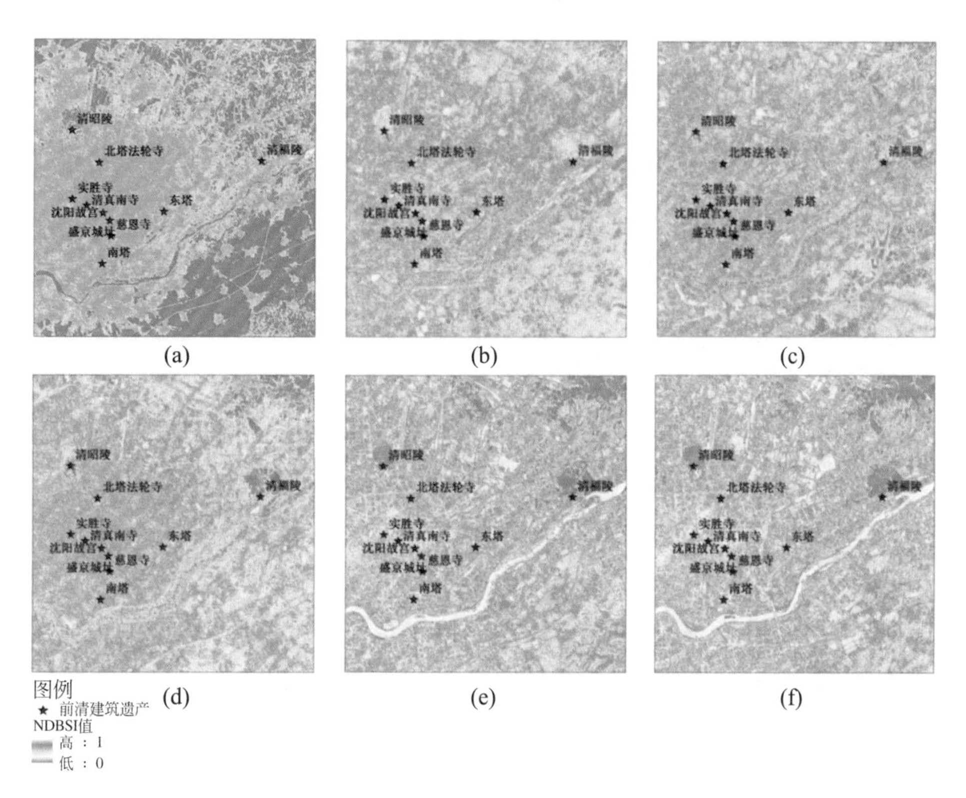

图 5-6　建筑遗产地 NDBSI 空间分布图

（a）1995 年；（b）2002 年；（c）2006 年；（d）2010 年；（e）2014 年；（f）2019 年

5.2.4　地表温度

根据遥感影像数据获取研究区域内地表温度信息，采用普适性单通道算法对其影像热红外波段数据进行反演，拟实现对建筑遗产区域地表真实温度表征。图 5-7 表征了近 25 年沈阳前清建筑遗产地 LST 空间分布情况，其中红色区域为地表温度高值区，蓝色区域为地表温度低值区。

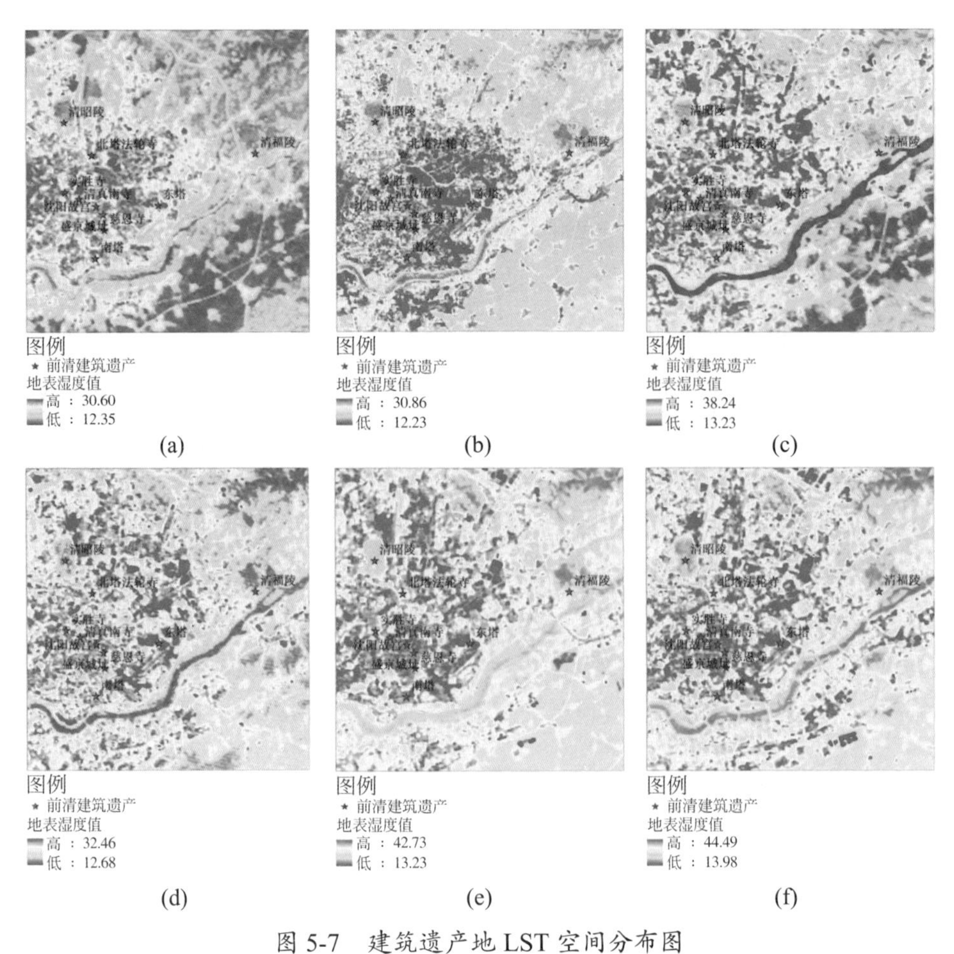

图 5-7 建筑遗产地 LST 空间分布图

（a）1995 年；（b）2002 年；（c）2006 年；（d）2010 年；（e）2014 年；（f）2019 年

5.3 建筑遗产区域生态环境的数字化分析

建筑遗产区域多伴有人类活动的扰动，因城市扩张、更新等活动影响，作为历史文化传承重要标志的建筑遗产所在的区域，日渐面临生态环境与可持续发展问题。为了能够连续监测、系统管理、模拟分析现存的和潜在的生态环境问题，有“天眼”之称的卫星遥感技术的运用尤为必要。近年来，随着地理信息系统等信息技术产业迅猛发展，基于遥感技术对建筑遗产区域的自然环境进行监测，通过分析不同分辨率、不同时相、不同平台的观测数据，以确定生态环境变化特征及其影响，为实现建筑遗产的整体保护、管理与可持续发展提供了精准的数据支撑。

5.3.1　理论基础

1. 建筑遗产遥感应用

利用空间信息技术研究遗产正在成为一个新的跨学科、跨领域的方向，是自然科学和社会科学，高新技术和人文科学相互交叉、渗透、融合的必然趋势。陈富龙等（2021）基于空间信息处理技术提取和监测影响遗产变化的各种变量，基于遥感监测数据及其他传感器感知数据等建立动态的大数据处理平台，实现世界遗产的活化利用。王梓羽等（2022）以 20 世纪建筑遗产为研究对象，通过标准差椭圆、重心分析、Voronoi 图等空间分析方法，研究中国 20 世纪建筑遗产空间分异及演变特征，揭示空间分异机理。梁勇奇等（2021）基于网络和地球大数据，利用自然语言处理、空间分析、领域知识图谱等技术，构建了全球世界文化遗产知识图谱，提供了遗产基本信息和数据处理、分析与整合框架，为数据集更新和完善提供了基础。王建国（2022）对建筑遗产多尺度保护理论、关键技术及应用展开深入研究，针对国内以往建筑遗产保护缺乏整体性和多尺度连续性的关键科学问题，建立了城镇建筑遗产整体保护的理论模型，突破了城镇建筑遗产的多尺度保护的关键技术瓶颈。

城镇建筑遗产本体及其赋存环境数据是生态价值认知和整体保护的基础，更是大数据时代遗产研究、展示及可持续利用的依据。在空间数据获取与处理方面，王振庆等（2021）基于深度学习，提出了高分辨率遥感影像房屋建筑物像素级精确提取方法，有效克服样本边缘像素特征不足的问题并抑制道路、建筑物阴影对结果的影响，提升高分辨率遥感影像中房屋建筑物的提取精度。孟卉等（2019）通过三维激光仪采集点云数据，先构建绘图纸，再构建文化遗产建筑信息模型（building information modeling，BIM），并集成历史建筑的综合信息，最后结合 VR 技术实现效果展示，通过复原和再现将建筑文化遗产转换成可共享再生的数字形态，以全新的视角加以解读和利用。姜亚楠等（2021）针对高光谱遥感图像分类问题，提出了一种多尺度灰度和纹理结构特征融合的方法模型进行遥感图像特征提取。

建筑遗产具有独特的物化特征，利用可揭示地物几何特征，波谱特性的多平台、多模式、多波段遥感技术识别遗产特征具有明显的物理基础，表明遥感技术在遗产监测和保护中具有较大的发展潜力。黄佩等（2022）从先验知识法、专家知识和相关辅助信息法、植被物候特征提取法、多源遥感数据融合法、机器学习法和其他方法 6 个方面，回顾国内外植被遥感信息提取方法的研究进展，指出未来研究应融合多源数据、多元方法和多时相遥感影像新特征，推动植被遥感信息提取精细化、自动化和智能化发展。

2. 遥感模型与方法

植被参数是生态遥感定量反演的热点和难点，也是生态系统研究的基础性参数。赵燕红等（2021）将现有的植被生态遥感参数概括为物理类，生化组分类，能量和功能类3大类，系统梳理了每类参数定量反演的主要模型方法，进行优缺点和适用性分析，对现阶段存在的不足和未来发展趋势进行了探讨。孙越等（2021）针对卫星遥感影像获取的叶面积指数精度较低的问题，结合无人机低空航拍影像和卫星影像，基于最小二乘法建立了一种叶面积指数遥感反演方法，并与卫星影像像元二分模型进行了比较，结果表明从单一植被类型到整体植被叶面积指数的反演，新方法均优于卫星影像的像元二分法。

土壤参量遥感反演与同化。杨奥莉等（2021）归纳了当前高原 L 波段被动微波辐射模拟与土壤水分反演存在的问题，建议加强高原尺度的微波辐射模拟评估与土壤水分产品改进工作，并积极拓展土壤水分产品在高原水分循环和能量平衡模拟，植被生长与干旱监测的应用研究。文军等（2021）详细介绍了地基微波辐射计和涡动协方差通量观测系统的各种参数和配置，利用地基微波遥感土壤湿度观测试验数据集开展亮度温度模拟和土壤湿度反演相关研究成果，展望了利用地基微波辐射计观测数据在未来土壤湿度反演和相关研究中的应用前景。王冰泉等（2022）认为真实性检验是保障土地覆被遥感产品生产质量，支持土地覆被遥感产品应用的重要环节，土地覆被遥感产品真实性检验实践总与理论存在差异，其主要体现在用于检验的参考数据样本数量和空间分布两个方面。

水质参数的高光谱反演是实现水体遥感快速监测的重要前提。彭令等（2018）公开了一种基于光谱形态特征的高光谱水质参数定量反演方法，涉及水质遥感监测领域，可以建立 pH、硬度等一般化学性水质参数的多元线性回归模型，实现了多种水质参数信息“由点到面”的快速、准确获取，为区域水环境动态监测提供新技术方法。唐中林等（2019）构建的九寨沟水质参数高光谱定量反演模型具有较高的反演精度，可为进一步实现九寨沟水体高光谱遥感监测提供理论与数据支持。王歆晖等（2019）提出了一种基于变异系数和噪声占比指数的水质参数反演光谱特征构建方法，并通过光谱仿真模拟实验，研究光谱分辨率、信噪比及辐射分辨率对典型水质参数反演模型的影响，不仅可以为面向内陆河湖水质监测的传感器的研制提供参考和借鉴，还能为水资源监管部门进行水质遥感监测提供技术支持，有利于加快水环境智能化监测体系的构建。

刘咏梅等（2019）针对单一空间特征的信息表达不充分问题，提出了一种联合多种空间特征的高光谱图像空谱分类方法，利用超像素信息对分类结果进行后处理去掉椒盐噪声，并创造性地将超像素信息应用于分类前处理，提出了一种利用超像素信息对像素点的特征向量进行线性加权融合的方法，其性能优于目前的通常方法。杨剑等（2018）提出一种通过遗传算法优化 RBF（radial basis function）模糊神经网络的方法对遥感图像进行分类。将模糊理论运用于 RBF 神经网络，克服其陷入局部极值点问题；再利用遗传算法确定最优的 RBF 模糊神经网络的权值和阈值，并对网络进行训练，来提高分类精度。韩星等（2022）针对传统语义分割网络检测精度低，对中、小尺度目标存在误检漏检，对边界分割粗糙等现象，提出了一种基于深度学习的高分辨率遥感图像建筑物变化检测方法。

3. 建筑遗产区域生态环境遥感研究框架

建筑遗产区域生态环境遥感的基本原理。建筑遗产区域生态环境是建筑遗产本体的唯一载体，建筑遗产区域地理空间单元的变化与区域内的本体状态、生态环境变化过程相关联，主要体现在光谱特征、时相特征等方面，并呈现出不同的影像特征，可为建筑遗产区域生态环境遥感应用提供研究方向。建筑遗产区域生态环境遥感应用兼具自然资源遥感的特点，以及置于受人为扰动影响的城市系统内表现出的特有的空间与光谱特征，可为研究复杂生态系统提供研究思路。对于无显著遥感影像标志因素，可基于已获取遥感影像信息计算、分析与提取实现遥感应用。

建筑遗产区域生态环境遥感的研究内容。基于长期遥感影像监测数据，应用空间信息技术，表征建筑遗产所在区域生态环境变化的连续、渐变过程，拟通过系统分析其遗产载体的影响因素，运用完全基于遥感信息、集成多种指标因素的遥感综合生态指标，可视化表达建筑遗产区域生态环境时空动态变化特征，精准监测与评价建筑遗产区域的生态环境。

建筑遗产区域生态环境遥感信息处理方法。利用遥感影像提取遗产区域专题要素或综合信息；基于遥感影像完成遗产区域地物分类提取；提取遥感信息并进行统计分析，得到建筑遗产区域生态环境演变特征；进一步将遥感数据与多源数据、模型等有机结合，预测建筑遗产区域生态环境变化趋势，研究其建筑遗产地、建筑遗产区域的影响。

5.3.2 研究方法

用遥感技术对建筑遗产区域进行监测，以确定建筑遗产区域周边环境变化情况及其可能产生的影响，可以为该遗产的可持续保护提供科学的数据支撑。利用多时相、多源的空间影像数据，可以对建筑遗产地周边环境进行基于空间影像分类的土地利用变化分析，基于影像数据的变化验证，诸如森林砍伐、城市扩张等。明确上述问题对遗产本体的影响并对遗产区域的环境变化趋势和影响做出研判需要建立相应的数据模型。因此，研究将监测的时间维度设置为 20~30 年，采用长时间序列遥感影像数据，结合其他长期观测数据，综合研究建筑遗产地及其周边地表覆被与地下水位、地质地貌等因素的关系，用大数据将知识挖掘的脉络建立起科学的数据模型，为建筑遗产的保护提供了科学决策依据。

1. 研究区域

研究区域选取沈阳市中心城区范围内的前清建筑遗产区域，按照遗产类型划分，包括古墓葬和古建筑。其中，古墓葬包括清福陵、清昭陵；古建筑包括沈阳故宫、盛京城址、实胜寺、慈恩寺、清真南寺、北塔法轮寺、南塔、东塔。

2. 数据采集与处理

基于建筑遗产本体复杂、区域生态环境多样等特征，研究选用的遥感数据源也不同。Landsat 系列遥感影像以适中的多光谱特征、空间分辨率、易获取等优点用于定量化研究自然生态系统、城市生态系统等长期连续动态变化。自 1972 年 7 月 23 日发射以来，美国 NASA 陆地卫星 Landsat 系列提供了全球遥感影像数据集，其中 Landsat 5 搭载的传感器为专题成像仪 TM 和多光谱成像仪 MSS，共 7 个波段；相对于 Landsat 5，Landsat 7 搭载的传感器为加强型专题成像仪 ETM+，添加了一个全色波段，由于 2003 年机载扫描行校正器 SLC 出现故障，导致影像出现条带；Landsat 8 搭载的传感器为陆地成像仪 OLI 和热红外传感器 TIRS，陆地成像仪 OLI 比 ETM+ 增加了蓝色波段和短波红外波段，Landsat 系列进一步改进。Landsat 系列遥感卫星传感器波段参数如表 5-2 所示。

表 5-2　Landsat TM、ETM+、OLI 波段参数

卫星传感器	波段	波长范围 /μm	波段名称	分辨率 /m
TM	1	0.45~0.52	Blue（蓝波段）	30
	2	0.52~0.60	Green（绿波段）	30
	3	0.63~0.69	Red（红波段）	30
	4	0.76~0.90	NIR（近红外波段）	30
	5	1.55~1.75	SWIR1（短波红外 1 波段）	30

续表

卫星传感器	波段	波长范围 /μm	波段名称	分辨率 /m
TM	6	10.40~12.50	Thermal（热红外波段）	120
	7	2.08~2.35	SWIR2（短波红外 2 波段）	30
ETM+	1	0.45~0.52	Blue（蓝波段）	30
	2	0.53~0.61	Green（绿波段）	30
	3	0.63~0.69	Red（红波段）	30
	4	0.78~0.90	NIR（近红外波段）	30
	5	1.55~1.75	SWIR1（短波红外 1 波段）	30
	6	10.40~12.50	Thermal（热红外波段）	60
	7	2.09~2.35	SWIR2（短波红外 2 波段）	30
	8	0.52~0.90	Panchromatic（全色波段）	15
OLI	1	0.43~0.45	Ultra Blue（海岸波段）	30
	2	0.45~0.52	Blue（蓝波段）	30
	3	0.53~0.60	Green（绿波段）	30
	4	0.63~0.68	Red（红波段）	30
	5	0.85~0.89	NIR（近红外波段）	30
	6	1.56~1.66	SWIR1（短波红外 1 波段）	30
	7	2.10~2.30	SWIR2（短波红外 2 波段）	30
	8	0.50~0.68	Panchromatic（全色波段）	15
	9	1.36~1.39	Cirrus（卷云波段）	30

选用不同年份 Landsat 系列遥感影像为基本数据源（见表 5-3），辅助数据包括分辨率为 30 m 的 ASTER GDEM 数据和行政区界线矢量数据，进行建筑遗产区域的生态环境变化研究。选取的遥感影像基本无云覆盖，经图像校正后数据质量较好。

表 5-3　研究区域遥感影像列表

序号	成像日期	轨道号	卫星名称	传感器	分辨率	平均云量
1	19950904	p119r31	LANDSAT 5	TM	30 m	0.50
2	19990923	p119r31	LANDSAT 7（SLC-on）	ETM+	30	0
3	20060918	p119r31	LANDSAT 5	TM	30 m	0

续表

序号	成像日期	轨道号	卫星名称	传感器	分辨率	平均云量
4	20100929	p119r31	LANDSAT 5	TM	30 m	0
5	20140908	p119r31	LANDSAT 8	OLI_TIRS	30 m	0.28
6	20190922	p119r31	LANDSAT 8	OLI_TIRS	30 m	0.02

（数据来源：中国科学院地理空间数据云）

除遥感数据外，辅助数据还有研究区域地形图、1:50000 数字高程模型 DEM、坡度图、调查数据及建筑遗产区域各年份自然、社会、经济统计资料等。

3. 工作平台

为识别分析区域生态环境影响因素，表征建筑遗产所在区域生态环境变化的连续、渐变过程，可视化表达不同时期区域生态环境时空动态变化特征，精准监测与评价建筑遗产区域的生态环境。基于长期遥感影像监测数据，应用遥感影像处理软件 ENVI（the environment for visualizing images），处理、分析并显示多光谱数据，高光谱数据和雷达数据等，强大的遥感影像处理功能可完成信息数据输入与输出、常规影像处理、几何校正、大气校正及辐射定标、全色数据分析、多光谱数据分析、高光谱数据分析、雷达数据分析、地形地貌分析、矢量分析、神经网络分析、区域分析、正射影像图生成、三维景观生成、制图输出等系列工作。

4. 数据预处理

根据建筑遗产区域内 Landsat 8 影像 OLI 数据，经图像裁剪得到遗产区域基础数据。数据经投影变换后，均在相同坐标系和投影下。遥感影像的处理均在 ENVI 5.2 的支持下完成，处理的流程如下。

1）波段选择

在研究中选取最佳波段组合时，一般遵循以下 3 个原则：

（1）单个波段的标准差尽可能最大。标准差越大，表明波段所蕴含的信息离散度越高，信息量越大、越丰富。

（2）组合波段间的相关系数尽可能最小。相关系数较低，表明波段组合后，信息冗余量较小。

（3）目标地物类型在所选波段组合能被很好地区分。因不同地物有不同的波谱特征，在相同波段上光谱值差异越大，地物越易区分。上述原则表明，标准差越大、相关系数越小、更易于区分地物的波段组合应被确定为最佳波段组合。利用 ENVI 5.2 将单波段 TIFF 文件组合成具有明显的用地类型与植被覆盖信息等特征的多波段图像文件，完成波段选择。

2）影像校正

由于传感器响应特性和大气的吸收、散射及其他随机因素影响，导致图像模糊失真，造成图像分辨率和对比度相对下降，可通过辐射校正进行复原。消除图像数据中依附在辐射亮度中的各种失真的过程称为辐射量校正（radiometric calibration），即辐射定标。

此外，为消除大气、光照等因素对地物反射的影响，获得地物反射率、辐射率和地表温度等真实物理模型参数，通常采用大气校正处理遥感影像。处理过程还可消除来自大气中水蒸气、氧气、二氧化碳、甲烷和臭氧对地物反射的影响，消除大气分子和气溶胶散射的影响。

以地形图校正后的 2019 年研究区 Landsat 系列影像为标准影像，进行研究初期和末期的遥感影像校正。在两幅图上分别选取相同地物地面控制点进行校正，通常采集 30~40 个均匀分布的点，经二次多项式校正并基于邻近点插值法进行灰度采样，最后获得各时期的标准遥感影像且精度可达到小于 1 个像元。

3）图像增强

针对反差小与难辨认地物，通过拉伸其亮度范围及直方图均衡化（histogram equalization）处理进行遥感影像对比度增强，相似亮度值被拉开，视觉显示更明显，便于图像解译。

4）图像剪裁

本研究在图像剪裁时，按照研究区域的行政界线在 ArcGIS 10.2 中绘制边界多边形（polygon），在 ENVI 5.2 中转换成栅格图像文件，通过掩膜设置剪裁区域内新值为 1，区域外为 0，掩膜区域经交集运算实现不规则剪裁图像。

经过上述处理后运用最佳因子模型进行多信息筛选与提取，分析不同地表覆被在影像中的波谱特征并进行影像纹理计算后得出遥感影像分类及解译结果。

5）研究区域用地类型

建筑遗产区多分布于人类活动较频繁区域且受人类干扰较大，依据遗产区形成过程、不同时期用地分布特点以及 Landsat 影像数据（空间分辨率为 30 m × 30 m），将其用地类型划分为建设用地、林地、耕地、其他农用地及水域（见表 5-4）。

表 5-4　基于遥感影像的遗产区用地类型

分类	描述
建设用地	城市、建制镇、农村居民点、交通运输用地
林地	乔木林地、灌木林地及其他林地
耕地	农田
其他农用地	园地、设施农用地
水域	河流、水库、坑塘、沟渠

5. 信息提取

对影像光谱特征、纹理特征和地类信息进行分析后，需确定一种遥感影像分类方法对影像特征进行统计与分类。遥感影像监督分类又被称为“训练分类法”，是用被确认类别的样本像元来识别未知类别像元的过程。在分类之前，通过目视解译或野外调查，对遥感图像中某些图像地物的类别属性有了先验认识，对每种类别选取训练样本，计算每种训练样区的统计和其他信息，并用这些类别对判决函数进行训练，使其符合要求。之后用训练好的判决函数对其他数据进行分类，将每个像元与训练样本比较，按不同的方法将其划分到与其最相似的样本类中以此完成整个图像的分类。常见的遥感影像监督分类方法主要有最大似然法、最小距离分类法、决策树法、支持向量机法和人工神经网络法等。

1）最大似然法

最大似然分类使用遥感卫星的多频带数据的分布作为多维正态分布来构造判别分类函数，它是图像处理中最常用的一种监督分类方法。它建立在Bayes准则的基础上，偏重于集群分布的统计特性，分类原理是假定训练样本数据在光谱空间的分布是服从高斯正态分布规律的，作出样本的概率密度等值线，确定分类，然后通过计算标本（像元）属于各组（类）的概率，将标本归属于概率最大的一组。基本思想是每类已知像素在平面或空间中形成特定的点群：每种类型数据的每个维度在数轴上形成正态分布，并且该类的多维数据构成多维正态分布，具有各种类型的多维分布模型。对于任何未知类别的数据源，可以被反转以找出它属于每种类型的概率：根据概率的大小，比较哪种类型的概率大，这个像元就属于这个类。最大似然法对于正态分布的数据，易于建立判别函数，有较好的统计特性，可以充分利用人机交互；但其分类结果因遥感图像本身的空间分辨率以及“同物异谱”和“异物同谱”现象的大量存在，会出现较多的错分、漏分情况，导致分类精度降低。

2）最小距离分类法

最小距离分类是一种线性判别监督分类方法，也需要对训练区模式样本进行统计分析，是大似然分类法中的一种极为重要的特殊情况。最小距离分类在算法上比较简单，首先需选出要区分类别的训练样区，并且从图像数据中求出各类训练样区各个波段的均值和标准差，然后再计算图像中其他各个像元的灰度值向量到各已知类训练样区均值向量之间的距离。如果距离小于指定的阈值（一般取标准差的倍数），且与某一类的距离最近，就将该像元划归为某类，因此称为最小距离分类。该方法的精度主要取决于已知类训练样区的多少和样本区的统计精度。另外，距离度量的方法不同，分类的结果也不相同。在有先验知识的前提下利用训练样本数据计算出每一类的均值向量和标准差向量，然后以均值向量作为该类法特征空间中的中心位置，计算输入图像中每个像元到各类中心的距离，到哪一类中心的距离最小，该像元就归入到哪一类。在这类方法中距离就是一个判别函数。应用最广而比较简单的距离函数有两个，即明氏距离和马氏距离。总之，最小距离分类是一个能在程序上经济有效实现的简单方法，与最大似然方法不同，它在理论上并不能使平均分类错误变为最小，但所得到的精度与最大似然分类法可相比拟，而计算时间只有后者的一半。

3）决策树法

决策树分类作为一种基于空间数据挖掘和知识发现（spatial data mining and knowledge discovery，SDM &KD）的监督分类方法，突破了以往分类树或分类规则的构建要利用分类者的生态学和遥感知识先验确定，其结果往往与其经验和专业知识水平密切相关的问题，通过决策树学习过程得到分类规则并进行分类，分类样本属于严格“非参”，不需要满足正态分布，可以充分利用 GIS 数据库中的地学知识辅助分类，大大提高了分类精度。决策树技术应用于遥感影像的土地利用、土地覆盖分类过程，有如下优点：

（1）决策树法不需要假设先验概率分布，这种非参数化的特点使其具有更好的灵活性，因此当遥感影像数据特征的空间分布很复杂或者多源数据各维具有不同的统计分布和尺度时用决策树分类法能获得理想的分类结果。

（2）决策树技术不仅可以利用连续实数或离散数值的样本，而且可以利用“语义数据”，比如离散的语义数值：东、南、西北、东南、东北西南、西北。

（3）决策树法生成的决策树或产生式规则集具有结构简单直观容易理解及计算效率高的特点，可以供专家分析、判断和修正，也可以输入到专家系统中，而且对于大数据量的遥感影像处理更有优势。

（4）决策树法能够有效地抑制训练样本噪声和解决属性缺失问题，因此可以解决由于训练样本存在噪声（可能由传感器噪声、漏扫描、信号混合、预处理误差等原因造成）使得分类精度降低的问题。

4）支持向量机法

基于统计训练，Vapnik 提出了支持向量机（support vector machine，SVM）理论，基于最小化空间物体空间结构风险的原理的非线性映射将样本投射到高维空间中，构造 VC（vapnik-chervonenkis）维度并使用可能的最佳超平面作为分类平面，并最小化分类风险的上限，使分类算法具有最佳的泛化能力。解决优化问题并将特征向量从低维空间映射到多维空间。在多维特征空间中找到最优分类超平面，从而解决复杂数据分类问题。

5）人工神经网络法

20 世纪 80 年代，Rumelhart 等提出的反向传播算法后来逐渐发展为（back propagation，BP）神经网络。BP 神经网络是一种多层结构的多层前馈神经网络，是模拟人脑神经系统的结构和功能而建立的一种数据分析处理系统。一个神经元有多路输入，接收来自其他神经元的信息，并将反馈信息经由一条路线传递给另一个神经元。一个神经元与多个神经元以突触相连，进入突触的信号作为输入（激励），通过突触而被“加权”，所有输入的加权之和即为所有权重输入的总效果。若该和值等于或大于神经元阈值，则该神经元被激活（给出输入），否则即不被激活。神经网络可以视为简化了的人脑神经系统的数学模型。常用的 BP 神经网络模型由三层组成，初始层为输入层，中间层为隐藏层，最后一层为输出层。相邻的神经元层通过连接权值相互连接，而每一层的神经元不连接。网络的实现分为前向传播和反向传播两个过程。在前向传播的情况下，在将训练样本输入网络后，输入层神经元获得学习样本的活性化值，经由输入层和中间层的处理传播到输出层，输出层的各神经元得到网终的输入响应后，所得到的输出被输入网络，与期望的输出进行比较。如果实际输出不等于预期输出，则进入反向传播过程，根据减少目标输入的方向和实际误差，从输出层逐层校正连接权重通过每个中间层，最后返回到输入层并重复，直到获得最小错误，以获得最佳结果。大似然法次之，支持向量机的精度最低。BP 神经网络优于传统的分类方法：首先，BP 神经网络法对于数据分布的特征没有任何假定前提，无论数据是正态分布还是非连续分布，可以在特征空间形成任意边界的决策面，每次重复都能动态地调整决定区域，表明 BP 神经网络的强有力的稳定性和优势；其次，BP 神经网络的监督分类与常规的统计监督分类非常相似，主要区别在于训练和分类的过程：最大似然方法的平均值和方差仅计算一次，而 BP 的神经网络方法使用迭代算法直到计算结果与实际值之间的差异结果符合要求；最后，BP 的神经网络方法是非线性的，与传统的分类方法相比，可以处理复杂的数据集并准确识别模型，并且可以使用多源数据来提取潜在信息。

当然，目前每一种方法在分类上都有局限性，而且没有一种方法是绝对最佳的。因此，必须合理地使用这些方法。根据遥感图像的光谱特征、纹理特征和所需精确度选择分类算法：在确保准确性的前提下，尽可能提高分类的效率。由于人工神经网络法具有信息的并行处理、数据的相关性不受限制、自我学习功能和容错功能等，这些功能使其成为目前影像分类精度较高的方法之一。本研究采用基于特征向量的 BP 神经网络分类模型对研究区 5 期遥感影像进行分类。基于特征向量的 BP 神经网络影像分类技术流程见图 5-8，包括 BP 神经网络的设计、特征向量的组合、训练样本选择、影像分类及精度验证等。

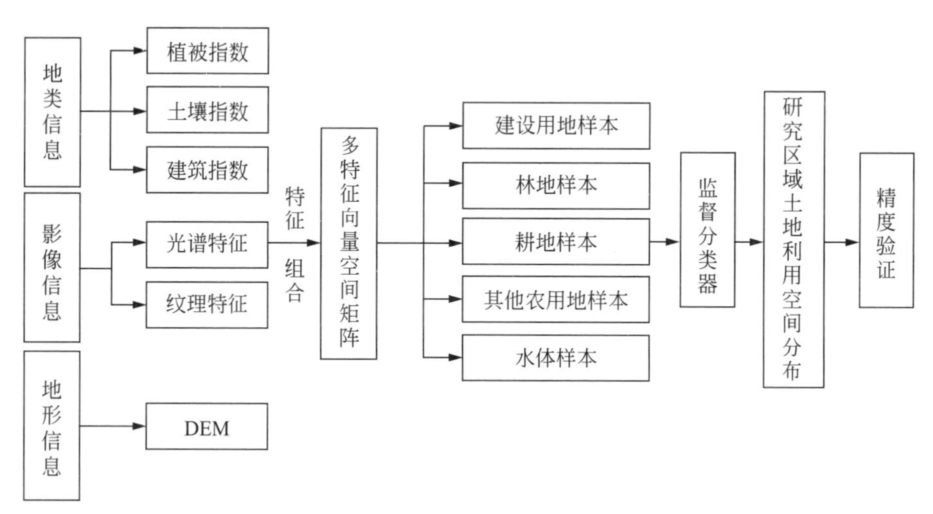

图 5-8　基于特征向量的遥感影像监督分类技术流程图

为反映研究区域 1995—2019 年的用地类型动态变化并准确分类，本研究将野外调查与室内解译相结合进行遥感影像的土地利用信息提取。基于 ENVI 5.2 遥感影像处理软件建立监督分类模板并剔除分类错误，再通过监督分类建立新模版获取 5 期土地利用信息。根据二级地类的影像特征，建立研究区域用地类型遥感解译标志（见表 5-5），并借助专家目视判读，应用野外调查采样点数据对遥感影像分类结果进行精度检验。

表 5-5 用地类型遥感解译标志

分类	解译标志	卫星影像特征
建设用地	亮白色，孤立分布，面积较小，多呈方形	
林地	红色，片状或带状，纹理较均一，色泽发暗	
耕地	呈绿色，形状规则呈块状大片集中分布	
其他农用地	灰白色斑点，形状规则的建、构筑物，孤立分布，面积小	
水域	呈深蓝色，蜿蜒曲折呈带状、片状分布	

遥感信息解译精度检验是指将实地数据与分类数据进行比较，确定分类结果的准确程度。解译精度评价是土地利用信息提取中的重要环节，也是衡量分类结果是否可信的一种度量。遥感信息解译精度评价方法有混淆矩阵、总体分类精度、Kappa 系数、错分误差、漏分误差、制图精度和用户精度等。本研究选取 Kappa 系数、制图精度和用户精度对分类结果进行评价。其中，制图精度指实际地类中任一样本与分类图上同一地点分类结果相一致的条件概率；用户精度是指分类结果中的任一样本与实际地类相同的条件概率。当 Kappa 系数大于 0.80 时，表明分类结果与参考信息间的一致性程度很高，即分类精度很高；在 0.40~0.80 范围内，则表明分类精度一般；当小于 0.40 时则表明分类精度较差，5 期影像分类结果精度评价见表 5-6。由表 5-6 可以看出，基于特征向量的影像分类方案具有较高的精度，5 期用地类型分类结果的 Kappa 系数均在 0.8 以上，可达到研究的精度要求。

表 5-6　研究区域用地分类精度评价表

地类		建设用地	林地	耕地	其他农用地	水域	Kappa 系数
1995 年	用户精度	87.57%	79.81%	78.37%	87.80%	79.52%	0.81
	制图精度	81.41%	84.19%	81.83%	84.69%	81.62%	
1999 年	用户精度	88.22%	81.77%	83.61%	88.43%	85.75%	0.83
	制图精度	82.50%	85.99%	85.89%	80.55%	80.66%	
2006 年	用户精度	83.69%	80.41%	88.78%	85.18%	80.28%	0.85
	制图精度	88.88%	82.17%	78.04%	84.04%	86.57%	
2010 年	用户精度	82.78%	78.79%	82.11%	81.95%	79.01%	0.84
	制图精度	81.99%	86.39%	83.16%	80.43%	87.49%	
2014 年	用户精度	85.24%	85.59%	78.61%	79.31%	81.92%	0.86
	制图精度	84.02%	80.97%	85.47%	83.69%	85.07%	
2019 年	用户精度	85.11%	80.14%	79.89%	84.64%	86.36%	0.88
	制图精度	82.68%	79.53%	80.88%	86.60%	88.50%	

5.3.3　研究结果

1. 植被覆盖变化分析

表 5-7 分析了 1995—2019 年沈阳前清建筑遗产所在区域的植被覆盖情况。清福陵所在区域历年 NDVI 值皆为最高值；其次是清昭陵，所在区域也有一定面积的公园绿地；永安石桥 NDVI 值较其他遗产区域高；南塔、东塔、北塔法轮寺 NDVI 值为中等水平；沈阳故宫和实胜寺 NDVI 值较小；清真南寺与盛京城址 NDVI 值最小。整体来看，各遗产区植被覆盖变化呈增加趋势，尤其 2002 年以后清昭陵与清福陵植被覆盖水平显著提升，位于城区中心位置的沈阳故宫等建筑遗产群所在区域植被覆盖趋于稳定，变化幅度较小。

表 5-7 1995—2019 年研究区域植被覆盖（NDVI）变化

编号	遗产名称	1995 年	2002 年	2006 年	2010 年	2014 年	2019 年
1	沈阳故宫	0.032	0.013	0.041	0.063	0.065	0.072
2	清福陵	0.485	0.461	0.786	0.899	0.859	0.884
3	清昭陵	0.532	0.331	0.716	0.759	0.776	0.819
4	实胜寺	0.046	0.029	0.065	0.076	0.086	0.102
5	慈恩寺	0.091	0.056	0.109	0.171	0.168	0.180
6	永安石桥	0.387	0.346	0.380	0.315	0.355	0.449
7	清真南寺	0.038	0.016	0.038	0.051	0.067	0.066
8	北塔法轮寺	0.077	0.056	0.087	0.162	0.191	0.225
9	南塔	0.066	0.045	0.070	0.096	0.121	0.132
10	东塔	0.114	0.072	0.127	0.182	0.177	0.188
11	盛京城址	0.033	0.017	0.040	0.063	0.081	0.080

图 5-9 显示了 1995—2019 年各遗产区植被覆盖空间分异特征。综合植被覆盖整体变化与分级结果显示，1995—2002 年各遗产区域植被覆盖减少主要体现在城市扩张，基础设施建设及城区周围耕地减少等。2002—2006 年，除永安石桥无明显变化外，其他遗产区域植被覆盖显著增加；2005—2010 年，永安石桥所在区域植被覆盖减少，与城市建设等人为扰动关系密切，其他遗

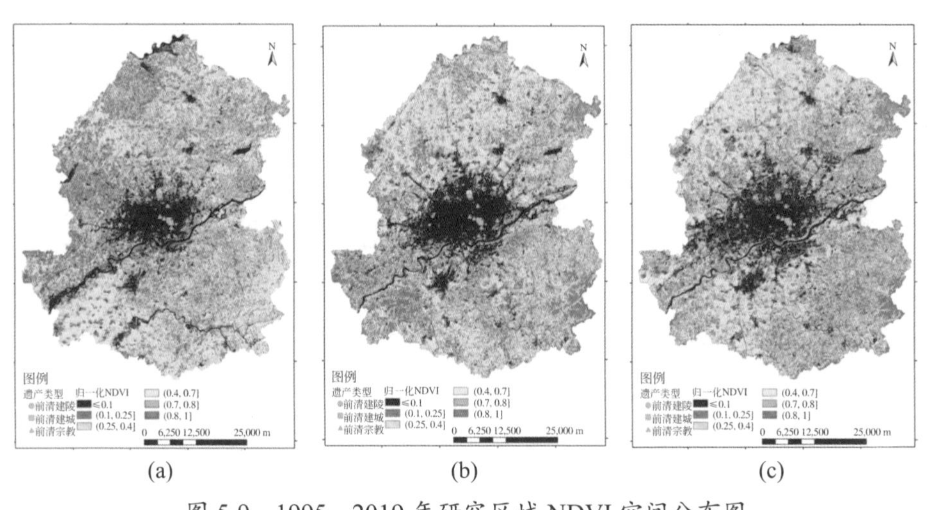

图 5-9 1995—2019 年研究区域 NDVI 空间分布图

（a）1995 年；（b）2002 年；（c）2006 年；（d）2010 年；（e）2014 年；（f）2019 年

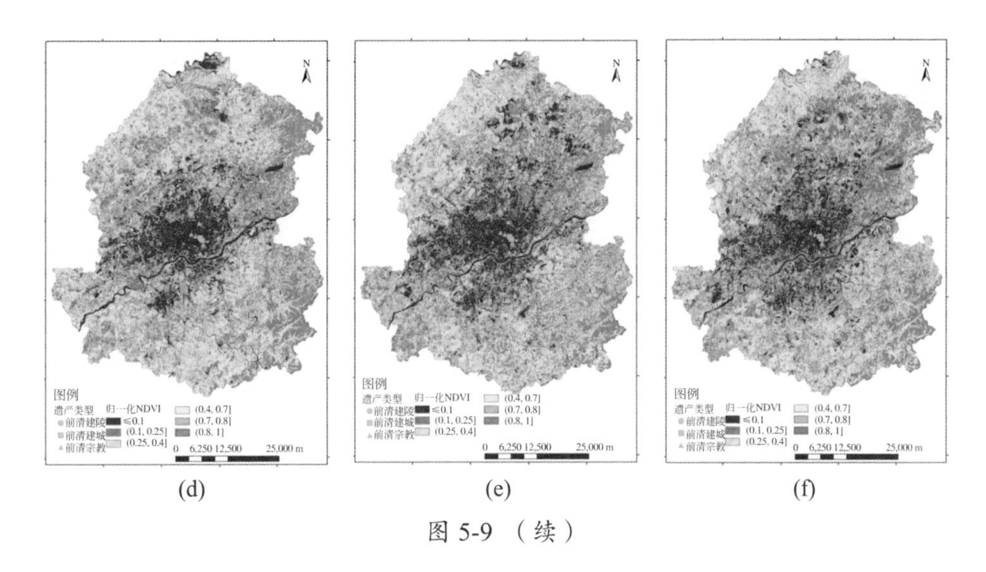

(d)　　(e)　　(f)

图 5-9 （续）

产区植被覆盖略有增加；2010—2014 年，除东塔、慈恩寺和清福陵植被覆盖略有减少外，其余区域变化不明显；2014—2019 年，除清真南寺、盛京城址外，其他遗产区域皆呈现增加趋势。

2. 地表温度变化分析

表 5-8 为 1995—2019 年不同建筑遗产区域地表温度变化情况。沈阳故宫所在区域地表温度为高值；其次是清真南寺、南塔、东塔、盛京城址所在区域；实胜寺、慈恩寺、北塔法轮寺地表温度值略低于上述各区域；永安石桥、清昭陵、清福陵地表温度最低。整体来看，除永安石桥、清福陵、清昭陵外，其余各前清遗产区域地表温度各年份变化不显著，且皆为高值。

表 5-8　1995—2019 年研究区域归一化地表温度（LST）变化

编号	遗产名称	1995 年	2002 年	2006 年	2010 年	2014 年	2019 年
1	沈阳故宫	0.983	0.939	0.967	0.947	0.966	0.974
2	清福陵	0.418	0.217	0.364	0.194	0.279	0.269
3	清昭陵	0.539	0.320	0.392	0.291	0.465	0.293
4	实胜寺	0.979	0.888	0.916	0.858	0.887	0.866
5	慈恩寺	0.926	0.797	0.821	0.784	0.870	0.884

续表

编号	遗产名称	1995 年	2002 年	2006 年	2010 年	2014 年	2019 年
6	永安石桥	0.589	0.423	0.459	0.613	0.650	0.446
7	清真南寺	0.982	0.903	0.931	0.914	0.942	0.941
8	北塔法轮寺	0.973	0.918	0.862	0.814	0.853	0.800
9	南塔	0.977	0.929	0.927	0.921	0.939	0.930
10	东塔	0.969	0.891	0.915	0.933	0.942	0.953
11	盛京城址	0.984	0.909	0.948	0.926	0.958	0.959

图 5-10 显示了各遗产区地表温度空间分异特征。综合地表温度变化与分级结果，沈阳故宫区域历年地表温度为高值且变化不明显。1995—2002 年，各遗产区域地表温度值均表现为略有降低；2002—2006 年，除北塔法轮寺、南塔外，其余各遗产区域地表温度值略有升高；2005—2010 年，除东塔外，其余各遗产区域表现为略有降低；2010—2014 年，其余各遗产区域地表温度值表现为不同程度的升高趋势；2014—2019 年，除沈阳故宫、东塔、盛京城址温度值略有升高外，其余各遗产区表现为不同程度的降低趋势。

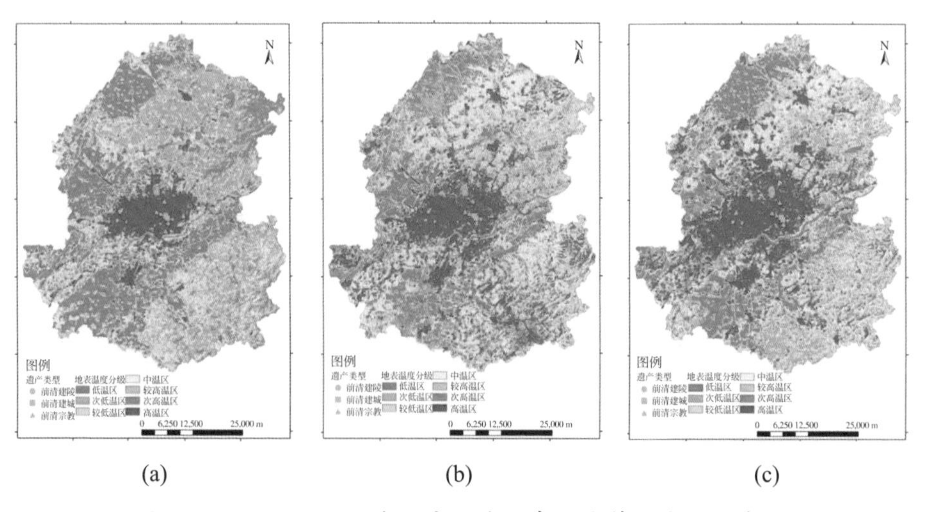

图 5-10　1995—2019 年研究区域地表温度等级空间分布图

（a）1995 年；（b）2002 年；（c）2006 年；（d）2010 年；（e）2014 年；（f）2019 年

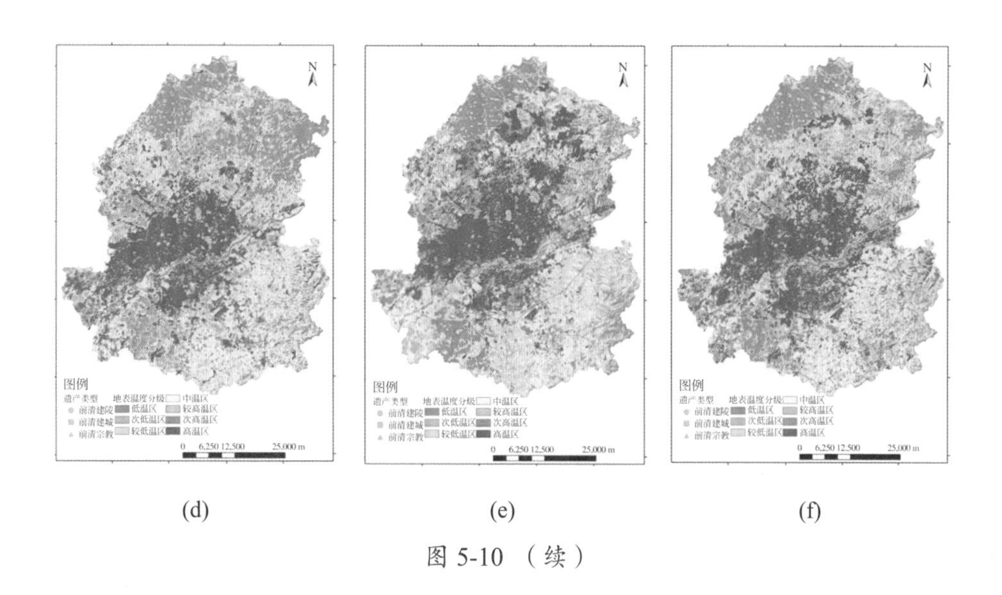

(d)　　(e)　　(f)

图 5-10 （续）

5.4 建筑遗产区域生态保护

在生态文明背景下，明确建筑遗产保护与自然生态环境的相互关系，多尺度、多学科综合开展建筑遗产保护影响因素研究尤为重要。从生态可持续发展角度出发，融合城市更新、建筑遗产、生态环境等理念，明确建筑遗产区域生态环境要素连续渐变过程，进而基于原有生态环境对建筑遗产进行开发利用保护，最终创造出具有生命力的可持续发展生态保护系统。建筑遗产可持续保护实现路径主要包括以下内容：

必须要进行建筑遗产的数字化，尽可能精细化地采集记录下世界遗产的“最好状态”并进行数字化存档，甚至在虚拟空间中进行展示，而且只要数字档案足够精细，其还能成为后期遗产维护和修复的重要参照。

提取和监测影响遗产退化的各种变量，为遗产建立动态“病例”，只有尽可能多地监测这些变量才能实现可持续保护。把遥感监测数据及其他传感器感知数据与社会活动等类型的海量数据集中起来，建立动态的大数据处理平台，通过科学数据指导建筑遗产的活化利用。

可持续的活化利用就是在对多种自然和人类社会因素动态感知、实时监测，对科学数据的采集、处理和分析的前提下，所采取的最小限度损伤遗产本身的活化利用方式，并可根据数据反馈，及时调整利用和管理方式、方法。建筑活化利用，一方面对其功能属性进行调整，赋能老建筑，焕发新活力；另一方面对建筑空间的使用进行适宜性的探索和多样改造，为空间的更新使用提供适宜的物质载体，这是建筑活起来的双重路径。

5.5 本章小结

1. 建筑遗产区生态环境

从建筑、建筑遗产地、建筑遗产区域的基本概念入手，引入建筑遗产区域生态环境，并以示例形式阐述了建设遗产区域生态环境的构成要素，从生态价值视角出发对建筑遗产进行开发利用保护，将环境、城市、建筑、生态融合的理念作为保护开发利用历史建筑遗产的基本原则。快速、准确、客观地了解人为扰动较为频繁的城市范围内建筑遗产区域生态环境状况，对研究建筑遗产区域整体保护和传承具有重要的现实意义，通过对遥感、环境遥感、生态环境遥感的简要介绍，阐明建筑遗产区域生态环境构成要素的遥感影像表征。应用遥感技术监测建筑遗产区域生态环境变化是实现建筑遗产可持续保护这一复杂命题的重要途径。

2. 建筑遗产地生态环境

参考《生态环境状况评价技术规范》（HJ 192—2015），应用空间信息技术对沈阳前清建筑遗产地长期监测的遥感影像数据进行处理，采用完全基于遥感信息的归一化植被指数、地表温度、地表干度、地表温度四项指标反演结果，可视化表征建筑遗产区域生态环境状况的连续与渐变过程。

3. 建筑遗产区域生态环境的数字化分析

以沈阳前清遗产区域为研究对象，可视化表征其生态环境要素时空变化特征与规律。结果表明：① 1995—2019 年各遗产区域植被覆盖值整体呈现增加趋势，2002 年以后清昭陵与清福陵的植被覆盖水平显著提升，沈阳故宫等位于城市中心区域的遗产区植被覆盖相对较少，区域生态建设有待加强。②近 25 年以来，建筑遗产所在区域地表温度值升高与降低交替出现。伴随城市更新不断进行，城市用地不断扩张，遗产所在区域下垫面的热力属性发生变化，导致东塔等遗产所在区域热岛效应显著增强；因城市生态建设力度加大，北塔、南塔等区域降温效果明显。

4. 建筑遗产区域生态保护

从生态可持续发展角度出发，融合城市更新、建筑遗产、生态环境等理念，明确建筑遗产区域生态环境要素连续渐变过程，进而基于原有生态环境对建筑遗产进行开发利用保护，提出了建筑遗产可持续保护实现路径：①必须要进行建筑遗产的数字化分析；②为遗产建立动态“病例”持续监测；③可持续的活化利用。

第 6 章

建筑遗产区域用地变化的数字化分析

建筑遗产区域经历了由城市扩张到城市更新的城市发展变化过程，其保护工作也由原有的单体修复性保护变化为区域整体性保护，明确其外在环境变化是研究建筑遗产保护和城市更新的重要前提和基础。早在 1933 年 8 月的《雅典宪章》中就已提出建筑遗产所属城市外部空间也应得到尊重，尤其是建筑遗产周围的环境应特别重视。1976 年 11 月联合国教育、科学及文化组织大会上通过《关于历史地区的保护及其当代作用的建议》，提出“历史地区及其周边环境”概念。1999 年 10 月，国际古迹遗址理事会通过的《乡土建成建筑宪章》采用建成遗产的概念，更有利于关注建筑遗产环境特性。因此，对建筑遗产地周边环境进行基于空间影像分类的土地利用变化分析，综合研究城市的快速扩张对建筑遗产地、建筑遗产区域的影响尤为必要。利用多时相、多尺度、多源化的空间影像数据，对建筑遗产地、建筑遗产区域周边环境进行基于空间影像分类的土地利用变化分析，用影像数据的变化验证诸如建设用地扩张对建筑遗产的影响。

6.1 建筑遗产地数据信息集成

6.1.1 研究理论基础

在数字时代背景下，GIS 等技术在建筑遗产与历史文化名城、名镇、名村的保护与管理方面的运用已逐渐成熟，能够实现对历史文化遗产进行信息采集、资源数字化建档、数据管理、数据分析等工作的有效管理。借助信息技术手段，可有效整合空间与非空间数据资源，基于图属一体化原则实现动态更新的建筑遗产信息管理功能，进一步挖掘建筑遗产数据内涵，以实现规划管理部门对城市文化遗产的动态管理与决策辅助。通过数字化技术，研究建筑遗产信息展示功能，建立建筑遗产数据集成专题，以实现建筑遗产整体保护。

地理信息系统优于其他数字技术关键之处在于其具有空间数据管理能力、空间分析能力及基于地图的数据可视化能力，因其强大的统计分析功能可对采集的海量数据进行量化分析和图形显示，基本能够满足当前的遗产监测管理需求。地理信息系统在数据库技术支撑下，基于现场实测、遥感影像、历史资料、地理信息专题图等时空数据，建立集空间、时间和属性特征信息为一体的建筑遗产数据库，可以实现：

（1）建筑遗产的遗址分布、文物保护、风险等级、环境影响等专题图的制作。基于数据采集、空间数据库构建，实现 GIS 数字化制图，其集文化遗产本体的时空数据、属性信息于一体，在空间数据库支撑下，可视化表达建筑遗产的规模布局、区域环境、时空演变等信息，通过专题地图与叠加分析探讨对应关系。

（2）建筑遗产区域空间模拟与分析。空间分析是地理信息系统的核心功能，主要包括缓冲区分析、叠加分析、地形分析、拓扑分析和空间统计功能，以实现智能化分析。具体的分析模型主要有拓扑叠加分析模型、缓冲区分析模型、网络分析模型等，制作专题图进行风险研究过程中空间数据分析、风险评估制图等，以实现建筑遗产的风险管理与评估。

国外在利用空间技术、信息化手段对遗产地进行监测较为成熟，现已建成了完善的风险管理体系，如建立了相应的保护机构，也颁布了相应的保护法规。随着我国对遗产风险管理工作重要性的认识越来越深，对世界遗产地进行主动性监测也日趋增多。2004 年，我国启动建设“中国世界文化遗产管理动态信息系统和预警系统”，建立遗产信息的动态监测等以预防为主的保护模式。我国建筑遗产保护工作逐渐将空间信息技术应用到建筑遗产的预防性保护和风险管理是未来的发展趋势和方向。江慧（2010）在综合分析国内外文化遗产动态监测研究现状基础上，建立了基于“3S”技术的历史文化遗产动态监测理论框架体系、监测指标体系、技术方法流程，并以京杭大运河动态监测为例建立了大运河动态监测体系，设计并实现了大运河动态监测系统。张月超（2012）研究并构建我国世界文化遗产监测体系，分析研究我国当前世界文化遗产地的监测工作现状，分析我国遗产地在监测工作中所面临的主要问题及监测工作特点。通过风险识别、风险分析和评价及风险应对等程序，构建我国世界文化遗产地的监测体系。施春煜（2013）基于实地调研，通过对杭州西湖和苏州古典园林 2 处世界遗产地不同的空间特征进行剖析，探讨了杭州西湖遗产地的空间技术应用，归纳出空间特征完全不同的遗产地应用空间技术的基本思路。高超等（2019）从数字化监测手段入手，总结得到各技术手段优势及所适用的监测对象。目前比较普及的技术手段有传统测量技术、摄影测量技术、三维激光扫描技术及集成多种手段的技术方法，根据监测对象特点来进行表面破损、整体及局部变形等监测工作。项波等（2020）基于空间连续的遥感数据和时间连续的传感器数据集成并融合的数据驱动方案，设计国家、省、遗产地三级管理平台综合架构和遗产地分布式数据库，集成遗产地动态监测评估、可视化展示、保护管理应用系统，构建与中国自然遗产地管理体制相适应的综合性网络平台。

综上所述，本章拟通过数字化技术建立建筑遗产数据信息库，制作建筑遗产的遗址分布环境影响等专题图，完成建筑遗产区域空间模拟与分析，对建筑遗产区域土地利用变化情况进行分析，为建筑遗产的保护提供理论参考。

6.1.2 GIS 技术概述

1. GIS 的定义

GIS 是地理信息系统（geographic information system）的缩写。地理信息系统是一个信息系统，与其他信息系统的区别是其处理的数据是经过地理编码的空间数据。它是在计算机软、硬件系统支持下，对整个或部分地表层空间中的有关地理分布数据进行采集、储存、管理、运算、分析、显示和描述的技术系统。从技术和应用的角度看，GIS 是解决空间问题的工具、方法和技术；从功能上讲，GIS 具有空间数据的获取、存储、显示、编辑、处理、分析、输出和应用等功能。从系统学的角度来说，GIS 是具有一定结构和功能（获取、存储、编辑、处理、分析和显示地理数据）的完整系统。

地理信息系统兼具“工具”“资源”和“学科”三大属性，其“工具”属性是指为人们采用数字形式表示和分析现实空间世界提供了一系列空间操作和分析方法；“资源”属性是指将单一分散的数据资源集成起来，成为研究和解决空间问题所需的综合信息资源；“学科”属性是指它有着相对独特的研究对象和技术体系，正在逐步地发展形成一门关于地理空间信息处理分析的科学与技术。地理信息系统从外部来看，表现为计算机软硬件系统；而其内涵是由计算机程序和地理数据组织而成的地理空间信息模型，是一个逻辑缩小的、高度信息化的地理系统。

2. GIS 的构成

从 GIS 开发和应用的角度，可以把 GIS 大体分为四个部分，即计算机硬件系统（硬件）、计算机软件系统（软件）、地理空间数据（数据）、管理与使用者（人员）。其中，硬件是 GIS 的骨架，是 GIS 各项功能的承载体；软件是 GIS 的大脑，具体实现 GIS 的各项功能；数据是 GIS 的血液，是 GIS 产生效能的基本材料；人是 GIS 的主宰，既是 GIS 的实现者又是 GIS 的使用者。

（1）硬件是 GIS 的骨架，是建立 GIS 的基础环境，通常包括数据输入、数据存储、数据计算和数据输出四个方面的设备。

数据输入设备：包括各种数字化仪、扫描仪、测绘仪器、传感器等，为地理信息系统输入数据。

数据存储设备：包括各种固定和移动的数据存储设备，如磁带、磁盘、光盘及由其组成的数据存储系统等，用于存储地理信息系统数据。

数据计算设备：包括各种计算机、服务器、应用终端等，为地理信息系统的数据处理和分析提供计算功能。

数据输出设备：包括各种投影仪、显示器、绘图机、打印机、刻录机等，用于输出和展现地理信息系统数据。

（2）软件是 GIS 的大脑，GIS 的各种功能都是由软件来实现的。通常把 GIS 软件分为工具型 GIS 和应用型 GIS 两类。

工具型 GIS，常称为 GIS 工具、GIS 平台、GIS 基础软件等，没有具体的应用目标，通常为一组具有 GIS 数据输入与处理、存储与管理、查询与检索、分析与应用、制图与可视化等功能的软件包，是建立应用型 GIS 的支撑软件，如 ArcGIS、MapInfo、SuperMap、GeoStar、MapGIS 等。工具型 GIS 软件通常由四个部分组成：一是数据采集与处理，获取各种地图、外业观测成果、遥感影像、多媒体资料等不同来源的地理空间数据，转换并处理成 GIS 需要的形式；二是数据存储与管理，GIS 有一个巨大的地理空间数据库，可以是集中式的，也可以是分布式的，用于存储管理 GIS 中的一切数据；三是数据查询与分析，实现对地理空间数据的检索、统计和运算，提供基本的空间分析模型和常用专业应用模型；四是数据显示与输出，将 GIS 的数据及分析结果以易于理解的形式（如报表、地图等）提供给用户。GIS 输出的主要产品是各种地图。

应用型 GIS，是满足具体应用目标的 GIS，具有一定的应用规模、特定的用户群体、专门的空间数据和专业的应用功能。应用型 GIS 通常是在工具型 GIS 的支持下建立起来的。根据应用领域、应用目的和应用方式的不同，应用型 GIS 又有各种类型，如城市规划信息系统、地籍管理信息系统、电子导航信息系统、地图生产信息系统、水资源管理信息系统、森林防火信息系统等。

（3）数据是 GIS 的血液，GIS 数据就是地理空间数据，是具有空间定位的自然、社会、人文、经济、军事、科学等方面的数据，可以是图形、图像、文本、表格、数字、视频、音频等形式。GIS 以地理空间数据来描述现实世界，以 GIS 中的地理对象来对应现实世界中的地理实体。GIS 就是实现地理空间数据输入、处理、存储、查询、分析、输出的信息系统。为了便于数据的组织与管理，GIS 通常将地理空间数据分为两部分：几何数据（有时称为位置数据或空间数据）和属性数据。几何数据描述地理实体的空间位置、几何形态及与其他地理实体的空间关系。例如，描述一幢房子的位置和形状的坐标数据就属于几何数据。属性数据是描述地理实体的社会或自然属性的数据，如房子的户主、建筑年代、建筑材料等。数据在 GIS 中极为重要，所有的 GIS 应用都是基于数据展开的，GIS 数据的质量（精度现势性等）直接影响 GIS 应用的可信度。数据是随着时间不断老化的，为了使 GIS 能有效、可靠地发挥作用，地理空间数据必须不断更新。在大部分情况下，GIS 项目中有 60%~80% 的费用用于数据的获取和输入，另外，未来对数据的更新和维护费用也必须计算在数据处理的费用内。

（4）人是 GIS 的主宰，GIS 以满足人的空间认知、空间行为、空间决策等应用需要为目的。同时，GIS 的研发、维护等都需要人的参与。GIS 人员通常可分为以下三类：一是 GIS 研发人员，负责 GIS 应用系统的研发、升级等；二是 GIS 维护人员，负责维护和更新地理空间数据库，维护系统软、硬件及数据的安全，维持 GIS 的日常运行；三是 GIS 使用人员，使用 GIS 进行工作。GIS 的使用者已经非常广泛，有的是管理人员，利用 GIS 进行日常业务管理，如交通运输管理等，有的是研究人员，主要利用 GIS 进行数据分析，如地学研究等，有的是普通大众，主要利用 GIS 解决日常问题，如路径导航等。

3. GIS 的功能

1）数据获取

数据获取是将空间及有关属性数据输入到计算机的过程，地图数据可从地图上用手工、半自动或全自动的方法获得。根据所应用的方法，以模拟方式描绘的纸质地图可转换成数字化的矢量格式或栅格格式。当没有地图时，则须通过地面测量或遥感的方法获取数据。技术的发展拓展了廉价便携计算机的应用范围，使人们可方便地在野外获取数据。如便携计算机和数据手簿常与全球定位系统（GPS）及其他电子测量设备配合使用，以获取实地的位置和属性数据。可组合不同方法来获取 GIS 数据，例如，在一个 GIS 系统中不同比例尺的地图及不同的地图投影方法常常混合使用。为了使它们相互兼容，必须将数据转换成相同的比例尺并采用相同的投影方法。所以，数据输入的部分工作是将不同数据处理成相同的格式。

2）查询和检索

能够浏览、查询和有选择地检索地理数据的信息，是 GIS 技术最重要的功能之一，为此，通常采用属性表格来存储与地图上的物体有关的数据。一张地图及其属性表格之间由唯一的参考代码相连，这个代码可以是物体的地理坐标，也可以由字母数字组成，所以人们既可以通过地理方式（地图）进行查询，也可用数据库直接查询所感兴趣的信息。例如可以根据与地图相关的数据库属性值来检索地图上的实体，如显示近 5 年内所修复的遗址等。

许多 GIS 具有应用标准查询语言（SQL）检索数据库的能力，SQL 是国际通用的计算机标准查询语言，它能使用户对数据库提出各种复杂的标准选择要求。在指定的地理区域，人们可在地图上确认特定类型的各种物体。这种地理查询可用下列方法实现：

（1）从指定点以一个半径定义一个查询区域；

（2）以 3 个或更多的点所构成的多边形定义查询区域；

（3）在数字地图的点、线、面周围形成一个缓冲区，例如，用户能够在一条线的周围产生一个 100 m 距离的缓冲区，这样就可以判别一条新修道路对考古遗迹是否具有影响。

除了上述功能外，GIS 还能够用来测量多边形面积和点之间的距离。

3）可视化

由于 GIS 是以分层的方式来记录地图数据，因此该系统可以显示各种不同来源的数据并绘制所需的专题地图。例如，在运送遗址维修材料及有关设备时，遗产保护工作者可根据道路和遗址位置的专题地图确定一条最佳运输路线。另外，规划部门为评价有关重建计划对遗址的影响，需要遗址位置和土地产权的专题地图。传统地图仅能表达位置和几何信息，而由于 GIS 将属性数据与几何位置相关联，它不仅能够显示真实世界实体的几何位置，还能显示有关实体的特征值和属性。与地图实体相关的属性值能够用地图形式显示。这种方法取决于数据特点和与属性相关的地图实体类型。下面简要描述在地图上显示属性数据最常用的方法。

（1）单值图。在单值图中，不同颜色用来表示制图的实体属性唯一值。例如，在一幅土地利用地图上，颜色用来填充每个多边形表示某种特定的土地利用分类，如红色表示居民用地，绿色表示农业用地，黑色表示工业用地。单值图对于绘制以下三类属性图是非常有用的：一是描述实体的名称、类别、状况或分类的属性；二是唯一识别的实体属性，例如亚太地区、欧洲和非洲；三是分组大小和数量，例如遗址的年代 1—6 世纪，6—11 世纪和晚于 11 世纪。

（2）渐变彩色图。在渐变彩色图中，对一个属性值的变化范围使用渐变颜色表示。渐变彩色图对显示一定区间的数据范围十分有用，例如 1~10，从低到高或数字逐渐增加，例如大小或百分率。它们通常用来表示高度或温度。在表示温度分布的地图上，从冷到热的温度范围使用从蓝到红的渐变颜色来显示，这些颜色通常分别用来表示低温度和高温度。

（3）渐变特征图。渐变特征用来表示有关点的数据值，这些点可以表示城市学校、遗址。点可以用一个特征符号绘制在地图上，特征符号的大小与所绘数值的大小成正比。

（4）点密度图。点密度图用来表示在一定地理区域中某种特征现象的分布和密度。密度图通常用于显示人口密度。在点密度图上，每个单点有一定的值，例如一个点表示 1000 人。为了绘制点密度图，从属性表中读入数据，然后在地图上绘制适当点的数目，例如，如果一个点表示 1000 个人，在描述城市的多边形内绘制 60 个点即表示一个拥有 60 000 人口的城市。

（5）统计图。统计图使用饼状、线状、柱状图表示其所在位置的相关值，统计图用来显示一个实体的多个属性，能够相互对比。

（6）距离图。距离图用来计算和显示某给定区域内用户定义的源点到其他各个点的距离。源点可以是道路、城市、遗址入口等任何事物，距离则可以是地理距离，也可以是从一点到另一点的费用值。距离图表明了从考古遗址到研究区内所有其他位置的距离，通过该图可判定人类居住活动对考古遗址可能产生的影响。

（7）面状图。GIS 将属性数据与离散实体特征相连，例如行政管理区域、保护区和表示考古遗址位置的点。根据这些属性数据，GIS 能产生一幅研究区域内连续变化的地图，例如高程图和温度图，这些图称为面状图。面状图表示一定地理区域内有关数值的连续变化情况。用于产生面状图的数据记录在特定点上，获取和输入研究区域内每个点的数值是十分费时和昂贵的。所以通常采用输入样本点以形成面状图的方法，然后再根据样本点的数值对所有其他位置进行计算和插值。

4）分析

大多数用户应用 GIS 来查询、检索和显示数据。然而，用 GIS 从事不同类型的分析还能获得相关地图实体的详细信息，并在这些实体之间建立相互关系。下面所介绍的分析方法表明 GIS 对各种复杂分析的胜任程度。

（1）拓扑分析。以拓扑关系记录的实体信息可以表达实体间的相互关系，如不同实体间的连接、邻近及包含关系。

① 连接。网络分析是模拟各种线形网络的动态状况，如河流和道路的走向变化等。网络分析最常用的类型之一是网络最短途径的识别。相关数据库中的任一变量，如距离、速度及水流速度，都可以用来进行最短路径的分析。我们还可以用这种方法进行有关成本分析，例如依赖一个费用指标的点数据库，可以确定从网络上的任意点到用户指定目标所花费的旅行时间。网络上的每一个点都对应着一个费用属性值，这样，从节点到用户指定点的区间内的费用都可以计算出来。在网络中这些点可以构成一个面域。

② 邻近。应用实体之间的拓扑关系，能够识别邻近的多边形。例如如果某用户有一个表明遗址范围和周围土地利用类型的土地利用数据层，包括工业、商业、农业和居住用地等信息，那么他就能够识别对该遗址可能产生潜在危害的所有地段的情况。如果居住区的快速扩长是一种潜在的危害，用户就能够识别出与遗址毗邻的所有居民区并对危害的发展进行更详细的监控。

③ 包含。GIS 能将不同的数据集结合在一起。这些数据集中的每个层记录一个专题，如道路、土地利用、地质或水文数据层。叠置分析用来判定哪些特征或属性共享相同的实体空间。人们可以将这些数据进行整合以便分析和查明不同数据集间的相互关系。

（2）地形分析。借助新技术建立地球表面的三维模型是可行的，这种模型称为数字高程模型（DEM）或数字地形模型（digital terrain model，DTM）。这些模型是根据从航片、卫星影像或直接使用地形及其他野外测量技术测量地球表面所获得的高程数据而建立的。应用DEM还能获得更多的制图区域内实际地表上的信息，如坡向图可表明斜坡的方位，识别从每个单元到相邻单元间坡度最陡的方向，形成一幅表示每个斜坡罗盘方向的面状图，可用不同颜色表示；坡度图表示坡度或从每个单元到相邻单元高程的最大变化率所计算的坡度角，分为不同组别，并用不同颜色显示；斜坡阴影图用于显示高程表面太阳的光照度，斜坡阴影图也用来增强地形表示的真实感。

（3）通视分析。有了DEM即可进行通视分析。即由给定的观察位置（坐标和高程）判别研究区域内哪些特定位置是可见的，通视分析常用于防御军事侦察、不动产和建筑位置的选择等领域。数字数据获取费用的不断下降使得以较小预算费用获得DEM成为可能，从而拓宽了通视模型技术的应用。

5）数据输出

为了观看数字地图和属性数据，就必须对输出数据进行软拷贝（显示在监视器或屏幕上）或硬拷贝（打印在图纸或胶片上）。可以输出的数据包括原始地图和属性表格、任何查询、检索及分析的结果等。

4. GIS在建筑遗产保护中的应用

1）GIS对于建筑遗产数据的信息化管理技术应用

（1）建筑遗产数据采集与处理。建筑遗产数据的种类庞大而复杂，GIS将建筑遗产数据划分为空间信息和属性信息。目前，对于建筑遗产的空间信息获取技术已经成熟，野外全站仪平板测量、GPS测量软件，用数字摄影测量方法自动获取DEM、数字正射影像、人工交互获取矢量化数据的技术得到了广泛应用。三维数据获取技术包括无人机倾斜摄影技术、三维激光扫描技术等，能够精确地获取建筑遗产的点运数据。收集、整理和挖掘相关历史文档资料及建筑遗产的实际调研数据，建立建筑遗产的属性数据库。

（2）建筑遗产数据信息查询。建筑遗产数据的查询分为空间特征查询和属性特征查询。空间特征查询能够准确定位建筑遗产的地理位置，显示其周边环境，并展示建筑遗产模型。属性特征的查询主要基于属性数据库。GIS的空间查询功能可以方便灵活地查询和检索建筑遗产信息的属性数据，并进行空间定位。它可以为管理者和公众提供多种查询方法，如分类查询、模糊查询、空间查询、空间条件查询和综合条件查询。根据查询的内容提供相关数据并输出专题地图。

2）GIS 对于建筑遗产数据的处理技术

在传统的 GIS 中，空间数据是以二维形式存储并挂接相应的属性数据。通过建立建筑遗产信息数据库，可以解读古城、古镇、古村和历史街区的原有的肌理和空间特征，探讨其内在的演变机制和发展规律，对其原有的空间进行修补，还原空间特色；综合多学科因子，建立综合价值评估体系，评估和分析建筑遗产的价值，为制定适当的保护政策提供支持；通过缓冲区对建筑遗产保护范围进行风险评估，分析新建项目对原有建筑遗产的危害，制定合理的保护措施。将三维 GIS 与建筑遗产保护相结合，能够让人对建筑遗产进行三维浏览，可进行放大、缩小、全图、漫游、飞行等操作。结合 VR 技术，实现建筑物内实景浏览与建筑结构展示，使人在真实的三维环境下体验建筑遗产。三维 GIS 技术可用于交互测量和空间分析，例如高程、坡度和坡向分析等。三维 GIS 的高程分析可以宏观地观察建筑之间的体量关系：通过控高分析和天际线分析，对新建建筑方案进行模拟，从建筑高度和建筑形式上进行控制，减少新建建筑对建筑遗产的影响；进行视线通视分析，确保建筑遗产的最佳观赏角度，保证视线通廊的完整性。

6.1.3 数字化建档

基于 GIS 技术手段，选取包括清福陵、清昭陵、沈阳故宫、盛京城址、实胜寺、慈恩寺、清真南寺、北塔法轮寺、南塔、东塔等在内的沈阳市中心城区范围内的前清建筑遗产区域，构建建筑遗产区域信息数据库，以期为建筑遗产区域应对用地变化提供决策依据，应对用地变化的基础研究与应用研究，对建筑遗产区域土地利用变化情况进行分析，为建筑遗产的整体保护提供理论依据。

1. 数据有效获取

1）坐标数据获取

建筑遗产的具体位置，根据描述的位置，通过相应的地图软件，获取对应的经纬度坐标数据。

采用高德地图网页版，使用高德地图开放平台地图工具中的坐标拾取器进行拾取，例如拾取沈阳故宫遗产点，按照具体位置描述，进行搜索，获取坐标结果。将一定区域范围内的建筑遗产整体看作一个点，拾取其内部位置的坐标，拾取的坐标会有差别，但不影响建筑遗产空间数据分析的使用。使用坐标拾取器工具，对沈阳前清建筑遗产分别获取其经纬度坐标，按编号、名称、经度、纬度等字段，单独存储为 Excel 格式数据，作为建筑遗产空间坐标数据。

2）基础数据获取

基础数据包括辽宁省行政边界、高速公路、城市主要道路、铁路、卫星图影像等方面相关数据。

行政边界包括辽宁省、各地级市及各市辖区下区县的边界。本书使用 BIGMAP 软件，下载辽宁省及其市、区县行政边界，下载保存为 SHP 格式文件。为建筑遗产空间分析使用方便，对行政边界数据按照省、市、区三级分为多个子文件。

高速公路、城市主要道路，通过 BIGMAP 软件，对各城市数据分别下载，进行整合，保存为 SHP 格式数据。

梳理辽宁省境内铁路相关论文，辽宁省境内近现代建设的铁路，还有部分铁路支线。利用 Loca Space Viewer 地图软件，绘制铁路交通要素。将绘制的数据导出为 SHP 格式文件。

为了便于建筑遗产的空间分析，获取辽宁省影像数据。本书使用 ArcGIS 软件中的在线调用地图工具来获取影像图，可以随着研究深度得到不同详细程度的影像数据。

2. 创建数据库

在数据信息收集完成的基础上，需要对信息进行分类整理并挑选出有效的信息，进而对建筑遗产进行数字化建档。对于用数字摄影测量法收集的照片，必须根据纹理材质、照片参考显示、环境照片等各种使用功能进行预处理、编号和排列。收集整理好的数据共同形成建筑的基础数据资料。

我国坐标系包括 1954 北京坐标系、1980 西安坐标系和 2000 国家大地坐标系等。本书选择 2000 国家大地坐标系，作为地理数据库统一的坐标系。辽宁省沈阳市位于东经 122°25' ~ 135°48'，以东经 123° 为中央经线，坐标投影时选择 CGCS2000_3_Degree _GK_Zone_41 作为投影坐标系。

目前阶段数据库分为 shapefile 文件、coverage 文件和 geodatabase 三种形式。地理数据库(geodatabase)文件，又包括文件地理数据库和个人地理数据库。考虑到数据的更新与扩展需求的可能性，以后可以容纳更多的数据，本书采用地理数据库里的文件地理数据库，命名为建筑遗产数据库。

3. 数据录入

启动 ArcGIS10.8 将沈阳前清建筑遗产空间坐标数据文件添加进来。录入沈阳前清建筑遗产属性数据。将属性数据添加到数据库后，利用连接与关联工具，通过共同的建筑遗产“编号”字段，将建筑遗产空间坐标点与建筑遗产属性表进行关联，使每个空间位置上的建筑遗产点与属性信息一一对应，再将这些信息录入地理数据库中。

最后，将沈阳市区行政边界、铁路数据、高速公路、城市主要道路等相关基础数据录入地理数据库中，形成沈阳前清建筑遗产地理信息数据库。

4. 数据整合与信息管理

充分运用数字化采集技术与管理信息系统，以政务内网为基础将各类历史文化遗产标签化，关联各个信息的空间、属性数据，形成相应的二维空间数据以实现各种历史文化资源数据的录入、存储与查询。整合业务主体数据、非结构化数据（基本信息、图纸册页、视频、文史资料）等，形成系统完整的数据库，保证信息管理的工作需要。

数字化建档的目的：一方面为了将调研的建筑、历史、人文等信息进行归纳整理，最终通过数字信息表的形式将建筑遗产信息进行动态保存；另一方面数字化建档的目的是为三维建模提供基础数据资料，使建筑模型的建立更加具有科学性，进而更好地实现虚拟可视化。建筑遗产数字化建档的内容主要可分为三个部分，包括建筑基本信息、建筑现状综述及建筑现状照片。建筑基本信息包括了建筑编号、建筑保护级别、建筑名称、建筑地点、占地面积、建筑层数、原始功能、改造功能、建筑结构、评估等级、建筑实体、历史及人文信息等。建筑现状综述包括对建筑结构体系、建筑细部构件、建筑风貌三个方面进行综述，其中建筑结构体系分为建筑墙体、楼地面、门窗及屋顶四个部分。建筑现状照片主要展示建筑整体院落空间、各个建筑立面及细部结构等。通过无人机采集建筑遗产区实景照片，如图 6-1 所示。

图 6-1　无人机拍摄清昭陵实景照片

本书获取并处理建筑遗产地相关的数据及资料，不仅包括影像、矢量地图等空间相关的数据，也包括图片、文本、视频等非空间数据，并通过人为编码关键字建立了非空间数据与空间数据的关联，便于可视化分析查询，增加了后续研究的时效性。

信息管理注重高效、全面、动态的管理模式。为了用户能够精确查询数据资料，系统以地图窗口为底图，提供多种属性信息和空间信息查询方式，包括关键字、条件、任意框（圈）选、可视范围查询和已知精确坐标点位查询等（见图 6-2），以查看相关历史文化遗产的保护状态及描述信息、警示级别、现场图片、周边环境与保护状态等信息，保证系统拓展性以动态维护数据资源，对其进行全生命周期管理。

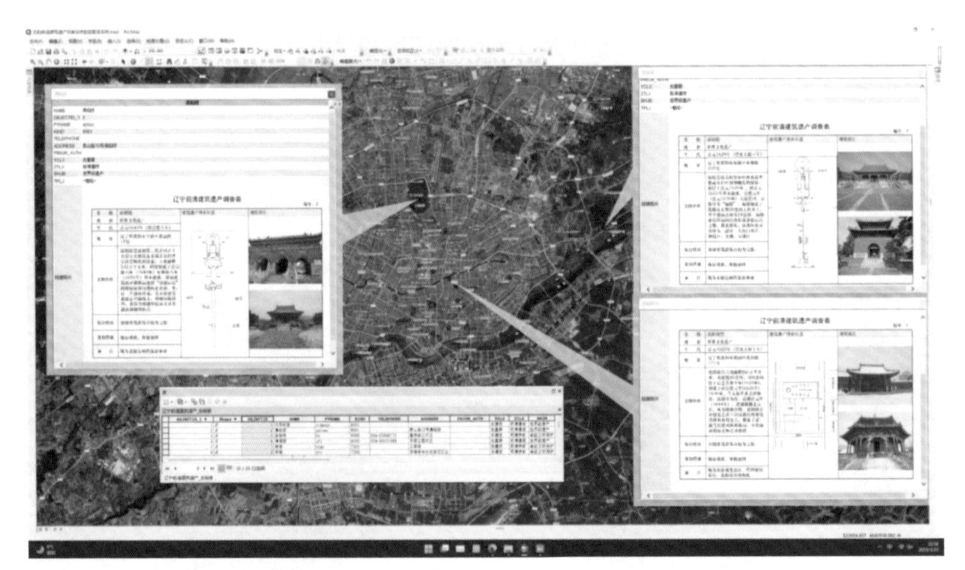

图 6-2　沈阳前清建筑遗产档案信息查询系统——查询功能

6.2 建筑遗产地建设用地扩张特征

6.2.1 理论基础

城市是人类生存和活动的场所，随着城市化进程的加剧，作为人类文明发展重要标志的城市，同样也面临着严重的生态环境与可持续发展问题，进而出现了所谓“城市病”。如何监测、管理、分析这些问题，为城市规划与管理提供决策支持，需要有充足的信息支持。遥感提供了从空中对城市的多分辨率、多时相、多平台观测，是监测城市生态环境与城市扩展的有效信息源。随着城市化进程不断加快，城市的快速扩张和不合理开发等活动严重威胁到了建筑遗产的保护与发展。陈爽等（2008）利用 1986—2002 年 TM 影像解译的南京市用地数据，研究南京城市生态空间数量增减和质量变化，从经济发展阶段、宏观政策环境和城市扩展规律等方面分析变化的驱动力。张杨等（2010）基于 GIS 空间分析与数理统计方法对 1996—2006 年武汉市土地利用 / 覆被变化特征进行了定量分析，对研究时段内导致武汉市生态环境质量变化的土地利用变化类型进行了分析与评价，研究结果表明城市化引起的空间扩张对区域土地利用 / 覆被变化产生的影响最为深刻。董文静（2015）将动态监测的理论与方法应用到传统村落保护中，展开重庆地区传统村落空间格局动态监测的研究，完善了传统村落保护理论体系。

号称“天眼”的遥感技术具有大尺度、短周期、长时序、低成本等诸多优势，将其应用于文化遗产监测与保护，可为遗产地管理者提供更加方便、直观、系统的数据与技术支持。洪天华等（2017）对吴哥世界文化遗产地周边环境进行了基于空间影像分类的土地利用变化分析，综合研究了吴哥遗产地及其周边地表形变与地下水位、地质结构等因素的关系。张玉敏等（2019）运用卫星遥感技术，通过 2010—2014 年、2018 年两期高分辨率卫星影像比对，对我国世界文化遗产地的遗产区、缓冲区内的地物变化情况开展遥感监测。全斌等（2020）以 Sentinel-2A 卫星遥感影像为数据基础，采用 GIS 方法，提取世界遗产吴哥遗迹群土地利用变化信息，并基于转移矩阵方法和土地利用变化图谱分析各类土地转移变化和城市规模扩张对遗迹保护的影响。黄晓忠（2021）归纳分析了城市肌理六个维度层级，结合闽清梅城“山、水、城”空间格局与价值评价，通过梅城印记更新与活化的实践，印证了城市肌理是城市最持久、最核心的价值，并提出城市肌理是实现历史文化街区更新与活化的源起与核心。王润娴（2021）选取山阴路历史街区，首先分析该场地的肌理特征，包括其空间秩序、建筑肌理、外部空间等方面，结合其特征与现状问题，提出该历史街区场地的空间改造策略。

本章将结合建筑遗产地土地利用变化案例研究，分析土地利用 / 覆被变化的结构、速率等变化模拟，探讨土地利用变化驱动机制、变化过程、动态规律，通过建立建筑遗产信息数据库，在建筑遗产地数据集成的基础上，对遗产地土地利用变化情况进行分析。

6.2.2 研究方法

1. 数据采集与处理

本章中建设用地为非植被的人造区域（例如城镇、农村居民点、道路交通等）占主导像元（超过 50%）。选取清福陵及其赋存环境为研究区域，近年来不断扩张的城市规模对遗产地生态环境影响显著。采用 Landsat 系列遥感数据、DEM 及道路交通矢量数据，所有数据统一采用 WGS_1984 坐标系。其中研究区域 2005—2020 年 Landsat 系列遥感影像数据和 30 m 分辨率数字高程数据等来源于中国科学院地理空间数据云，主要用于遗产地建设用地变化分析；道路交通矢量数据（高速公路、国道、省道、县道和铁路）来源于全国地理信息资源目录服务系统，用于遗产地生境变化研究。基于 InVEST（integrated valuation of ecosystem services and trade-offs）模型 habitat quality 模块进行遗产地生境质量运算，模型中参数来源于已有研究成果及专家打分等。

2. 建设用地信息提取

原始影像基于 ENVI 平台完成辐射校正、影像裁剪、大气校正等预处理，采用支持向量机分类法，对研究区域进行土地利用 / 覆被变化监督分类，根据清福陵所在地区域特征和生境质量评价目的，将土地利用 / 覆被类型分为农用地、林地、建设用地、水体及其他农用地 5 类，得到 2005 年与 2020 年土地利用 / 覆被情况。

3. 城市化年份监测

选择首尾年份（即 2005 年和 2020 年）作为基准年份得到研究期内的新增建设用地范围，通过对这基准年的土地利用 / 覆盖数据进行一致性检验，增加获取的新增建设用地范围的可靠性，从而得到研究区域建设用地的长时间序列连续变化信息并深入挖掘 Landsat 长时间序列影像光谱特征与时序信息，构建遗产地城市化年份检测方法，以得到研究区域 2005—2020 年逐年的建设用地格局与城市扩张特征，如图 6-3 所示。

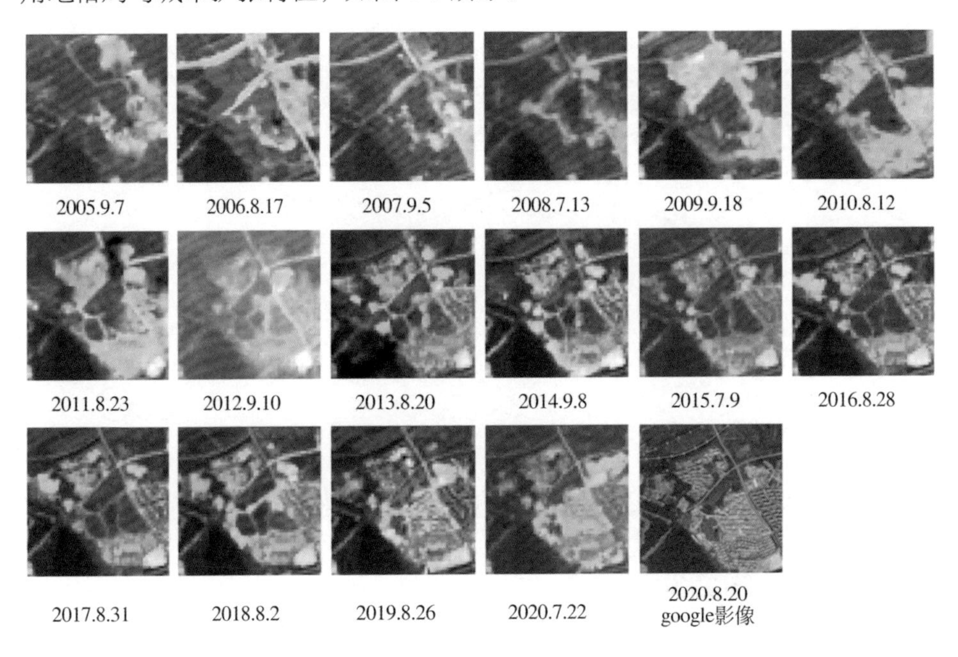

图 6-3　基于 2005—2020 年 Landsat 系列遥感影像目视解译验证城市化年份监测（波段组合：近红外—红色—绿色波段）

通过在新增建设用地区域随机选取 50 个验证样本点，在 ENVI 中获取 2005—2020 年逐年清晰的 Landsat 影像（以样本点为中心，构建 1 km 缓冲半径的网络），并辅以可用的 Google Earth 高分辨率影像、植被指数曲线，对每个样本点逐个进行目视解译。根据不同来源的新增建设用地，构建植被指数长时间序列曲线，对其进行突变点检测，以研究区几何中心样本点为例，得到像元水平的城市化年份监测和基于 NDVI 时间序列曲线目视解译验证城市化年份（图 6-4）。从图 6-3 中 2005—2020 年共计 15 年的 Landsat 影像（波段显示：近红外—红色—绿色波段）判断，该像元 2005—2011 年均被植被覆盖，从 2012 年开始被开垦，2019 年完成新增城市建设，即完成了城市化。同时，根据图 6-4 基于 NDVI 曲线的突变点检测结果判断，该像元 2012 年开始城市化，2019 年完成城市化转变。

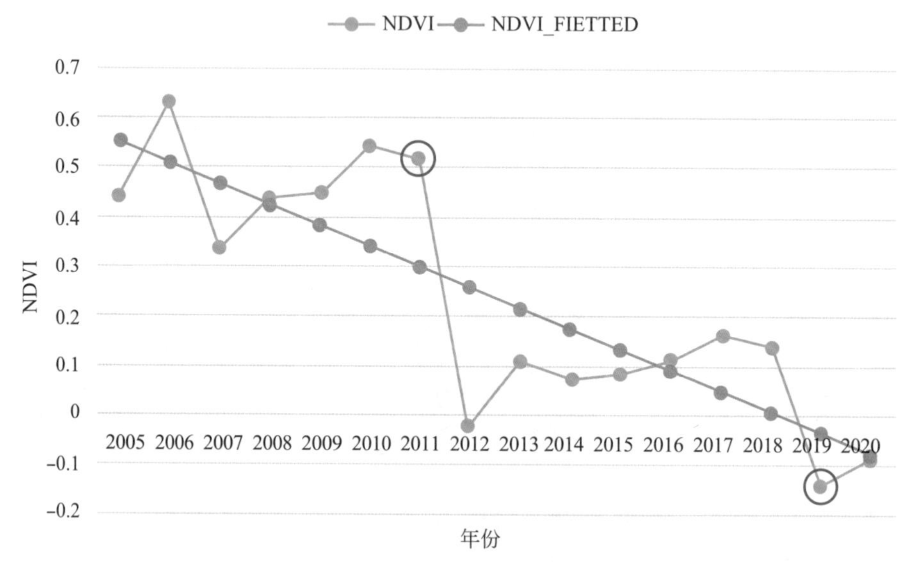

图 6-4　基于 NDVI 时间序列曲线突变点城市化年份监测结果

6.2.3　用地变化

世界文化遗产多坐落于城市中心区域或城郊结合部，日渐频繁的建设用地扩张与城市更新活动使得世界文化遗产地周边植被面积大量减少，不透水表面明显增加。研究区域 2005 年和 2020 年建设用地空间分布情况(见图 6-5) 表征了自清福陵列入世界文化遗产后其所在区域的城市化过程。2005 年，清福陵所在区域建设用地主要分布于研究区域以西，城市化水平较低；相比之下，2020 年，研究区域建设用地显著增加，主要分布于东陵公园以东，浑河南岸以南区域，呈现出沿已有建设用地向东、向南扩张趋势，符合近年来沈阳城区发展变化特征。

基于遥感解译结果，得到遗产地新增建设用地区域像元水平的城市化年份，并统计得到建设用地面积及占比的时间变化特征（表 6-1）：2005 年，清福陵所在区域建设用地占比为 33.58%，除水体外，非建设用地占比为

62.40%；到 2020 年，研究区域建设用地占比增加 7.50%，非建设用地显著减少。

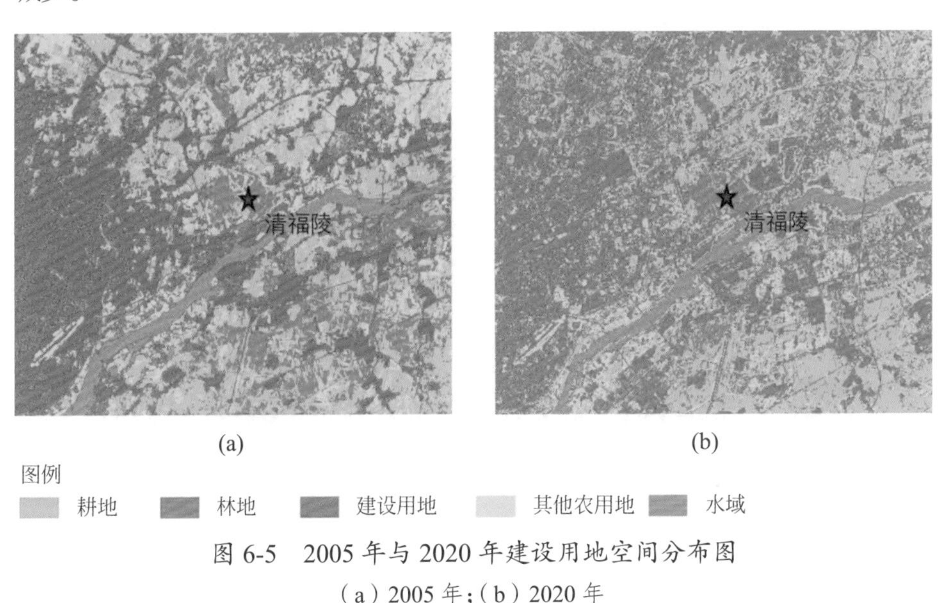

图 6-5　2005 年与 2020 年建设用地空间分布图
（a）2005 年；（b）2020 年

表 6-1　2005 年与 2020 年土地利用变化情况表

土地覆被类型	2005 年		2020 年		百分比变化 /%
	面积 /km^2	百分比 /%	面积 /km^2	百分比 /%	
耕地	69.17	24.40	52.74	18.61	–5.80
林地	77.07	27.19	66.14	23.33	–3.86
其他农用地	30.62	10.80	36.15	12.75	1.95
建设用地	95.19	33.58	116.46	41.09	7.50
水域	11.39	4.02	11.97	4.22	0.20

为满足经济发展与城市建设需要，遗产所在区域城市扩张明显，城市化过程中新增建设用地主要来源于林地和农用地（表 6-2）。2005—2020 年，各类用地转换为建设用地面积占比为 51.51%，其中，农用地向建设用地转换了 17.40%，林地向建设用地转换 25.55%，为新增建设用地主要来源。建设用地向其他地类转换面积占比为 30.24%，小于各地类转入建设用地面积，区域内水域面积变化不明显。

表 6-2　2005 年与 2020 年土地利用转移矩阵　km²

年份	土地覆被类型	2020 年				
		耕地	林地	其他农用地	建设用地	水域
2005 年	耕地	23.15	20.19	8.03	17.40	0.40
	林地	14.01	25.93	10.45	25.55	1.13
	其他农用地	11.08	7.76	4.47	7.18	0.13
	建设用地	4.24	11.44	12.77	64.95	1.79
	水域	0.27	0.82	0.42	1.38	8.51

6.3 建筑遗产地建设用地扩张的数字化分析

6.3.1 生境变化

1. 基于 ArcGIS 的 INVEST 模块数据准备

生境（habitat）一词最早由美国学者 Grinnell 提出，其定义是生物出现的环境空间范围，而生境质量（habitat quality）是指其在有限的时间和空间中为个体和种群提供适宜生存条件的能力。目前，日益频繁的人类活动严重改变了区域土地利用强度及利用方式，进而影响物质流、能量流在生境斑块之间的循环过程，给区域生境质量及生态环境保护带来了巨大压力。因此，研究土地覆被与生境质量变化之间的关系对保护土地资源、提高区域生境质量来说有着重大意义。

至今，国内外学者针对生境质量开展了大量研究，研究结果随着 3S 技术的广泛应用而逐渐定量化、可视化和精细化，主要应用的研究模型有 InVEST 模型、HSI（habitat suitability index) 生境适宜性模型和 MAXENT（maximum entropy model）模型等，其中 InVEST 模型应用最为广泛，在国外已经成功应用于美国、厄瓜多尔、科特迪瓦、加纳等多个国家的区域生态系统价值评估过程中；在国内，诸多学者也将其应用到黑龙江省、甘肃省、安徽省合肥市、北京市通州区、粤港澳大湾区、嫩江流域等区域，进行了诸如土地覆被变化、生境退化度、生境质量空间格局、时空演变分析等方面的研究。

最简单的生物多样性模型（第一层）结合土地利用威胁因素等简单的信息产生生境质量和稀有性地图。这种方法通常被认为是一种粗略筛选的方法，因为它关注的土地种类广泛，并且假定保护了高质量的生境就间接保护了它的组成物种、数量和其他小尺度的生态过程。

这种评估生境的方法在非政府组织进行的保护活动中非常流行，因为有关个体物种和其生活史的可靠数据非常稀少。模型使用粗略的容易获取的土地利用数据和与人类相关的生境质量威胁因素来评价景观上的生境质量和稀有性。该方法的优点是可以代替替代法来迅速检验生境质量和数量的变化。需要的数据在世界上任何地方都可以获取，这一点使得该模型在物种分布数据缺乏的地区非常有用。

本书中运用到 ArcGIS 软件的 InVEST 模型，该模型在栅格图或规则单元格上运行。每一个栅格模型在栅格图或规则单元图上运行。每一个栅格都表示众多土地利用土地覆被的一种类型，包括自然类型和管理类型。模型在栅格环境运行后，结果能够按规则的土地单元或实际的权属界限或管理单元进行求和。

对于各个评价景观单元，模型都需要整个景观上威胁因素的密度图。例如，如果道路和农业面积被认为是该评价景观上自然生境质量的主要威胁因素，模型就需要每个栅格单元道路长度图和每个栅格单元农业用地面积图。

基于以下三个因素模型，使用这些威胁因素底图来降低每个单元的生境质量得分。

第一，每种威胁的相对影响。一些威胁类型对所有的生境类型破坏性都要更强一些，相对影响得分反映了这种情况。例如，城市面积在降低周围生境质量方面是农业面积的两倍。

第二，每种生境类型对每种威胁的相对敏感性。每种生境类型对威胁的响应都可能都不同，因此每种生境类型对威胁的敏感性用于修正上一步计算的总影响。

第三，栅格单元与威胁之间的距离。通常，威胁的程度随栅格与威胁源距离的增加而减小，因此距离威胁最近的那些栅格单元将受到较高的影响。

生境质量制图能够帮助我们鉴别哪里的生物多样性可能是最完整的，哪里的受到了严重的危害。

该软件所需具体数据如下：

1）基础数据

该模型所需要的基础数据主要有土地利用土地覆被和威胁图层。

（1）土地利用土地覆被：栅格数据。

（2）威胁图层：每一种威胁分布和强度的栅格文件，有多少种威胁就需要多少个图层。每个栅格的值表示栅格中该威胁的强度（如农地面积、道路长度）。

2）威胁因子的选取

保护区的生物多样性主要受人为因素和自然因素干扰。本书中主要对人为干扰进行探讨，由于保护区及周边生存着数万人口，其中大部分居民处于贫困阶段，保护区内居民的经济收入来自于采集林副产品和畜牧产品，加之历史上形成的传统生产生活习俗，居民的生存严重依赖于保护区的自然资源，如放牧、采集、取暖、建房等活动。

保护区的生物多样性威胁因子主要表现为人为干扰和自然因素两大类，自然因素主要呈现为雪灾、旱灾、洪灾、山体滑坡、泥石流、森林病虫害等。但是由于自然灾害在本研究中较难获取空间数据，因此本书中保护区的威胁因子选择主要考虑人为因素，主要有放牧、采集、采伐、盗猎、旅游等。通过年度数据比较发现，保护区放牧的影响因子变化不大，采集、采伐、狩猎的影响呈逐年下降趋势。生态旅游尚处于起步阶段，目前对生物多样性的影响不十分明显。由于诸多影响因子对生物多样性的影响都要依托于居民点、道路、农用地等因素，因此，为了方便获取空间数据，本书中选取该区域的道路、农用地、居民点为其生物多样性的威胁因子。根据保护区选取威胁因子的现状图可知，保护区内农用地主要位于中部区域，并呈带状分布；居民点主要分布在林地周围，并与路网集中。

3）威胁因子数据

威胁因子数据主要包括威胁因素得分、生境敏感性两个方面。这一数据主要通过问卷调查得到。

（1）威胁因素得分。

模型中需要考虑的威胁因素的表格，包括每种威胁对自然生境的相对影响以及生境退化发生的距离。

由于难以采用技术方法对定量分析的因素做出合理估算，我们主要通过专家打分和实地问卷调查两个方面来获取该数据。专家打分和群众问卷调查的主要问题如表 6-3 所示。威胁因子的调查主要对象为三个威胁因子的最大影响距离、相对重要性和影响衰减模式。

表 6-3　威胁因子调查指标

威胁因子	最大影像距离	相对重要性	影响衰减模式
建成区	1	0.9	指数衰减型
交通道路	0.5	0.6	线性衰减型

（2）生境敏感性。

土地利用类型及其对威胁的不同敏感性。用于修订表中每种威胁的总影响，给出每种土地利用对每种威胁敏感性的明确信息。

每种土地覆被类型对每种威胁的敏感性有多少种威胁就有多少类似列，自然景观对生态威胁源的敏感度（取值范围为 0~1）较大，人工景观对威胁源的抗干扰力较强。本研究涉及的不同覆被类型及敏感性调查如表 6-4 所示。

表 6-4　各威胁因子对不同覆被类型的敏感性调查

序号	土地利用类型	敏感性	威胁因子	
			建成区	交通道路
1	水体	0.95	0.5	0.3
2	林地	1	0.85	0.6
3	耕地	0.6	0.8	0.8
4	其他农用地	0.8	0.7	0.7
5	建设用地	0	0	0

4）其他数据

其他数据主要包括对退化源合法的可达性以及与稀有性结合时生境质量的权重等。

（1）对退化源合法的可达性。多边形文件，包括每一个多边形对退化源的相对合法可达程度。对可达度最小的多边形（严格的自然保护区，保护较好的私有土地）赋予值，可达度最大的多边形（所有权不明确，收获型保护）赋予值，中间保护水平的多边形赋予之间的值。这些多边形可以是土地管理单元或是一系列规则的六边形或正方形。这些矢量文件将通过转换成为栅格数据，便于模型使用，没有被多边形覆盖的栅格单元我们就假定它们是完全可达的并赋予值。

（2）稀有性结合时生境质量的权重。这不是一个数据表而是通过用户界面输入的数值。生境质量图和稀有性图可以叠加来鉴别生境质量和稀有性不同组合的区域。退化的稀有生境和相对较好的稀有生境可能会引起保护规划和决策者的特别兴趣。

2. 生境质量时空分布

为表征清福陵所在区域土地利用变化对区域生境质量的影响，运用ArcGIS将InVEST模型评估的2005年和2020年生境质量结果进行重新分类并分级，得到生境质量空间分布情况（见图6-6）。从图中可以看出，2005年清福陵所在区域生境质量为高等级区域，其周边区域不同生态质量等级均有分布。伴随近年来城市不断发展，2020年研究区域建设用地明显增加，生境质量低值区域呈显著扩张趋势。清福陵所在区域生境质量仍为高等级，其东部区域生境质量明显降低。

统计各生境质量等级面积变化（表6-5）得出，遗产地所在区域生境质量级别为高的区域面积从2005年的112.38 km^2下降到2020年的97.08 km^2，年均下降速率为0.36%。生境质量等级为中等的区域面积从74.59 km^2下降到68.76 km^2，年均下降速率为0.14%。生境质量等级为低的区域面积从96.48 km^2上升到117.61 km^2，年均上升速率为0.5%。因城市扩张与城市更新等人为干扰，

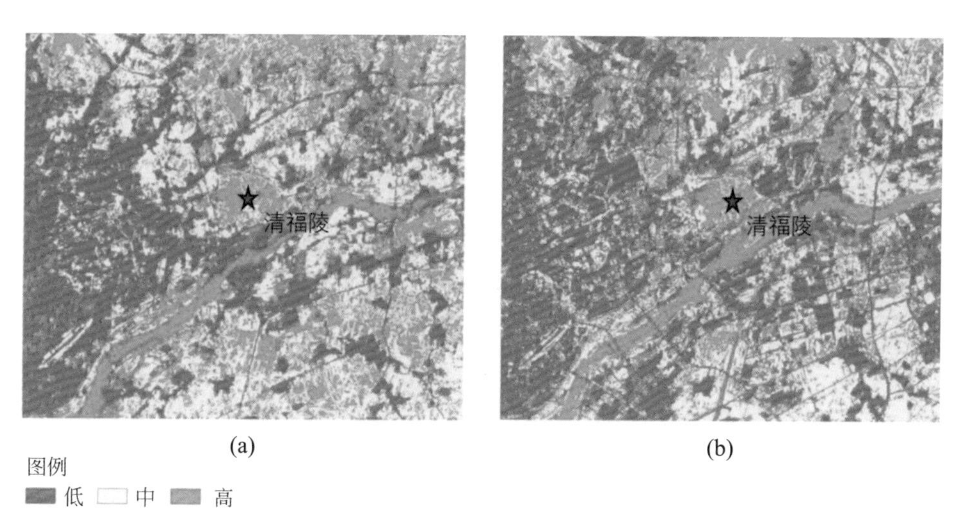

图 6-6　2005 年与 2020 年研究区域生境质量空间分布图
（a）2005 年；（b）2020 年

清福陵周边、浑河南岸新增建设用地生态环境质量明显下降。

表 6-5　2005 年与 2020 年研究区域生境质量等级面积统计

生境质量等级	2005 年		2020 年		百分比变化 /%	年平均变化率 /%
	面积 /km^2	百分比 /%	面积 /km^2	百分比 /%		
低	96.48	34.04	117.61	41.49	7.46	0.50
中	74.59	26.31	68.76	24.26	–2.05	–0.14
高	112.38	39.65	97.08	34.25	–5.40	–0.36

3. 生境退化度时空分析

应指出，清福陵所在地生境退化指数反映了世界文化遗产所在区域受城市化进程等人为因素影响程度，一定程度上可表征遗产地所在区域的生态环境变化情况。结合遗产地土地利用类型空间分布与生境退化分布情况（图 6-7）可得出：生境退化指数高值区集中分布于建设用地及周边区域，受人为因素干扰强烈，尤其遗产所在区域以东区域退化极为明显，但分布较为分散。生境退化指数低值区域主要位于靠遗产所在区域以及东部山地区域，

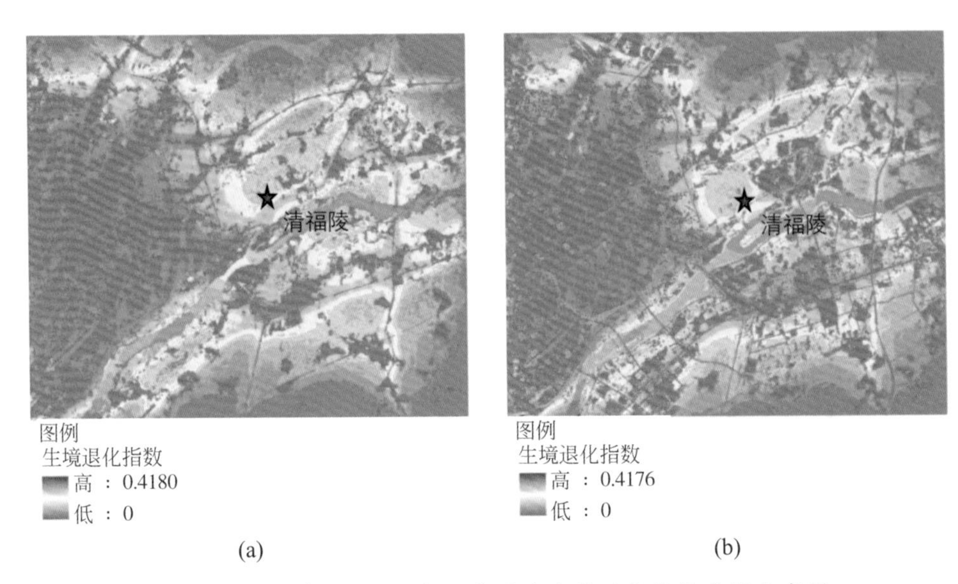

图 6-7　2005 年与 2020 年研究区域生境退化指数空间分布图
（a）2005 年；（b）2020 年

无退化区域主要分布在植被覆盖较高、远离人为干扰的东部山地区域。

6.3.2　气候变化

土地利用变化使得地表植被发生变化，进而可对遗产地周围半径 10 km 内区域气候变化产生影响，本书气象数据以前述 NDVI 年际变化值分析 NDVI 变化与气温、降水变化之间关系。伴随研究区 NDVI 值升高，平均气温降低；NDVI 值降低，平均气温升高。二者表现出显著相反的变化特征，这是由于 NDVI 变化主要取决于城市建设或工程施工，在研究区域内城市建设或工程施工对局地气温影响呈显著的负相关关系，如图 6-8（a）所示。

整体来看，遗产地周边植被面积因城市化进程导致其明显退化，表现为 NDVI 值降低，降水量减少；相反因城市绿化或生态工程实施，提升植被蒸散能力，进而促进区域降水量的增加。研究区域内 NDVI 与降水总体上表现为一致的变化趋势，NDVI 与区域内降水呈正相关关系，如图 6-8（b）所示。

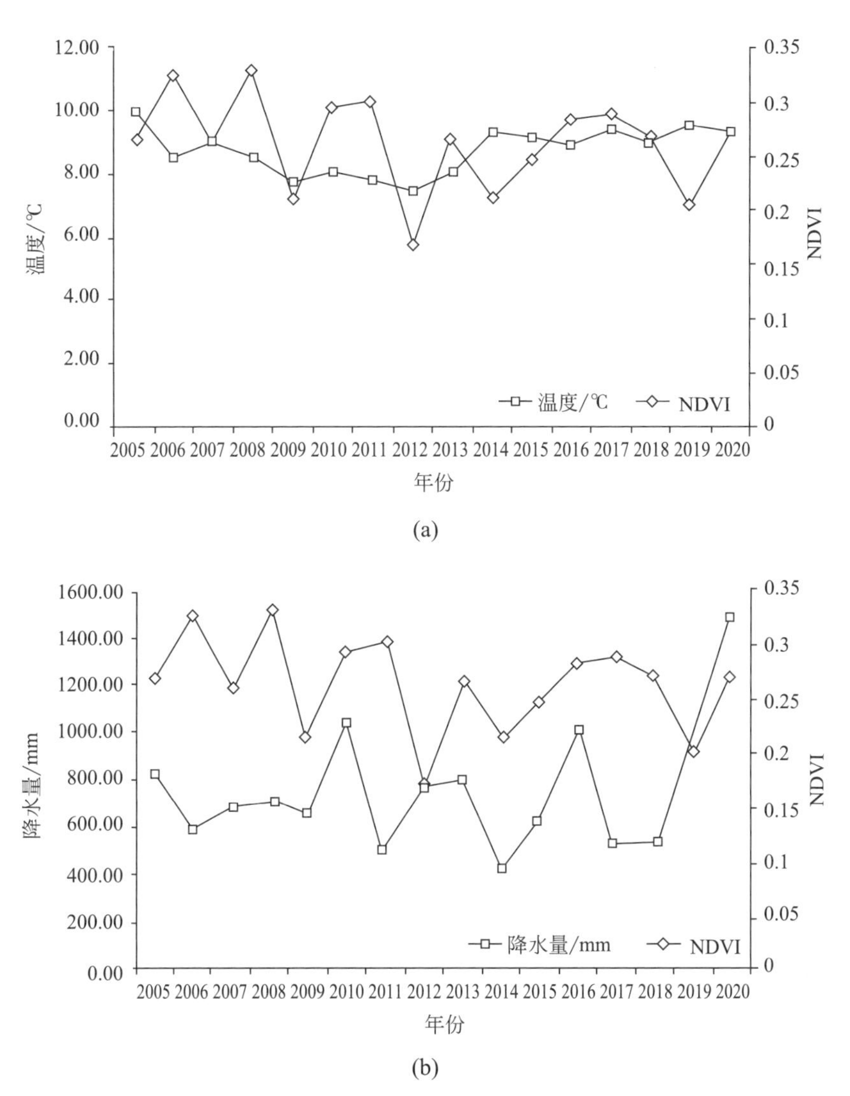

图6-8　2005—2020年研究区NDVI与气温、降水变化关系图

（a）NDVI与气温变化关系图；（b）NDVI与降水变化关系图

从沈阳市辖区2020年不同气候要素空间分布来看（图6-9），全市年均降水量和年均相对湿度自东北向西南逐渐递减，年均气温则相反，自东北向西南逐渐递增，年均风速自东南向西北逐渐增强，年日照时数呈现出中心城区向外逐渐减少的趋势。干燥是保护文物和古建筑的重要条件。过去北方气候干燥少雨，少地质灾害和虫害，比起南方更利于木质建筑保存，所以很多

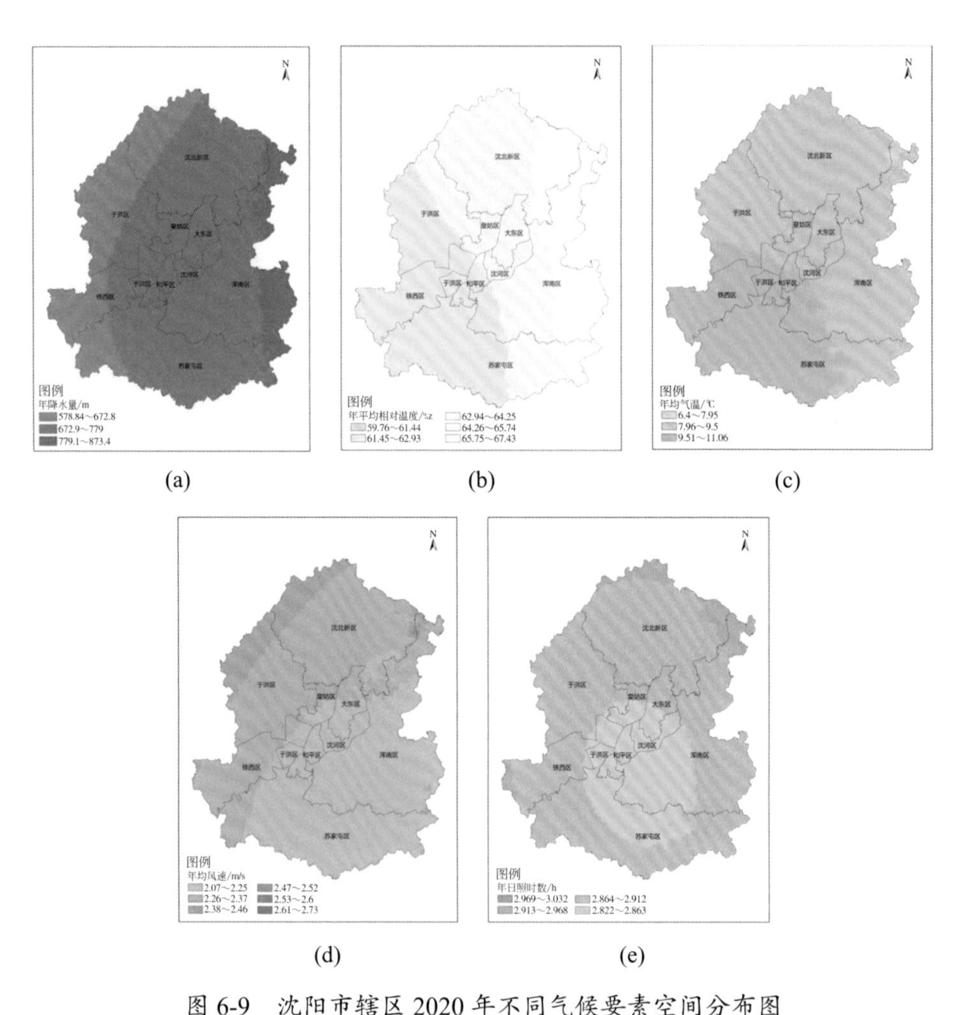

图 6-9　沈阳市辖区 2020 年不同气候要素空间分布图

（a）年降水量；（b）平均相对湿度；（c）年均气温；（d）年均风速；（e）年日照时数

建筑和塑像彩画得以代代传承。但随着气候变暖，北方雨水增多，来自环境的挑战越发频繁。面对气候变化，文物保护要有前瞻性，提前做预判并采取相应措施，及时制定合理有效的突发事件应急预案，确保文化遗产得到有效保护。

现阶段，全球地表平均温度呈增加趋势，降水区域差异显著。近年来，城市发展迅速，人口增加，建筑物密集，建成区范围增大，建设用地扩张改变了下垫面性质，能源消耗的增长导致大量人为热的释放和大气污染，这些都会影响气温变化。为更好地研究遗产地气温与降水的变化趋势，本书整理计算得出 2005—2020 年研究区域年平均气温距平变化与年降水量变化情况，如图 6-10 所示。2014 年以后研究区域气温呈现波动式升高趋势，其平均气温上升幅度为 0.15℃ /10a，降水量增加幅度为 102 mm/10a。

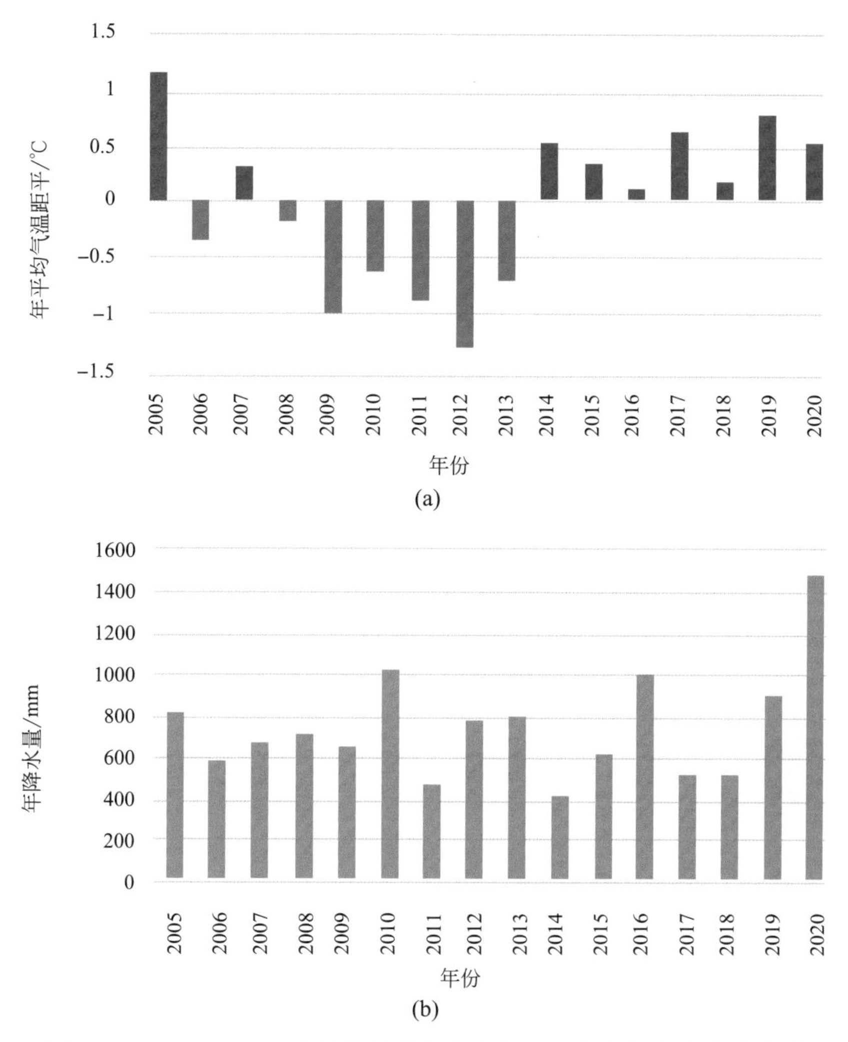

图 6-10　2005—2020 年研究区域年平均气温距平和年降水量关系图

（a）年平均气温距平；（b）年均降水量

数据来自“Reliable Prognosis”天气数据网站

随着数字技术在各学科广泛应用，基于数字化分析手段分析气候变化对建筑遗产区域的影响，成为世界范围内的建筑遗产保护研究的重要途径（王心源等，2022）。气候变化对建筑遗产产生的影响可以通过数字技术连续监测、实时诊断和及时处置向自动化、动态化和智能化发展。在建筑遗产区域气候要素管理和气候变化应对中，与数字技术相融合是建筑遗产整体保护必然的趋势。首先，建筑遗产区域气候因子具有动态性特征，利用气象要素数据与数字技术模拟气候变化，科学、准确地预估遗产可能面对的气候变化，以预警重大灾害。其次，利用 GIS 分析和实时摄影等技术，可实现对气候变化条件下建筑遗产区域的自动化监测，识别建筑本体的受损水平及区域环境的变化，并及时反馈（洪丽等，2021）。最后，通过 GIS 将建筑遗产的几何形状、地理位置等特征在数字地图中集成，建构建筑遗产区域信息数据库。

伴随建筑遗产整体保护工作的逐步开展，气候变化对建筑遗产保持其原真性与完整性的影响监测与评估有待深入。气候变化直接影响世界文化遗产本体及其赋存环境，如何应对气候变化对于建筑遗产所产生的不可逆的影响已成为建筑遗产保护的重要议题。基于空间信息技术在建筑遗产监测、评估、保护中的“天眼”作用，重视遗产地区域气候变化监测与反馈，通过数字化技术全面助力，实现建筑遗产“永续留存”。

6.4 建筑遗产区域建设用地扩张的数字化分析

当前国内外学者基于遥感影像全面深入地探讨了城市扩张与更新领域中建筑信息的光谱特征提取与时空变化规律等内容，提取城市建筑信息主要通过以下方法完成：①基于传统随机森林等现有分类器提取建筑信息，如 Masek 等（2000）利用非监督分类和归一化植被指数 NDVI 提取了 1973—1996 年美国华盛顿城市扩张信息；胡伟平等（2003）利用影像并采用监督分类法提取了珠江三角洲城镇用地信息。②采用归一化建筑指数等单一指数提取建筑信息，如杨山提出仿归一化植被指数完成城乡聚落信息提取；Zha Y 等

（2003）进一步命名为归一化差值建设用地指数（normalized difference built-up index，NDBI）。③通过优化改进现有建筑相关指数提取建筑信息，如杨智翔等（2010）提出改进的 NDBI 指数，并提取南京主城区城镇用地信息。④综合指数法提取建筑信息，如徐涵秋（2005）利用基于谱间特征和归一化指数法提取城市建设用地信息，并基于压缩数据维方法建立指数型建设用地指数（index-based built-up index，IBI）。

综上所述，基于遥感影像快速、精准地提取建筑信息并应用于城市规划建设与发展仍是当前的研究重点。位于环渤海地区与东北地区重要结合部的沈阳作为重工业基地与历史文化名城，基于遥感影像反演并提取其城市建筑信息，可为城市建设与发展规划制定提供理论依据。本研究基于建筑相关指数研究，结合 IBI 指数精准反演并快速提取了沈阳城区 1995 年与 2019 年建设用地信息，全面分析了近 25 年沈阳城区用地扩张与城市建设的基本特征与规律。

6.4.1　研究区域

沈阳位于中国东北地区南部，辽宁省中部，南连辽东半岛，北依长白山麓，位处环渤海地区，海拔 65 m；最低处在铁西区，海拔 36 m。属温带季风气候，年均气温 6.2~9.7℃；全年降水量 600~800 mm，境内主要有属辽河、浑河两大水系的大小河流 27 条。

6.4.2　研究方法

1. 数据采集与处理

选取 1995 年 9 月 15 日与 2019 年 9 月 22 日沈阳市中心城区 Landsat 系列遥感影像（数据来源：地理空间数据云）为基本数据，且原始遥感影像基本无云覆盖，经图像校正后数据质量较好。根据 2019 年 9 月 22 日 Landsat 8 影像 OLI 数据将沈阳市中心城区确定为本研究区域范围，经图像裁剪得到研究区域基础数据。

数据处理基于 ENVI 5.1 与 ArcGIS 10.5 工作平台完成数据格式转换、图像预处理、目视判读及矢量数据拓扑关系建立、面积统计和制图等工作。

2. 建设用地信息提取

依据地物的光谱特征差异，基于多种专题指数构建指数型建设用地指数 IBI（index-based built-up index），得到建设用地信息反演模型，进而提取城市建设用地信息。公式如下：

$$IBI=\frac{NDBI-(SAVI+MNDWI)/2}{NDBI+(SAVI+MNDWI)/2} \quad (6-1)$$

式中：NDBI（normalizd difference built-up index）为归一化建筑指数（查勇等，2003）；SAVI（soil adjusted vegetation index）为土壤调整植被指数（huete A R，1988）；MNDWI（modified normal differential water index）为改进归一化差异水体指数（徐涵秋，2005）。该指数利用了建筑区域具有较高 NDBI 值，且 SAVI 值和 MNDWI 值较低的特性。它具有以下特点：IBI 是基于比值的指数；IBI 取值范围从 −1~1；增强的地物信息 IBI 为正值，而抑制的背景信息 IBI 值通常在负值到 0。

3. 提取结果与精度验证

利用上述方法和处理步骤，本研究对沈阳城区 1995 年和 2019 年的遥感影像进行了处理，获得沈阳城区 2 期 IBI 指数，选取适当的阈值提取建筑与非建筑信息，IBI 指数值大于最优阈值的像元值设定为 1，表示建筑物；IBI 指数值小于最优阈值的像元值设定为 0，表示非建筑物，最终得到提取结果的二值化图。沈阳城区 1995 年和 2019 年的建设用地信息提取结果，如图 6-11 所示。

精度验证一般选用同时相遥感影像的全色波段作为验证的对比材料。本书采用具有 15 m 分辨率的全色波段，同时将原始遥感影像作最大似然法分类提取的城市建设用地信息，与反演模型提取的建设用地信息对比。匹配全色波段与待验证的提取影像，并通过随机抽样进行人机交互式验证，总精度达到 90% 以上，反演效果较好。

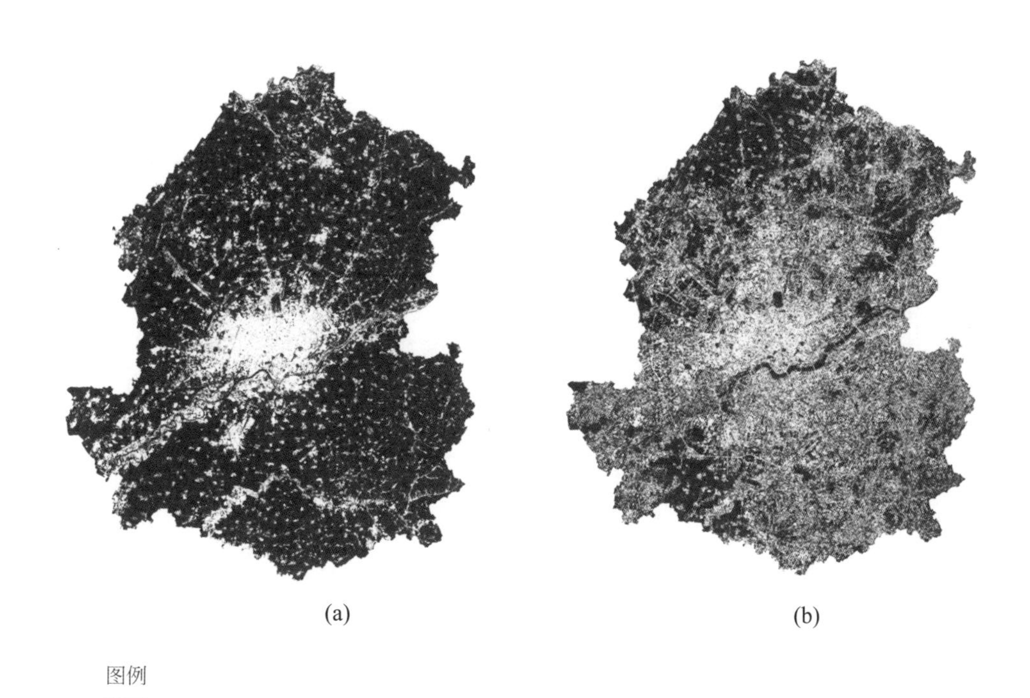

图 6-11　1995 年与 2019 年研究区域建设用地信息提取结果二值化图
（a）1995 年;（b）2019 年

6.4.3　研究结果

1. 建设用地分布情况

基于遥感信息反演过程得到的 IBI 指数二值图直观反映了城市建设用地分布情况与密集程度，图中高亮度区域代表建筑分布较为密集，低亮度区域为植被或水面。对比分析 1995 年与 2019 年遥感影像提取的城市建设用地信息，可得出近年来沈阳城市扩张特征：建设用地面积从 1995 年 529.8 km^2 增长到 2019 年 949.1 km^2，年均变化率为 3.96%。沈阳城市建设用地扩张呈现出以旧城区为中心向周围空间辐射分布的态势，如表 6-6 所示。

表 6-6　1995 年与 2019 年研究区域建设用地面积变化情况

编号	行政区名称	1995 年		2019 年		变化量 / km^2	年均变化率 / %
		建设用地 / km^2	占比 /%	建设用地 / km^2	占比 /%		
1	和平区	32.3	54.14	25.7	43.10	−6.6	−1.02
2	沈河区	32.8	55.64	26.6	45.09	−6.2	−0.95
3	大东区	40	40.01	42.3	42.28	2.3	0.29
4	皇姑区	31.7	47.86	29.7	44.86	−2.0	−0.32
5	铁西区	80.7	28.23	100.2	35.04	19.5	1.21
6	苏家屯区	98.7	12.64	188.9	24.19	90.2	4.57
7	浑南区	66.6	8.31	236.8	29.53	170.2	12.78
8	沈北新区	77.7	9.54	167.2	20.53	89.5	5.76
9	于洪区	69.3	13.89	131.7	26.41	62.4	4.50
合计	沈阳市	529.8	15.28	949.1	27.38	419.3	3.96

2. 建设用地变化分析

1995 年，沈河区与和平区建设用地占比最高，其次为皇姑区，上述各区域新增建设用地面积为负值，结合城市更新、城市建设等情况，建筑占比呈现略有下降趋势，但其在 2019 年建设用地占比仍表现为高值。近 25 年来，大东区建设用地面积增加趋势不明显，铁西区表现为略有增加，于洪区、苏家屯区建设用地面积年均增长率接近 5%。浑南区及沈北新区承载了近 25 年间沈阳城市发展对新增建设用地的需求。浑南区因其紧邻浑河分布，地理条件优越，新增建设用地面积达 170.2 km^2，建设用地面积净增长超 2 倍，呈现出沿主要交通干道南北走向的发展趋势，年均增长 12.78%。沈北新区近 25 年间新增建设用地面积 89.5 km^2，年均增长 5.76%，究其根本原因除地理位置外，与城市发展战略和经济技术开发区的发展壮大关系密切。

3. 建筑遗产区域建设用地扩张的影响

在城市更新背景下，了解建筑遗产区域周边建设用地扩张状况，明确其对建筑遗产的影响尤为重要。结合建筑学、生态学、地理学，基于遥感监测数据，可视化表达了在人为扰动较频繁的城市更新过程中建筑遗产所在区域的建设用地扩张时空变化特征：沈阳城市建设用地扩张呈现出以旧城区为中心向周围空间辐射分布的态势；近 25 年来，沈河区与和平区建设用地占比最高，其次为皇姑区，建设用地占比皆呈现为高值。上述区域建筑遗产分布较多，伴随城市更新、用地扩张、生态建设等人为扰动，遗产所在区域各生态要素均受到不同程度的影响。研究结论对实现建筑遗产区域整体保护和传承具有重要的现实意义。

6.5 本章小结

1. 建筑遗产地数据信息集成

GIS 在建筑信息空间表达、历史资料存档、勘察信息标准化、保存状况评估等方面，具有传统方法无法比拟的巨大优势，它能够辅助人们获得更准确全面的资料和分析成果，从而科学地指导今后的保护管理及干预工作。本章在系统梳理建筑遗产地数据信息集成研究理论基础上，详细介绍了建筑遗产数据信息的采集和数字化处理方法、建筑遗产信息建模技术及建筑遗产信息集成与建库方法，并基于 GIS 技术手段，选取包括清福陵、清昭陵、沈阳故宫、盛京城址、实胜寺、慈恩寺、清真南寺、北塔法轮寺、南塔、东塔等在内的沈阳市中心城区范围内的前清建筑遗产区域，构建建筑遗产区域信息数据库，以期为建筑遗产区域应对用地变化提供决策依据，进行应对用地变化的基础研究与应用研究，对建筑遗产区域土地利用变化情况进行分析，为建筑遗产的整体保护提供理论依据。

2. 建筑遗产地建设用地扩张特征

2005 年，清福陵所在区域建设用地主要分布于研究区域以西，城市化水平较低；相比之下，2020 年，研究区域建设用地显著增加，主要分布于东陵公园以东，浑河南岸以南区域，呈现出沿已有建设用地向东、向南扩张趋势，符合近年来沈阳城区发展变化特征。2005—2020年清福陵所在区域农用地和林地向建设用地转变为新增城市用地主要来源，符合近年来沈阳城区发展变化特征。

3. 建筑遗产地建设用地扩张的数字化分析结论

（1）2005—2020年清福陵遗产地所在区域生境质量总体表现为下降趋势。遗产地受人为因素干扰强烈，尤其清福陵以东区域退化极为明显，但退化区域分布相对分散。生境退化指数低值区域及无退化区域主要位于遗产所在区域以及东部山地区域。

（2）研究期内，尤其2014年以后清福陵所在区域气温呈现波动式上升趋势，NDVI与平均气温表现出显著相反的变化特征，即负相关关系，与降水量总体上表现为一致的变化趋势，即正相关关系。

4. 建筑遗产区域建设用地扩张的数字化分析结论

（1）基于遥感信息反演过程得到的IBI指数图能够直观反映城市建设用地分布情况与密集程度，沈阳城市建设用地扩张呈现出以旧城区为中心向周围空间辐射分布的态势。

（2）近25年沈河区与和平区建设用地占比最高，其次为皇姑区，建设用地占比皆呈现为高值。浑南区因其紧邻浑河分布，地理条件优越，新增建设用地呈现出沿主要交通干道南北走向的发展趋势，沈阳城市建设用地变化特征体现了“一主三副、一河两岸、一廊两轴”的城市发展战略。

参考文献

[日]村上周三, 2007. CFD 与建筑环境设计 [M]. 朱清宇, 译. 北京: 中国建筑工业出版社.

陈爽, 刘云霞, 彭立华, 2008. 城市生态空间演变规律及调控机制——以南京市为例 [J]. 生态学报, 28(5): 2270-2278.

陈思, 刘松茯, 2013. 寒地文物建筑的材料属性与冻害研究 [C]. 宁波保国寺大殿建成 1000 周年学术研讨会暨中国建筑史学分会 2013 年会论文集, 595-599.

陈效逑, 2001. 自然地理学 [M]. 北京: 北京大学出版社.

陈智伟, 2011. 火灾计算机模拟软件介绍 [J]. 计算机光盘软件与应用, (6): 156-156.

戴仕炳, 张鹏, 2014. 历史建筑材料修复技术导则 [M]. 上海: 同济大学出版社.

丁国栋, 2010. 风沙物理学 [M]. 北京: 中国林业出版社.

董厚德, 2002. 沈阳地区的风沙及其防治的生态对策 [J]. 辽宁大学学报（自然科学版）, 29(1): 68-74.

董文静, 2015. 重庆地区传统村落空间格局动态监测指标体系研究 [D]. 重庆: 重庆大学.

杜仙洲, 2006. 中国古建筑修缮技术 [M]. 北京: 中国建筑工业出版社.

高超, 王国利, 王晏民, 2019. 建筑遗产数字化表型监测技术现状及发展趋势 [J]. 测绘科学, 44(5): 85-92.

关晶, 李系光, 2015. 抚顺年鉴 [M]. 沈阳: 辽宁民族出版社.

郭宏, 2001. 文物保存环境概论 [M]. 北京: 科学出版社.

韩星, 韩玲, 2022. 基于深度学习的高分辨率遥感图像建筑物变化检测 [J]. 激光与光电子学进展, 59(10): 55-63.

韩占忠, 王敬, 兰小平, 2004. FLUENT 流体工程仿真计算实例与应用 [M]. 北

京 : 北京理工大学出版社 .

何欣 , 2017. 基于火灾模拟和人员疏散模拟的钢结构建筑防火疏散研究 [D]. 天津 : 天津工业大学 .

洪波 , 罗建让 , 2015. 改善居住区室外微气候的园林绿化设计策略 [M]. 西安 : 西北农林科技大学出版社 .

洪丽 , 庞松龄 , 耿美云 , 2021. GIS 技术在城市历史遗产保护管理中的应用研究进展 [J]. 中国农学通报 , 37(8): 145-150.

洪天华 , 王萌 , 霍斯佳 , 2017. "天眼" 助力遗产保护——吴哥世界遗产环境遥感监测与研究 [J]. 中国文化遗产 , (3): 58-62.

胡伟平 , 杨国清 , 吴志峰 , 2003. 珠江三角洲城镇建筑覆盖近期变化研究 [J]. 地理研究 , 22(6): 780-788.

黄策 , 金虹 , 王超 , 2013. 典型满族民居院落舒适风环境营造策略 [J]. 华中建筑 , (1): 52-54.

黄佩 , 普军伟 , 赵巧巧 , 2022. 植被遥感信息提取方法研究进展及发展趋势 [J]. 自然资源遥感 , 34(2): 10-19.

黄晓忠 , 2021. 基于城市肌理的历史文化街区的更新与活化 [J]. 福建建筑 , (8): 9-17.

回呈宇 , 肖泽南 , 2016. 传统村落民居的火灾蔓延危险性分析 [J]. 建筑科学 , 32(9): 125-130.

姬亚芹 , 单春艳 , 王宝庆 , 2015. 土壤风蚀原理和研究方法及控制技术 [M]. 北京 : 科学出版社 .

建筑设计资料集编委会 , 1994. 建筑设计资料集 [M]. 2 版 . 北京 : 中国建筑工业出版社 .

姜亚楠 , 张欣 , 张春雷 , 2021. 基于多尺度 LBP 特征融合的遥感图像分类 [J]. 自然资源遥感 , 33(3): 36-44.

康永水 , 刘泉声 , 赵军 , 2012. 岩石冻胀变形特征及寒区隧道冻胀变形模拟 [J]. 岩石力学与工程学报 , 31(12): 2518-2526.

李晓锋 , 林波荣 , 2014. 建筑外环境模拟技术与工程应用 [M]. 北京 : 中国建筑

工业出版社 .

梁莹 , 2010. 盛京三陵的文化价值 [J]. 沧桑 , (4): 145-147.

梁勇奇 , 杨瑞霞 , 谢一涵 , 2021. 基于大数据的世界文化遗产属性深度融合与分析 [J]. 遥感学报 , 25(12): 2441-2459.

辽宁省气象局 , 2002. 辽宁省志气象志 [M]. 沈阳 : 辽宁民族出版社 .

林波荣 , 李晓锋 , 朱颖心 , 2001. 太阳辐射下建筑外微气候的实验研究——建筑外表面温度分布及气流特征 [J]. 太阳能学报 , 22(3): 327-333.

刘明利 , 周军浩 , 王清文 , 2010. 聚甲基丙烯酸甲酯塑合木的燃烧性能 [J]. 建筑材料学报 , 13(3): 357-362.

刘艳红 , 郭晋平 , 魏清顺 , 2012. 基于 CFD 的城市绿地空间格局热环境效应分析 [J]. 生态学报 , 32(6): 1951-1959.

刘咏梅 , 马潇 , 门朝光 , 2019. 基于多种空间信息的高光谱遥感图像分类方法 [J]. 中国空间科学技术 , 39(2): 73-81.

陆海英 , 2004. 盛京永陵 [M]. 沈阳 : 沈阳出版社 .

吕淑然 , 杨凯 , 2014. 火灾与逃生模拟仿真——PyroSim + Pathfinder 中文教程与工程应用 [M]. 北京 : 化学工业出版社 .

马纪军 , 安超 , 张丽荣 , 2011. 不同火源功率对列车火灾影响的 FDS 模拟与分析 [J]. 大连交通大学学报 , 32(6): 1-4.

孟卉 , 李渊 , 张宇 , 2019. 基于 BIM+ 理念的建筑文化遗产数字化保护探索 [J]. 地理空间信息 , 17(3): 20-23.

彭令 , 徐素宁 , 梅军军 , 2018. 基于光谱形态特征的高光谱水质参数定量反演方法 [P], CN108593569A.

全斌 , 付翔翔 , 陈洁 , 2020. 吴哥城市化及其对其周边世界文化遗产保护的影响研究 [J]. 城镇化与集约用地 , 8(2): 70-84.

施春煜 , 2013. 空间技术在集中型遗产地和分散型遗产地保护监测中的应用——以杭州西湖文化景观和苏州古典园林为例 [J]. 中国园林 , 29(9): 117-119.

孙满利 , 2007. 土遗址保护研究现状与进展 [J]. 文物保护与考古科学 , (4): 64-

70.

孙越，顾祝军，李栋梁，2021. 无人机与卫星影像的叶面积指数遥感反演研究[J]. 测绘科学，46(2): 106-112.

唐中林，朱忠福，李小辉，2021. 九寨沟世界自然遗产地湖泊水质参数的高光谱定量反演模型[J]. 应用与环境生物学报，27(5): 1256-1263.

仝艳锋，2016. 山东地区古建筑壁画保护研究[M]. 济南：山东大学出版社.

王冰泉，冉有华，2022. 土地覆被遥感产品真实性检验方法对比[J]. 遥感技术与应用，37(1): 196-204.

王福军，2004. 计算流体动力学分析——CFD 软件原理与应用[M]. 北京：清华大学出版社.

王建国，2022. 中国城镇建筑遗产多尺度保护的几个科学问题[J]. 城市规划，46(6): 7-24.

王佩环，2004. 盛京昭陵[M]. 沈阳：沈阳出版社.

王润娴，石纯煜，2021. 山阴路历史街区城市肌理分析及空间改造策略研究[J]. 住宅科技，41(11): 8-12.

王肖宇，姜秋实，姜军，2019. 赫图阿拉城冬季外环境分析与绿化营造策略[J]. 世界建筑，(3): 116-119.

王肖宇，孟津竹，朱天伟，2020. 沈阳清福陵建筑遗产夏季太阳辐射和热环境模拟研究[J]. 世界建筑，(10): 126-129.

王肖宇，2016. 辽宁前清建筑文化遗产区域整体保护模式研究[M]. 北京：科学出版社.

王心源，陈一仰，骆磊，2022. 气候变化对文化遗产的影响：基于空间信息的认知与应对[J]. 自然与文化遗产研究，7(4): 3-11.

王歆晖，巩彩兰，胡勇，2021. 水质参数遥感反演光谱特征构建与敏感性分析[J]. 光谱学与光谱分析，41(6): 1880-1885.

王艳春，2004. 盛京福陵(清文化丛书)[M]. 沈阳：沈阳出版社.

王真琦，2011. Ecotect 软件在园林被动式生态设计中的应用[J]. 东北林业大学.

王振庆，周艺，王世新，2021. IEU-Net 高分辨率遥感影像房屋建筑物提取[J].

遥感学报 , 25(11): 2245-2254.
王梓羽 , 汪德根 , 朱梅 , 2022. 中国 20 世纪建筑遗产空间分异及形成机理 [J]. 自然资源学报 , 37(3): 784-802.
温正 , 石良辰 , 任毅如 , 2009. FLUENT 流体计算应用教程 [M]. 北京 : 清华大学出版社 .
文军 , 苏中波 , 王欣 , 2021. 基于地基微波辐射计 (ELBARA- Ⅲ , L 波段) 的亮温模拟和土壤湿度反演研究进展 [J]. 高原气象 , 40(6): 1337-1346.
吴喜之 , 2003. 统计学基本概念和方法 [M]. 北京高等教育出版社 .
吴正 , 2003. 风沙地貌与治沙工程学 [M]. 北京 : 科学出版社 .
项波 , 温婷 , 郭汉 , 2020. 时空数据融合的自然遗产地监测与保护管理平台设计方案研究 [J]. 中国园林 , 36(11): 95-99.
肖雍琴 , 孙耀清 , 2016. 植物配置与造景 [M]. 北京 : 中国农业大学出版社 .
徐涵秋 , 2005. 基于压缩数据维的城市建筑用地遥感信息提取 [J]. 中国图象图形学报 , 10(2): 223-229.
徐涵秋 , 2005. 利用改进的归一化差异水体指数 (MNDWI) 提取水体信息的研究 [J]. 遥感学报 , 9(5): 589-595.
严耿升 , 张虎元 , 王旭东 , 等 , 2007. 古代生土建筑风蚀的主要影响因素分析 [J]. 敦煌研究 , (5): 78-82.
杨奥莉 , 郑东海 , 文军 , 2021. 青藏高原 L 波段微波辐射观测与土壤水分反演研究进展 [J]. 遥感技术与应用 , 36(5): 983-996.
杨剑 , 宋超峰 , 宋文爱 , 2018. 基于遗传算法的模糊 RBF 神经网络对遥感图像分类 [J]. 小型微型计算机系统 , 39(3): 621-624.
杨智翔 , 何秀凤 , 2010. 基于改进的 NDBI 指数法的遥感影像城镇用地信息自动提取 [J]. 河海大学学报（自然科学版）, 38(2): 181-184.
于勇 , 2005. FLUENT 入门与进阶教程 [M]. 北京 : 北京理工大学出版社 .
余庄 , 张辉 , 2007. 城市规划 CFD 模拟设计的数字化研究 [J]. 城市规划 , 31(6): 5255.
查勇 , 倪绍祥 , 杨山 , 2003. 一种利用 TM 图像自动提取城镇用地信息的有效方

法 [J]. 遥感学报 , 7(1): 37-40.

翟滢莹 , 叶雁冰 , 马黎进 , 2019. 侗族吊脚楼建筑防火间距的数值模拟研究 [J]. 广西科技大学学报 , 30(2): 66-71.

张洪江 , 程金花 , 2014. 土壤侵蚀原理 [M]. 3 版 . 北京 : 科学出版社 .

张琳 , 韩占方 , 谢启源 , 2008. 不同流量水喷淋作用下典型软垫家具火灾特性全尺寸实验研究 [J]. 火灾科学 , 17(2): 118-124.

张小翠 , 2010. 建筑火灾场模拟中计算区域的影响研究 [D]. 合肥 : 中国科学技术大学 .

张杨 , 刘艳芳 , 丁庆 , 2010. 1996—2006 年武汉市土地利用 / 覆被变化研究 [J]. 生态环境学报 , 19(11): 2534-2539.

张义成 , 2009. 东北地区冷季型草坪的四季管理 [J]. 中国科技信息 , (7): 75-76.

张玉敏 , 宋小微 , 刘懿夫 , 2019. 我国世界文化遗产遥感专项监测分析报告 [J]. 中国文化遗产 , (6): 33-38.

张月超 , 2012. 我国世界文化遗产地监测体系构建研究 [D]. 北京 : 北京化工大学 .

赵敬源 , 刘加平 , 2007. 城市街谷热环境数值模拟及规划设计对策 [J]. 建筑学报 , (3): 37-39.

赵燕红 , 侯鹏 , 蒋金豹 , 2021. 植被生态遥感参数定量反演研究方法进展 [J]. 遥感学报 , 25(11): 2173-2197.

赵义虎 , 2017. 多层建筑火灾烟气蔓延规律及控制措施的研究 [D]. 北京 : 首都经济贸易大学 .

中国气象局气象信息中心气象资料室 , 清华大学建筑技术科学系 , 2007. 中国建筑热环境分析专用气象数据集 [M]. 北京 : 中国建筑工业出版社 .

朱光亚 , 2019. 建筑遗产保护学 [M]. 南京 : 东南大学出版社 .

ANSYS, I, 2009. ANSYS fluent 12. 0 Theory guide: ISO 9001[S].

Architectural Institute of Japan. 2006. Building and urban space greening planning[M]. Beijing: China machine press.

BITOG J P, LEE I B, HWANG H S, 2012. Numerical simulation study of a tree windbreak[J]. Biosystems engineering, 111 (1): 40-48.

BLOCKEN B, ROELS S, CARMELIET J, 2007. A combined CFD-HAM approach for wind-driven rain on building facades[J]. Journal of wind engineering and industrial aerodynamics, 95 (7): 585-607.

CHEN F, GUO H, TAPETE D, 2021. Interdisciplinary approaches based on imaging radar enable cutting-edge cultural heritage applications[J]. National science review, 8(9): 13-15.

GAO Z R, Y BRESSON, QU M, 2018. High resolution unsteady RANS simulation of wind, thermal effects and pollution dispersion for studying urban renewal scenarios in a neighborhood of Toulouse[J]. Urban Climate, 23: 114-130.

GROMKE C, BLOCKEN B, 2015. Influence of avenue-trees on air quality at the urban neighborhood scale. Part I: quality assurance studies and turbulent Schmidt number analysis for RANS CFD simulations[J]. Environment pollution, 196: 214-223.

HANNA S R, BRIGGS G A, HOSKER R P, 1982. Handbook on atmospheric diffusion. DOE/TIC-11223[S]. Technical information center, U. S. department of energy, Washington, DC.

HUETE A R, 1988. A soil adjusted vegetation index（SAVI）[J]. Remote sensing of environment, 25: 295-309.

HUSSEIN A S, HISHAM E S, 2009. Influences of wind flow over heritage sites: A case study of the wind environment over the Giza Plateau in Egypt[J]. Environmental modelling & software, 24 (3): 389-410.

JOSEP G B, MAZZEI L, STRLIC M, et al., 2019. Fluid simulations in heritage science[J]. Heritage Science, (7): 16.

KALTSCHMITT M, STREICHER W, WIESE A, 2007. Renewable energy: Technology, economics, and environment[M]. Berlin: Springer.

LANGENBACH R, 2007. From "Opus Craticium" to the "Chicago Frame" : Earthquake-resistant traditional construction[J]. International journal of architectural heritage, 1(1): 29-59.

LIU B, QU J, NIU Q, et al., 2013. Computational fluid dynamics evaluation of the effect of different city designs on the wind environment of a downwind natural heritage site[J]. Journal of arid land, 6 (1): 69-79.

LIU C, ZHENG Z, CHENG H, et al., 2018. Airflow around single and multiple plants[J]. Agricultural and forest meteorology, 252: 27-38.

MASEK J G, LINDSAY F E, GOWARD S N, 2000. Dynamics of urban growth in Washington D C metropolitan area, 1973-1996, from landsat observations[J]. International journal of remote sensing, 21(18): 3473-3486.

MASOUMI H R, NEJATI N, AHADI A, 2016. Learning from the heritage architecture: developing natural ventilation in compact urban form in hot-humid climate: Case study of Bushehr[J]. International journal of architectural heritage, 1-18.

MCGRATTAN K, 2007. fire dynamics simulator (version 5) technical reference guide[S]. Washington: U. S. government printing office.

MORAKINYO T E, LAM Y F, 2016. Study of traffic-related pollutant removal from street canyon with trees: dispersion and deposition perspective[J]. Environmental science and pollution research, 23 (21): 216.

ORSZAG S A, YAKHOT V, FLANNERY W S, 1993. Renormalization group modeling and turbulence simulations[C]. In International conference on near-wall turbulent flows, Tempe, Arizona.

ORSZAG S A, YAKHOT V, 1986. Renormalization group analysis of turbulence[C]// Proceedings of the international congress of mathematicians, Berkeley: American mathematical society, 1395-1399.

ORTIZ R, ORTIZ P, 2016. Vulnerability index: A new approach for preventive conservation of monuments[J]. International journal of architectural heritage, 10 (8): 1078-1100.

PINEDA P, IRANZO A, 2017. Analysis of sand-loaded air flow erosion in heritage sites by Computational fluid dynamics: Method and damage prediction[J]. Journal of cultural heritage, 25: 75-86.

TONG Z, BALDAUF R W, ISAKOV V, 2016. Roadside vegetation barrier designs to mitigate near-road air pollution impacts[J]. Science of the total environment, 541: 920-927.

TOPARLAR Y, BLOCKEN B, MAIHEU B, 2018. The effect of an urban park on the microclimate in its vicinity: a case study for Antwerp, Belgium[J]. International journal of climatology, 38: e303-e322.

URANJEK M, VIOLETA B B, 2015. Influence of freeze-thaw cycles on mechanical properties of historical brick masonry[J]. Construction and building materials, 84: 416-428.

VRANCKX S, VOS P, MAIHEU B, et al., 2015. Impact of trees on pollutant dispersion in street canyons: A numerical study of the annual average effects in Antwerp, Belgium[J]. Science of the total environment, 532: 474-483.

WANG X Y, LIU P, XU G W, 2021. Influence of grass lawns on the summer thermal environment and microclimate of heritage sites: A case study of Fuling mausoleum, China[J]. Heritage science, (1): 7.

WANG X Y, MENG J Z, ZHU T W, et al., 2019. Prediction of wind erosion over a heritage site: A Case study of the Yongling mausoleum, China[J]. Built heritage, (4): 41-57.

WANG X Y, WANG J, WANG J H, et al., 2022. Experimental and numerical simulation analyses of flame spread behaviour over wood treated with flame retardant in ancient buildings of Fuling mausoleum, China[J]. Fire Technology, 8: 1-25.

ZHA Y, GAO J, NI S, 2003. Use of normalized difference built-up index in automatically mapping urban areas from TM imagery[J]. International journal of remote sensing, 24(3): 583-594.

ZHAN K, LIU S, YANG Z, 2016. Effects of sand-fixing and windbreak forests on wind flow: a synthesis of results from field experiments and numerical simulations[J]. Journal of arid land, 9 (1): 1-12.

ZHOU Y, SHI T, HU Y, 2011. Urban green space planning based on computational fluid dynamics model and landscape ecology principle: A case study of Liaoyang City, Northeast China[J]. Chinese geographical science, 21 (4): 465-475.